国际名校经典教材

[英] 戴维·威廉姆斯（剑桥大学统计实验室）　著

郑坚坚　译

概率和鞅

Probability with Martingales

中国科学技术大学出版社

安徽省版权局著作权合同登记号：第 12171794 号

图书在版编目（CIP）数据

概率和鞅/（英）戴维•威廉姆斯（David Williams）著；郑坚坚译. —合肥：中国科学技术大学出版社，2018.3
书名原文：Probability with Martingales
ISBN 978-7-312-04368-0

Ⅰ.概… Ⅱ.①戴… ②郑… Ⅲ.概率论 Ⅳ.①O21 ②O211

中国版本图书馆 CIP 数据核字（2017）第 294420 号

出版	中国科学技术大学出版社
	安徽省合肥市金寨路 96 号，230026
	http://press.ustc.edu.cn
	https://zgkxjsdxcbs.tmall.com
印刷	安徽国文彩印有限公司
发行	中国科学技术大学出版社
经销	全国新华书店
开本	710 mm×1000 mm 1/16
印张	18.25
字数	388 千
版次	2018 年 3 月第 1 版
印次	2018 年 3 月第 1 次印刷
定价	48.00 元

序

请阅读!

本书最重要的章节是 E 章: 练习题 (Exercises). 这是我留给你们做的堪称有趣的事情. 你们可以现在就开始做其中的 "EG" 练习题, 但需要看一下本序言后文中的 "更多关于习题".

本书 (它基本上是为剑桥大学的三年级学生所开设的课程的讲义) 是一本关于概率的严格理论的尽可能生动 (就我的能力而言) 的入门书. 由于其相当大的篇幅被用来论述鞅, 故它也应该是充满活力的: 请看第 10 章的那些练习题! 当然, 在涉足测度论基础时, 开始总会有深奥与滞重的感觉. 然而必须强调: 测度论的那些就其自身而言最枯燥的内容一旦应用于概率论, 便会变得非常活泼而具有生气. 这不仅仅是因为它得到了应用, 同时也由于其自身的内涵得到了极大的丰富.

你无法回避测度论: 概率论中的一个事件是一个可测集, 一个随机变量是样本空间上的可测函数, 一个随机变量的期望是其关于概率测度的积分, 等等. 当然, 也可以将测度论的一些主要结果作为不证自明的结论放在正文里, 而在附录中给出它们的详细证明; 这也恰好是我在本书中所做的.

测度论就其本身的结构而言是建立在测度的加法法则基础之上的. 概率论则以乘法法则对它加以补充, 后者是刻画独立性的. 事情已经得到改善. 但真正使内容得到充实并充满活力的是我们已能处理许多 σ-代数, 而不是像在测度论中那样, 只涉及一个 σ-代数.

在准备这本书的过程中, 我曾考虑过所有当时我认为多少有一些新意的论题, 但是对于其中的大部分最终我不得不忍痛割爱.

若想对本书中的许多议题有更深入的了解, 可以参考 Billingsley (1979)、Chow 和 Teicher (1978)、Chung (1968)、Kingman 和 Taylor (1966)、Laha 和 Rohatgi (1979) 以及 Neveu (1965) 等人的著作. 至于测度论, 我当初学习它是通过阅读 Dunford 和 Schwartz (1958) 以及 Halmos (1959) 等著作. 在读

完本书之后, 你应该去阅读在现今仍属精彩的 Breiman (1968) 的书, 而为了在离散鞅论方面获得精辟的指点, 你应该去看 Hall 和 Heyde (1980) 的书.

当然, 直觉要比测度论知识重要得多, 你应该利用每一个机会来磨砺你的直觉. 没有比 Aldous (1989) 更好的 "磨刀石" 了, 尽管它是一本非常难读的书. 为了开阔概率论的视野并学习如何去思考其相关问题, 我强力推荐 Karlin 和 Taylor (1981)、Grimmett 和 Stirzaker (1982)、Hall (1988) 等的著作, 还有近期 Grimmett (1989) 关于过滤的极好的书.

更多关于习题. 在编写 E 章 (它刚好是由我平时布置给剑桥大学学生的家庭作业题所构成) 的时候我考虑了这样一点: 像其他任何一本数学书一样, 本书也暗含着一大批另外的练习题, 而其中的很多题都要比 E 章中的题容易. 当然, 我更欣赏的还是你们在阅读有关结论之后能自创练习题, 并且尝试亲自去证明它们, 而不是先去找已有的证明. 关于习题还需加以说明的一点是希望你们能够原谅我的地方, 诸如我在第 4 章的练习题中使用了数学期望 E, 而 E 的严格定义却要到第 6 章才出现之类.

致谢. 首先我要感谢那些坚持听我的课 (它是本书的基础) 的学生们, 他们出众的才华与素养促使我努力改进本课, 使之能与他们的水平相称. 感谢那些在我之前就讲授了本课程的教师们, 尤其是 David Kendall. 感谢 David Tranah 和剑桥大学出版社的其他员工, 他们帮助我将该课程变成了这本书. 我还要感谢 Ben Garlin、James Norris 和 Chris Rogers, 若没有他们, 本书会包含更多的错误与含混之处. (本书残存的错误则应由我本人负责.) Helen Rutherford 和我打出了部分文稿, 但本书的绝大部分文稿是由 Sarah Shea-Simonds 以娴熟的、堪与 Horowitz (钢琴家——译者注) 相比的优美指法打出来的. 感谢 Helen, 尤其要感谢 Sarah. 还要特别感谢我的妻子 Sheila 的全力相助.

但是我的最大感谢 (也是你们的, 若你们从本书中有所获益的话) 应该献给三个其姓名以大写字母出现在本书索引中的人 J. L. 杜布、A. N. 柯尔莫哥洛夫和 P. 莱维: 如果没有他们的工作, 则当杜布在其著作 (1953) 中作精彩总结时将没有多少内容可写.

戴维·威廉姆斯

1990 年 10 月于剑桥大学统计实验室

一个术语问题
——随机变量: 是函数还是等价类?

按本书的水平，若将一个随机变量视为样本空间上一个可测函数的等价类，则有关的理论会变得更"漂亮"，两个函数属于相同的等价类当且仅当它们几乎处处相等. 那样的话，条件期望映射

$$X \longmapsto E(X|\mathcal{G})$$

将成为一个真正定义明确的从 $L^p(\Omega, \mathcal{F}, P)$ 到 $L^p(\Omega, \mathcal{G}, P)(p \geqslant 1)$ 的压缩映射; 同时我们也不必总是提及 (随机变量) 不同的版本 (等价类的不同代表元)，且可以避免那些没完没了的"几乎必然"之类的限制条件.

然而我选择了"不漂亮"的方式：首先，我更喜欢处理函数，例如我更喜欢

$$4 + 5 = 2 \bmod 7,$$

而不是

$$[4]_7 + [5]_7 = [2]_7.$$

但是还有一个实质性的原因. 我希望本书能吸引读者将来深入了解更加有趣，也更加重要的理论，其中我们的随机过程的参数集合是不可数的 (例如时间参数集合可能是 $[0, \infty)$). 在那里，等价类的构想是不适用的：引进商空间的所谓"聪明"会丧失那种即便是建立基本的、基于连续变化的结果也必须具有的精细与灵敏度，还有其他一些东西，除非你想表演那种扭曲的"柔身术"，然而其结果却很难做到完美. 即便这些柔身术允许你建立某些结果，但是要证明它们却仍然要使用真正的函数. 所以，其现实性究竟何在?!

符 号 说 明

▶ 表示重要的事, ▶▶ 非常重要的事, ▶▶▶ 诸如鞅收敛定理.

我用 ":=" 来表示 "定义为". 这一帕斯卡 (Pascal) 符号用起来特别方便, 因为它同时也具有反向的意义.

我使用分析论者 (相对于范畴论者) 的约定:

▶
$$\mathbf{N} := \{1, 2, 3, \cdots\} \subseteq \{0, 1, 2, \cdots\} =: \mathbf{Z}^+.$$

另外众所周知: $\mathbf{R}^+ := [0, \infty)$.

对于一个包含于某全集 S 中的集合 B, I_B 表示 B 的示性函数, 即 $I_B : S \to \{0, 1\}$ 且

$$I_B(s) := \begin{cases} 1, & \text{若 } s \in B, \\ 0, & \text{否则}. \end{cases}$$

对于 $a, b \in \mathbf{R}$,

$$a \wedge b := \min(a, b), \quad a \vee b := \max(a, b).$$

CF: 特征函数; DF: 分布函数; pdf: 概率密度函数.

σ-代数: $\sigma(\mathcal{C})(1.1); \sigma(Y_\gamma : \gamma \in \mathcal{C})(3.8, 3.13)$. π-系 (1.6); d-系 $(A1.2)$.

---

a.e.: 几乎处处, 几乎每点 (1.5).

a.s.: 几乎必然 (2.4).

$b\Sigma$: 有界 Σ-可测函数空间 (3.1).

$\mathcal{B}(S)$: S 上的博雷尔 σ-代数, $\mathcal{B} := \mathcal{B}(\mathbf{R})(1.2)$.

$C \bullet X$: 离散随机积分 (10.6).

$\mathrm{d}\lambda/\mathrm{d}\mu$: 拉东 – 尼可丁导数 (5.14).

$\mathrm{d}Q/\mathrm{d}P$: 似然比 (14.13).

$E(X)$: X 的期望 $E(X):=\int_{\Omega}X(\omega)P(\mathrm{d}\omega)$(6.3).

$E(X;F)$: $\int_{F}X\mathrm{d}P$(6.3).

$E(X/\mathcal{G})$: 条件期望 (9.3).

(E_n,ev): $\liminf E_n$(2.8).

$(E_n,\mathrm{i.o.})$: $\limsup E_n$(2.6).

f_X: X 的概率密度函数 (pdf)(6.12).

$f_{X,Y}$: 联合 pdf(8.3).

$f_{X|Y}$: 条件 pdf(9.6).

F_X: X 的分布函数 (3.9).

$\liminf$: 关于集合的 (2.8).

$\limsup$: 关于集合的 (2.6).

$x=\uparrow\lim x_n$: $x_n\uparrow x$, 即满足: $x_n\leqslant x_{n+1}(\forall n)$ 且 $x_n\to x$.

$\log$: 自然对数 (以 e 为底的).

$\mathcal{L}_X,\Lambda_X$: X 的分布 (3.9).

$\mathcal{L}^p,L^p$: 勒贝格空间 (6.7,6.13).

Leb: 勒贝格测度 (1.8).

$m\Sigma$: Σ-可测函数空间 (3.1).

M^T: 在时间 T 停止的过程 M(10.9).

$\langle M\rangle$: 尖括号过程 (12.12).

$\mu(f)$: f 的关于 μ 的积分 (5.0,5.2).

$\mu(f;A)$: $\int_A f\mathrm{d}\mu$ (5.0,5.2).

φ_X: X 的特征函数 (第 16 章).

φ: 标准正态分布 $N(0,1)$ 的 pdf.

Φ: $N(0,1)$ 的分布函数.

X^T: 在时间 T 停止的 X(10.9).

目　　录

C 部 分　特 征 函 数

第 0 章　一个分支过程的例子

本章并非是本书其余各章的基础. 如果你愿意, 可以从第 1 章开始读.

0.0　引　　言

本章的目的有三个层面: 从诸如不朽的 Feller（1957）或者 Ross（1976）等书中选取一些对于你们来说众所周知的内容, 以使你们能起步于一个熟悉的基础; 促使你们开始考虑如何将处理问题的初等方法转变为严格的数学理论; 还有就是指出当我们应用本书中所阐述的更为先进的理论时会导致何种新的结果. 我们集中分析一个例子: 分支过程. 它足以说明有关的理论具有实质性的内容.

0.1　典型孩子的个数 X

在我们的模型中, 一个典型生物的孩子（下一代）的个数是一个取值于 $\mathbf{Z}^+$ 的随机变量 X（有关"孩子"与"生物"的解释可看后面的注记）. 我们假定

$$P(X = 0) > 0.$$

我们定义 X 的生成函数为映射 $f : [0, 1] \to [0, 1]$, 其中

$$f(\theta) := E(\theta^X) = \sum_{k \in \mathbf{Z}^+} \theta^k P(X = k).$$

由有关幂级数的标准定理可知, 对于 $\theta \in [0,1]$ 有

$$f'(\theta) = E(X\theta^{X-1}) = \sum k\theta^{k-1} P(X=k)$$

及

$$\mu := E(X) = f'(1) = \sum k P(X=k) \leqslant \infty.$$

当然, 此处 $f'(1)$ 可理解为极限:

$$\lim_{\theta \uparrow 1} \frac{f(\theta) - f(1)}{\theta - 1} = \lim_{\theta \uparrow 1} \frac{1 - f(\theta)}{1 - \theta},$$

因为 $f(1) = 1$. 我们假定

$$\mu < \infty.$$

注记 分支过程的理论最早被应用于家族姓氏的传承问题. 在那里, "生物" = "男人" 而 "孩子" = "儿子".

在另一种情形下, "生物" 可以是 "中子", 而中子的 "孩子" 则是当该父辈中子撞击一个原子核时释放出来的中子. 此时相应的分支过程是否达到超临界状态有可能是一件至关重要的事情.

我们常可发现蕴含于一些更加丰富的结构中的分支过程模型, 且可利用本章的结果去研究一些更有趣的事情.

有关分支过程的精彩论述, 可参阅 Athreya 和 Ney（1972）、Harris（1963）以及 Kendall（1966,1975）等人的著作.

0.2 第 n 代个体的数目 Z_n

稍微正式点, 设有一个双重无限的序列:

(a) $$\{X_r^{(m)} : m, r \in \mathbf{N}\}.$$

它们是独立同分布的随机变量（IID RVs）, 其中每个随机变量与 X 同分布:

$$P(X_r^{(m)} = k) = P(X = k).$$

对于 $n \in \mathbf{Z}^+$ 和 $r \in \mathbf{N}$, 现以变量 $X_r^{(n+1)}$ 表示第 n 代中的第 r 个生物 (如果存在的话) 的孩子（即属于第 $n+1$ 代）的个数. 因此, 若以 Z_n 表示第 n 代的大小 (即第 n 代个体的数目), 则有如下的基本公式:

(b) $$Z_{n+1} = X_1^{(n+1)} + X_2^{(n+1)} + \cdots + X_{Z_n}^{(n+1)}.$$

我们假定 $Z_0 = 1$, 并基于 (a) 式, 则 (b) 式给出了序列 $(Z_m : m \in \mathbf{Z}^+)$ 的一个完整的递归定义. 我们首要的任务是计算 Z_n 的分布函数, 或等价地去求生成函数:

$$(c) \qquad f_n(\theta) := E(\theta^{Z_n}) = \sum \theta^k P(Z_n = k).$$

0.3 利用条件期望

第一个主要的结果: 对于 $n \in \mathbf{Z}^+$ (及 $\theta \in [0,1]$), 有

$$(a) \qquad f_{n+1}(\theta) = f_n(f(\theta)).$$

由此得到, 对于每个 $n \in \mathbf{Z}^+$, f_n 是 n 重复合函数:

$$(b) \qquad f_n = f \circ f \circ \cdots \circ f.$$

注意我们约定 0 重复合为恒等映射 $f_0(\theta) = \theta$, 这与 $Z_0 = 1$ 的假定是相一致的.

为了证明 (a) 式, 我们需要应用 (此刻只能说是以一种直观的方式) 非常有用的全期望公式的一种非常特殊的情形:

$$(c) \qquad E(U) = EE(U|V).$$

为了求随机变量 U 的期望, 先去求给定 V 时 U 的条件期望 $E(U|V)$, 然后再求条件期望的期望. (c) 式的终极形式将会在以后得到证明.

令 $U = \theta^{Z_{n+1}}, V = Z_n$ 并应用 (c) 式, 得

$$E(\theta^{Z_{n+1}}) = EE(\theta^{Z_{n+1}}|Z_n).$$

现在, 对于 $k \in \mathbf{Z}^+$, 给定 $Z_n = k$ 时 $\theta^{Z_{n+1}}$ 的条件期望满足

$$(d) \qquad E(\theta^{Z_{n+1}}|Z_n = k) = E(\theta^{X_1^{(n+1)} + \cdots + X_k^{(n+1)}}|Z_n = k).$$

但是 Z_n 是由变量 $X_s^{(r)}$ $(r \leqslant n)$ 所构成的. 所以 Z_n 与 $X_1^{(n+1)}, \cdots, X_k^{(n+1)}$ 是相互独立的. 因此上式中等号右边的条件期望应该等于无条件期望:

$$(e) \qquad E(\theta^{X_1^{(n+1)}} \cdots \theta^{X_k^{(n+1)}}).$$

但是 (e) 式所表示的是相互独立的随机变量之积的期望, 因此作为 "独立性意味着可乘性" 结果的一部分, 我们知道上述乘积的期望应该等于期望的乘积. 又因为 (对于任何 n 与 r)

$$E(\theta^{X_r^{(n+1)}}) = f(\theta),$$

所以我们便证明了

$$E(\theta^{Z_{n+1}}|Z_n = k) = f(\theta)^k.$$

而这意味着

$$E(\theta^{Z_{n+1}}|Z_n) = f(\theta)^{Z_n}.$$

(如果 V 只可能取整数值, 则当 $V = k$ 时, 条件期望 $E(U|V)$ 等于条件期望 $E(U|V = k)$. (听起来是合理的!)) 由 (c) 式便得到

$$E\theta^{Z_{n+1}} = Ef(\theta)^{Z_n}.$$

又因为

$$E(\alpha^{Z_n}) = f_n(\alpha),$$

故 (a) 式得证. □

独立性与条件期望是本课程的两个主要论题.

0.4 消亡概率 π

设 $\pi_n := P(Z_n = 0)$, 那么 $\pi_n = f_n(0)$, 从而根据 0.3 节中的 (b) 式有

(a) $\pi_{n+1} = f(\pi_n).$

测度论可以证实我们关于消亡概率的直觉结论:

(b) $\pi := P(Z_m = 0$ 对某些 m 成立$) =\uparrow \lim \pi_n.$

由于 f 是连续的, 故从 (a) 式可以得到

(c) $\pi = f(\pi).$

函数 f 在 $(0,1)$ 上是解析的, 且是非降的和凸的 (具有非降的斜率). 又 $f(1) = 1, f(0) = P(X = 0) > 0$. f 在 1 处的斜率 $f'(1)$ 即为 $\mu = E(X)$. 后面著名的图示说明下面定理的结论明显成立.

定理 如果 $E(X) > 1$, 那么消亡概率 π 是方程 $\pi = f(\pi)$ 的唯一的根, 且 $0 < \pi < 1$. 如果 $E(X) \leqslant 1$, 则有 $\pi = 1$.

情形 1(见图 0.1): 亚临界的, $\mu = f'(1) < 1$. 显然, $\pi = 1$. 临界情形 (即 $\mu = 1$) 的图形与此类似.

情形 2(见图 0.2): 超临界的, $\mu = f'(1) > 1$. 此时 $\pi < 1$.

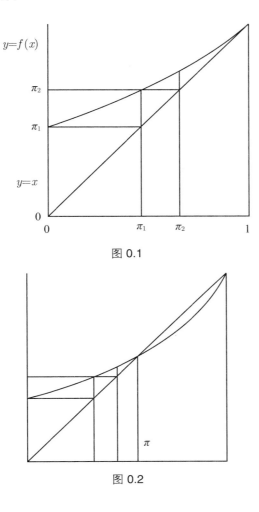

图 0.1

图 0.2

0.5　停下来思考: 测度

既然已完成有关分支过程理论的介绍, 现在就让我们来考虑: 为什么我们必须寻求一种更精确的语言? 诚然, 从直觉的角度看, 0.4 节中 (b) 式的结论

(a) $$\pi = \uparrow \lim \pi_n$$

似乎是合理的, 但是如何才能证明它? 目前我们肯定无法证明它, 因为我们无法以严格的、纯数学的方式来陈述其确切的含义为何. 让我们讨论得更深入些.

回到 0.2 节, 我们曾说: "设有一个双重无限的序列 $\{X_r^{(m)} : m, r \in \mathbf{N}\}$, 它们是独立同分布的随机变量, 其中每个随机变量与 X 同分布." 这句话的含义是什么? 一个随机变量是一个定义在样本空间 Ω 上的 (某种) 函数. 按照初等理论我们可设 Ω 为全部结果的集合, 换句话说, 设 Ω 为笛卡儿积 (Cartesian product), 则

$$\Omega = \prod_{r,s} \mathbf{Z}^+.$$

Ω 中的一般元素 ω 形如

$$\omega = (\omega_s^{(r)} : r \in \mathbf{N}, s \in \mathbf{N}),$$

然后令 $X_s^{(r)}(\omega) = \omega_s^{(r)}$. 现在 Ω 是一个不可数的集合, 所以这已超出了在初等理论中可以解释 π_n 含义的组合数学方法的范围. 而且, 如果承认选择公理, 你可以证明: 不可能对 Ω 的所有子集赋予一个概率, 使之满足那些 "直觉上明显成立" 的公理并使 $\{X_s^{(r)}\}$ 成为相互独立且具有某共同分布的随机变量序列. 所以, 我们必须确认相应于事件 "消亡发生" 的有关 ω 的集合是这样的一个集合: 我们可唯一地赋予它一个概率值 (此值亦将定义为 π 的值). 即便如此, 我们仍需要证明 (a) 式.

例 我们暂且来考虑一下什么是构建 "概率理论" 的不好的方式 (从某些方面看). 设 $\mathcal{C}$ 是由 $\mathbf{N}$ 的子集 C 所构成的集合类, 其中 C 的 "密度"

$$\rho(C) := \lim_{n \to \infty} n^{-1} \#\{k : 1 \leqslant k \leqslant n; k \in C\}$$

存在 (有限). 设 $C_n := \{1, 2, \cdots, n\}$, 则 $C_n \in \mathcal{C}$ 且 $C_n \uparrow \mathbf{N}(C_n \subseteq C_{n+1}, \forall n)$, 又 $\bigcup C_n = \mathbf{N}$. 然而, $\rho(C_n) = 0, \forall n$, 但 $\rho(\mathbf{N}) = 1$.

因此, 对于 $(\mathbf{N}, \mathcal{C}, \rho)$ 的结构来说, 其中并不存在允许我们从事实

$$\{Z_n = 0\} \uparrow \{消亡发生\}$$

推导出 (a) 式成立的合理性. 事实上, $(\mathbf{N}, \mathcal{C}, \rho)$ 不是一个 "概率空间".　　　　□

这其中肯定有问题. 测度论可以解决这些问题, 但同时也额外带来大量深刻得多的结果, 例如鞅的收敛定理. 下面我们不妨初探一下此定理 (以一种直观的方式), 这也是我急于想介绍给你们的.

0.6 我们的第一个鞅

回顾 0.2 节的 (b) 式:

$$Z_{n+1} = X_1^{(n+1)} + X_2^{(n+1)} + \cdots + X_{Z_n}^{(n+1)},$$

其中诸随机变量 $X_i^{(n+1)}$ 是与 $Z_1, Z_2, \cdots, Z_n$ 相互独立的. 由此显然可得

$$P(Z_{n+1} = j | Z_0 = i_0, Z_1 = i_1, \cdots, Z_n = i_n) = P(Z_{n+1} = j | Z_n = i_n),$$

满足上式的随机过程 $Z = (Z_n : n \geqslant 0)$ 将被称为一个马尔可夫链 (Markov chain) 或马氏链. 我们于是得到

$$E(Z_{n+1} | Z_0 = i_0, Z_1 = i_1, \cdots, Z_n = i_n) = \sum_j j P(Z_{n+1} = j | Z_n = i_n)$$

$$= E(Z_{n+1} | Z_n = i_n),$$

或以一种凝练的、更好的符号记为

(a) $$E(Z_{n+1} | Z_0, Z_1, \cdots, Z_n) = E(Z_{n+1} | Z_n).$$

当然, 直观上看很明显有

(b) $$E(Z_{n+1} | Z_n) = \mu Z_n,$$

因为第 n 代的 Z_n 个生物中的每一个都有平均 μ 个孩子. 我们可以通过对于结果

$$E(\theta^{Z_{n+1}} | Z_n) = f(\theta)^{Z_n}$$

两端关于 θ 求导并令 $\theta = 1$ 来证明 (b) 式.

现在定义

(c) $$M_n := Z_n / \mu^n, \quad n \geqslant 0,$$

则有

$$E(M_{n+1} | Z_0, Z_1, \cdots, Z_n) = M_n,$$

上式刚好表明

(d) $$M \text{ 是一个关于过程 } Z \text{ 的鞅}.$$

给定 Z 的直至第 n 步的历史, 则 M 的下一步的值 M_{n+1} 平均来说就等于它现在 (目前) 的值: 依这种非常精致的、由条件期望来刻画的 "过去" 与 "目前" (现在) 的含义, M 是 "平均值恒定不变" 的. 当然, 真命题

$$\text{(e)} \qquad\qquad E(M_n) = 1, \quad \forall n$$

在目前看来还显得非常粗糙.

我们称一个陈述 $\mathcal{S}$ 是几乎必然 (a.s.) 或以概率 1 为真的, 如果有

$$P(\mathcal{S} \text{ 为真}) = 1.$$

由于我们的鞅 M 是非负的 $(M_n \geqslant 0, \forall n)$, 故鞅收敛定理蕴含着下面的结论几乎必然为真:

$$\text{(f)} \qquad\qquad \text{极限 } M_\infty := \lim M_n \text{ 存在}.$$

注意　如果 $M_\infty > 0$ 对某些结果 (它们仅当 $\mu > 1$ 时才有可能发生) 成立, 那么结论

$$Z_n/\mu^n \longrightarrow M_\infty \quad \text{(a.s.)}$$

是对 "指数式增长" 的一个精准而明确的说明. 一个特别吸引人的问题是, 假定 $\mu > 1$, 那么过程 Z 的行为是如何随着 M_∞ 的变化而变化的?

0.7　期望列的敛散性

我们知道极限 $M_\infty := \lim M_n$ 以概率 1 存在, 而且 $E(M_n) = 1, \forall n$. 这似乎在诱导我们去相信有 $E(M_\infty) = 1$. 然而我们已经知道: 如果 $\mu \leqslant 1$, 则过程将几乎必然消亡, M_n 最终将变为 0. 所以:

(a) 如果 $\mu \leqslant 1$, 则有 $M_\infty = 0(\text{a.s.})$, 而且

$$0 = E(M_\infty) \neq \lim E(M_n) = 1.$$

当我们着手学习法都 (Fatou) 引理——对于任何非负随机变量序列 (Y_n), 成立

$$E(\liminf Y_n) \leqslant \liminf E(Y_n)$$

时, 这是一个极好的、值得铭记于心的例子. (a) 式的问题出在: (当 $\mu \leqslant 1$ 时) 对于比较大的 n, 有可能 M_n 比较大 (当它不是 0 时), 粗略地说, 这一较大的值乘上其较小的概率刚好使得 $E(M_n)$ 保持在 1. 关于此可参见 0.9 节中具体的例子.

当然, 弄清何时成立

(b) $$\lim E(\cdot) = E(\lim \cdot)$$

是非常重要的, 我们将花相当多的时间来讨论这一点. 对于具体的问题来说, 通常由最一般的定理总难以得出最好的结果, 就像事实已经证明:

(c) $$E(M_\infty) = 1 \text{ 当且仅当 } \mu > 1 \text{ 且 } E(X \log X) < \infty,$$

其中 X 为典型孩子的个数. 当然, $0 \log 0 = 0$. 如果 $\mu > 1$ 且 $E(X \log X) = \infty$, 那么, 即便过程有可能不灭绝, 也会得出 $M_\infty = 0$ (a.s.).

0.8　求 M_∞ 的分布

由于 $M_n \to M_\infty$(a.s.), 故对于 $\lambda > 0$ 显然有

$$\exp(-\lambda M_n) \to \exp(-\lambda M_\infty) \quad \text{(a.s.)}.$$

因为每个 $M_n \geqslant 0$, 故整个数列 $(\exp(-\lambda M_n))$ 的绝对值囿于常数 1(独立于我们的试验结果). 有界收敛定理保证了我们现在即可断言我们所期望的结果成立:

(a) $$E \exp(-\lambda M_\infty) = \lim E \exp(-\lambda M_n).$$

因为 $M_n = Z_n / \mu^n$ 且 $E(\theta^{Z_n}) = f_n(\theta)$, 故我们有

(b) $$E \exp(-\lambda M_n) = f_n(\exp(-\lambda / \mu^n)).$$

从而, 原则上 (即便在实践中很罕见) 我们可以计算出 (a) 式的左端项. 然而, 对一个非负随机变量 Y, 其分布函数 $y \mapsto P(Y \leqslant y)$ 完全由下列映射所确定:

$$\lambda \mapsto E \exp(-\lambda Y) \quad (\lambda \in (0, \infty)).$$

因此, 从原则上说, 我们可以求出 M_∞ 的分布.

我们已经看到, 实质的问题是计算函数:

$$L(\lambda) := E \exp(-\lambda M_\infty).$$

利用 (b) 式、事实: $f_{n+1} = f \circ f_n$ 以及 L 的连续性 (这是有界收敛定理的另一个推论), 你可以立刻建立函数方程:

(c) $$L(\lambda\mu) = f(L(\lambda)).$$

0.9 具体的例子

这个具体的例子差不多是仅有的这样一个例子: 你可以清楚地计算每一件事, 但是从数学的角度看, 它在很多情况下都是有用的.

我们假定 "典型孩子的个数" X 具有几何分布:

(a) $$P(X = k) = pq^k \quad (k \in \mathbf{N}^+),$$

其中

$$0 < p < 1, \quad q := 1 - p.$$

那么, 正如你能容易验证的:

(b) $$f(\theta) = \frac{p}{1 - q\theta}, \quad \mu = \frac{q}{p},$$

且

$$\pi = \begin{cases} p/q, & \text{若 } q > p, \\ 1, & \text{若 } q \leqslant p. \end{cases}$$

为了计算 $f \circ f \circ \cdots \circ f$, 我们使用一个在上半平面几何中常用的工具. 如果

$$G = \begin{pmatrix} g_{11} & g_{12} \\ g_{21} & g_{22} \end{pmatrix}$$

是一个非奇异的 2×2 矩阵, 定义分式线性变换:

(c) $$G(\theta) = \frac{g_{11}\theta + g_{12}}{g_{21}\theta + g_{22}}.$$

你可以验证: 如果 H 是另外一个如此的矩阵, 则有

$$G(H(\theta)) = (GH)(\theta),$$

所以, 分式线性变换的复合对应于矩阵的相乘.

假设 $p \neq q$. 利用 $S^{-1}AS = \Lambda$ 的方法, 比如, 我们发现对应于 f 的矩阵的 n 次幂可以表示为

$$
\begin{pmatrix} 0 & p \\ -q & 1 \end{pmatrix}^n = (q-p)^{-1} \begin{pmatrix} 1 & p \\ 1 & q \end{pmatrix} \begin{pmatrix} p^n & 0 \\ 0 & q^n \end{pmatrix} \begin{pmatrix} q & -p \\ -1 & 1 \end{pmatrix},
$$

由此得到

(d) $$ f_n(\theta) = \frac{p\mu^n(1-\theta) + q\theta - p}{q\mu^n(1-\theta) + q\theta - p}. $$

如果 $\mu = q/p \leqslant 1$, 则有 $\lim_n f_n(\theta) = 1$, 这对应着过程消亡的结果.

假设 $\mu > 1$. 则容易验证, 对于 $\lambda > 0$, 有

$$
\begin{aligned}
L(\lambda) := E\exp(-\lambda M_\infty) &= \lim f_n(\exp(-\lambda/\mu^n)) \\
&= \frac{p\lambda + q - p}{q\lambda + q - p} \\
&= \pi e^{-\lambda 0} + \int_0^\infty (1-\pi)^2 e^{-\lambda x} e^{-(1-\pi)x} dx,
\end{aligned}
$$

由此我们可推出

$$ P(M_\infty = 0) = \pi $$

及

$$ P(x < M_\infty < x + dx) = (1-\pi)^2 e^{-(1-\pi)x} dx \quad (x > 0), $$

或更好的

$$ P(M_\infty > x) = (1-\pi)e^{-(1-\pi)x} \quad (x > 0). $$

假设 $\mu < 1$. 在这种情形中, 有趣的问题是: 在 $Z_n \neq 0$ 的条件下, Z_n 的分布是什么? 我们有

$$ E(\theta^{Z_n} | Z_n \neq 0) = \frac{f_n(\theta) - f_n(0)}{1 - f_n(0)} = \frac{\alpha_n \theta}{1 - \beta_n \theta}. $$

其中

$$ \alpha_n = \frac{p-q}{p-q\mu^n}, \quad \beta_n = \frac{q-q\mu^n}{p-q\mu^n}, $$

所以 $0 < \alpha_n < 1$ 且 $\alpha_n + \beta_n = 1$. 当 $n \to \infty$ 时, 我们有

$$ \alpha_n \to 1 - \mu, \quad \beta_n \to \mu, $$

所以 (这已被证明了):

(e) $$ \lim_{n\to\infty} P(Z_n = k | Z_n \neq 0) = (1-\mu)\mu^{k-1} \quad (k \in \mathbf{N}). $$

假设 $\mu = 1$. 你可以用归纳法证明

$$f_n(\theta) = \frac{n - (n-1)\theta}{(n+1) - n\theta},$$

以及

$$E(\mathrm{e}^{-\lambda Z_n/n}|Z_n \neq 0) \to 1/(1 + \lambda),$$

对应于结果:

(f) $$P(Z_n/n > x|Z_n \neq 0) \to \mathrm{e}^{-x} \quad (x > 0).$$

"法都因子"

我们知道: 当 $\mu \leqslant 1$ 时有 $E(M_n) = 1, \forall n$, 但 $E(M_\infty) = 0$. 对此, 我们能否作深入的考察?

首先考虑 $\mu < 1$ 的情形. 由结果 (e), 下面的结论是可信的: 对于较大的 n 有

$$E(Z_n|Z_n \neq 0) \text{ 大致等于} (1 - \mu) \sum k\mu^{k-1} = 1/(1 - \mu).$$

我们知道

$$P(Z_n \neq 0) = 1 - f_n(0) \text{ 大致等于 } (1 - \mu)\mu^n,$$

从而我们应该有 (粗略地说)

$$E(M_n) = E\left(\frac{Z_n}{\mu^n}\Big|Z_n \neq 0\right)P(Z_n \neq 0)$$
$$= \frac{1}{(1-\mu)\mu^n}(1 - \mu)\mu^n = 1.$$

这有助于解释"平衡" $E(M_n) = 1$ 是如何经由较大的数值乘以较小的概率而获得的.

再考虑 $\mu = 1$ 的情形. 此时, 有

$$P(Z_n \neq 0) = 1/(n+1).$$

又由 (f) 式可知, Z_n/n 在 $Z_n \neq 0$ 下的条件分布大致是均值为 1 的指数分布, 所以 $M_n = Z_n$ 在条件 $Z_n \neq 0$ 下的平均值约略等于 n. 而对于平衡来说, 这是一个合适的数量级.

告诫 乍看起来, 我们刚刚所作的有关"合理的、直观的解释"的讨论有可能会误导我们得出 $E(M_\infty) = 1$. 但是, 毫无疑问, 结果

$$E(M_n) = E(M_n|Z_n \neq 0)P(Z_n \neq 0) = 1$$

也是一个明显的事实.

A部分
基　　础

第 1 章　测度空间

1.0　引　　言

拓扑学是讨论开集的. 一个连续函数 f 的特征属性是其关于任一开集 G 的逆像 $f^{-1}(G)$ 仍为开集.

测度论讨论可测集. 一个可测函数 f 的特性是其关于任一可测集 A 的逆像 $f^{-1}(A)$ 仍为可测集.

在拓扑学中, 人们将 "开集" 的概念公理化, 尤其强调: 任意多个开集的并集仍为开集, 有限个开集的交集亦为开集.

在测度论中, 人们将 "可测集" 的概念公理化, 强调: 可数多个可测集的并仍为可测集, 可数多个可测集的交亦为可测集. 而且, 一个可测集的补集（余集）必须是可测集, 整个空间亦必须是可测的. 这样, 所有可测集就构成一个 σ-代数, 这是一个在可数多次集合运算下保持稳定 (或 "封闭") 的数学结构. 如果去掉 "仅允许可数多次运算" 的要求, 则测度论将陷于自相矛盾的境地, 这也是某些概率哲学家们感到难以解释之点.

在 $\mathbf{R}^3$ 空间中的单位球面 S^2 上随机选取一点, 则它位于 S^2 的子集 F 中的概率刚好等于 F 的面积除以 (球面的) 总面积 4π. 还有什么比这更简单吗?

然而, 巴拿赫 (Banach) 和塔斯基 (Tarski) 告诉我们 (见 Wagon(1985)): 如果假定选择公理为真, 且它贯穿于通常的数学, 则存在 $\mathbf{R}^3$ 中单位球面 S^2 的一个子集 F, 使得对于 $3 \leqslant k < \infty$(甚至 $k = \infty$), S^2 可以表示为 F 的 k 个精确的复制品

的不交并:

$$S^2 = \bigcup_{i=1}^{k} \tau_i^{(k)} F,$$

其中每个 $\tau_i^{(k)}$ 是一个旋转. 如果 F 有一个"面积", 那么这个面积必须同时是 $4\pi/3, 4\pi/4, \cdots, 0$. 唯一的结论是: 集合 F 是不可测的 (非勒贝格可测的), 它是如此之复杂以至于人们无法赋予它一个面积. 巴拿赫和塔斯基并未打破面积守恒的规律, 而只是超出了它的管辖权限.

　　附注　(i) 由于每个旋转 τ 在 S^2 上有一个不动点 x, 即 $\tau(x) = x$, 故无法找到 S^2 的一个子集 A 与相应的旋转 τ, 满足 $A \cup \tau(A) = S^2$ 且 $A \cap \tau(A) = \emptyset$. 因此, 我们并未让 $k = 2$.

　　(ii) 巴拿赫与塔斯基甚至证明了: 对于 $\mathbf{R}^3$ 空间中的任意两个有界集合 A 与 B(皆具有非空的内部), 存在某有限数 n, 使得 A 可以分解为 n 个子块的不交并, $A = \bigcup_{i=1}^{n} A_i, B$ 亦可分解为 n 个子块的不交并, $B = \bigcup_{i=1}^{n} B_i$, 并满足: 对于每个 i, A_i 与 B_i 是欧几里得 (Euclid) 全等的! 所以, 我们可以将 A 拆散, 然后依照 B 来重塑之.

　　(iii) 本章附录中的 A1.1 节 (选择阅读!) 提供了一个利用选择公理来构造 S^1 的不可测子集的例子.

　　本章介绍了 σ-代数、 π-系、测度, 并强调测度的单调收敛性质. 在以后的章节中我们将看到: 尽管不是所有的集合都是可测集, 但对于概率论来说总会有足够多的集合是可测的.

1.1　代数与 σ-代数的定义

　　设 S 为一个集合.

S 上的代数

　　一个 S 的子集类 Σ_0 被称为 S 上的代数 (或 S 的子集的代数), 如果:

(i) $S \in \Sigma_0$,

(ii) $F \in \Sigma_0 \Rightarrow F^c := S \backslash F \in \Sigma_0$,

(iii) $F, G \in \Sigma_0 \Rightarrow F \cup G \in \Sigma_0$.

(**注意** $\emptyset = S^c \in \Sigma_0$ 且

$$F, G \in \Sigma_0 \Rightarrow F \cap G = (F^c \cup G^c)^c \in \Sigma_0.)$$

因此, S 上的代数是一个对有限次集合运算封闭的 S 的子集族.

练习 (选做) 设 $\mathcal{C}$ 为由 **N** 的子集 C 所构成的集类, 其中 C 的 "密度"

$$\lim_{m \to \infty} m^{-1} \#\{k : 1 \leqslant k \leqslant m; k \in C\}$$

存在. 我们也许会倾向于认为这个密度 (如果它存在的话) 即可作为 "随机选择一个自然数而它属于 C 的概率". 但是有很多理由 (我们在 0.5 节中已见过其中的一个) 表明这并不符合一个正常的概率理论. 例如, 你会发现有 $\mathcal{C}$ 中的元素 F 和 G 满足 $F \cap G \notin \mathcal{C}$.

有关术语的注记 ("代数和域"). 我们所言之代数, 若将其运算 $\cap$ 视为 "积", 将对称差

$$A \triangle B := (A \cup B) \backslash (A \cap B)$$

视为 "和", 则它是一个真正的 (如代数学家所谓的那种) 代数, 该代数的基础域是含有 2 个元素的域.(这也是为什么我们宁愿称 "子集的代数" 而不称 "子集的域", 因为一个子集的代数无法成为代数学家所谓之域, 除非 Σ_0 是退化的, 即 $\Sigma_0 = \{S, \emptyset\}$.)

S 上的 σ-代数

一个 S 的子集类 Σ 被称为 S 上的 σ-代数 (或 S 的子集的 σ-代数), 如果 Σ 是 S 上的代数, 而且只要 $F_n \in \Sigma (n \in \mathbf{N})$, 就有

$$\bigcup_n F_n \in \Sigma.$$

(**注意** 若 Σ 是一个 S 上的 σ-代数而 $F_n \in \Sigma$ 对于 $n \in \mathbf{N}$ 成立, 则有

$$\bigcap_n F_n = \left(\bigcup_n F_n^c\right)^c \in \Sigma.)$$

因此, S 上的 σ-代数是一个对任意可数多次集合运算封闭的 S 的子集族.

注 尽管对于我们将会遇到的许多集合的代数可以用显式表达式写出其典型元素 (见后面 1.8 节给出的第一个例子), 但要写出一个 σ-代数的典型元素通常是不可能的. 正因为如此, 我们将致力于在简单得多的 "π-系" 中去探讨这一可能性.

可测空间

序偶 (S, Σ), 其中 S 为一集合而 Σ 为 S 上的一个 σ-代数, 被称为一个可测空间. Σ 中的元素被称为 S 的 Σ-可测的子集.

由子集类 $\mathcal{C}$ 所生成的 σ-代数 $\sigma(\mathcal{C})$

设 $\mathcal{C}$ 是一个 S 的子集类. 则由 $\mathcal{C}$ 所生成的 σ-代数 $\sigma(\mathcal{C})$ 是 S 上的最小 σ-代数 Σ, 并满足 $\mathcal{C} \subseteq \Sigma$. 它是 S 上的所有包含 $\mathcal{C}$ (作为其一个子类) 的 σ-代数的交. (显然, 由 S 的全部子集所构成的 σ-代数即包含 $\mathcal{C}$.)

1.2　例子: 博雷尔 (Borel)σ-代数, $\mathcal{B}(S), \mathcal{B} = \mathcal{B}(\mathbf{R})$

设 S 为一个拓扑空间.

$\mathcal{B}(S)$

$\mathcal{B}(S), S$ 上的博雷尔 σ-代数, 是由 S 的开子集族所生成的 σ-代数. 用有点不规范的记号:
$$\mathcal{B}(S) := \sigma \text{ (开集族)}.$$

$\mathcal{B} := \mathcal{B}(\mathbf{R})$

这是一个标准的缩写: $\mathcal{B} := \mathcal{B}(\mathbf{R})$.

σ-代数 $\mathcal{B}$ 是所有 σ-代数中最重要的. 我们所常见的 $\mathbf{R}$ 的子集都是 $\mathcal{B}$ 中的元素; 而且, 要想找到一个不属于 $\mathcal{B}$ 且结构明晰的 $\mathbf{R}$ 的子集 (不借助于选择公理) 的确是一件难办之事. (但并非不可能!)

$\mathcal{B}$ 中的元素有可能很复杂. 然而, 集类
$$\pi(\mathbf{R}) := \{(-\infty, x] : x \in \mathbf{R}\}$$
(这不是一个标准的记号) 却非常容易理解, 而且关于 $\mathcal{B}$ 通常我们需要知道的不过是

(a) $$\mathcal{B} = \sigma(\pi(\mathbf{R})).$$

(a) 的证明 对于每个 $x \in \mathbf{R}, (-\infty, x] = \bigcap_{n \in \mathbf{N}} (-\infty, x + n^{-1})$, 所以作为可数多个开集的交集, $(-\infty, x] \in \mathcal{B}$.

此外只需要证明: $\mathbf{R}$ 的每一个开子集 G 是 $\sigma(\pi(\mathbf{R}))$ 中的元素. 但是每一个如此的开集 G 是一些开区间的可列 (或可数) 并, 因此, 我们仅需要证明, 对于任何 $a, b \in \mathbf{R}$ 且 $a < b$, 有

$$(a, b) \in \sigma(\pi(\mathbf{R})).$$

但是, 对于任何 $u > a$, 有

$$(a, u] = (-\infty, u] \cap (-\infty, a]^c \in \sigma(\pi(\mathbf{R})).$$

又因为, 对于 $\varepsilon = \frac{1}{2}(b - a)$, 有

$$(a, b) = \bigcup_n (a, b - \varepsilon n^{-1}],$$

所以易见有 $(a, b) \in \sigma(\pi(\mathbf{R}))$, 证毕. □

1.3 有关集函数的定义

设 S 为一个集合, Σ_0 为 S 上的代数, 设 μ_0 为一个非负的集 (合) 函数:

$$\mu_0 : \Sigma_0 \to [0, \infty].$$

可加性

μ_0 称为可加的, 如果 $\mu_0(\emptyset) = 0$, 且对 $F, G \in \Sigma_0, F \cap G = \emptyset$ 有

$$\mu_0(F \cup G) = \mu_0(F) + \mu_0(G).$$

可列可加性

映射 μ_0 称为可列可加的 (或 σ-可加的), 如果 $\mu_0(\emptyset) = 0$, 且只要 $(F_n : n \in \mathbf{N})$ 是 Σ_0 中的一个不交的集列并满足 $F = \bigcup F_n \in \Sigma_0$(注意这是一个假设, 因为 Σ_0 不必是一个 σ-代数), 就有

$$\mu_0(F) = \sum_n \mu_0(F_n).$$

当然 (为什么?), 一个可列可加的集函数也是可加的.

1.4　测度空间的定义

设 (S, Σ) 是一个可测空间, 则 Σ 是 S 上的一个 σ-代数.
映射

$$\mu : \Sigma \to [0, \infty]$$

称为 (S, Σ) 上的一个测度, 如果 μ 是可列可加的, 继而称三元组 (S, Σ, μ) 为一个测度空间.

1.5　有关测度的定义

设 (S, Σ, μ) 是一个测度空间, 则 μ(或确切地说是测度空间 (S, Σ, μ)) 被称为有限的, 如果 $\mu(S) < \infty$.

μ 被称为 σ-有限的, 如果存在一个 Σ 中的元素序列 $(S_n : n \in \mathbf{N})$, 使得

$$\mu(S_n) < \infty \quad (\forall n \in \mathbf{N}) \quad \text{且} \quad \bigcup S_n = S.$$

告诫　直觉通常与有限测度是一致的, 它与 σ-有限测度吻合得也不错. 然而, 非 σ-有限的测度则可能很怪异. 幸运的是, 本书并不涉及这样的测度.

概率测度, 概率空间

我们称测度 μ 为一个概率测度, 如果

$$\mu(S) = 1,$$

并进而称 (S, Σ, μ) 为一个概率空间.

Σ 的 μ-零元素, 几乎处处 (a.e.)

Σ 的元素 F 被称为是 μ-零的, 如果 $\mu(F) = 0$. 一个关于 S 中点 s 的命题 $\mathcal{S}$ 被称为几乎处处 (a.e.) 成立 (为真), 如果

$$F := \{s : \mathcal{S}(s)为伪\} \in \Sigma \text{ 且 } \mu(F) = 0.$$

1.6 引理: 扩张的唯一性, π-系

要旨 σ-代数是 "较难的", 但是 π-系是 "较易的", 所以我们致力于处理后者.

▶ (a) 设 S 为一个集合. 设 $\mathcal{I}$ 是 S 上的一个 π-系, 即它是 S 的一个关于有限交封闭的子集类 (族):

$$I_1, I_2 \in \mathcal{I} \Rightarrow I_1 \cap I_2 \in \mathcal{I}.$$

设 $\Sigma := \sigma(\mathcal{I})$. 假定 μ_1 和 μ_2 都是 (S, Σ) 上的测度并满足 $\mu_1(S) = \mu_2(S) < \infty$ 及在 $\mathcal{I}$ 上有 $\mu_1 = \mu_2$, 则在 Σ 上有

$$\mu_1 = \mu_2.$$

▶▶ (b) **推论** 如果两个概率测度在一个 π-系上是相等的, 那么它们在由该 π-系所生成的 σ-代数上也是相等的.

例子 $\mathcal{B} = \sigma(\pi(\mathbf{R}))$ 当然是引理中所谓 $\Sigma = \sigma(\mathcal{I})$ 的最重要的例子.

这个结果将起到重要的作用. 毫无疑问, 它将得到比 1.7 节中著名的存在性定理更多的应用. 有鉴于此, 对于本章附录 A1.2~A1.4 节中给出的引理 1.6 的证明我们也许应加以参考——但是先把本章剩余内容读完.

1.7 卡拉泰奥多里 (Carathéodory) 扩张定理

▶ 设 S 是一个集合, 设 Σ_0 是 S 上的一个代数, 并设

$$\Sigma := \sigma(\Sigma_0).$$

如果 μ_0 是一个具有可列可加性的映射 $\mu_0 : \Sigma_0 \to [0,\infty]$, 那么存在 (S,Σ) 上的一个测度 μ, 使得在 Σ_0 上有

$$\mu = \mu_0.$$

如果 $\mu_0(S) < \infty$, 那么由引理 1.6 可知, 这个扩张是唯一的——一个代数是一个 π-系!

从某种意义上说, 这一结果应该拥有比任何其他结果都要多的 ▶ 符号, 因为如果没有它我们将无法建立任何有趣的模型. 然而, 一旦我们拥有了自己的模型, 该定理便失去了更多的用处.

作为补充, 附录 A1.5~A1.8 节给出这一结果的证明. 对于本课程来说, 直接承认该结果为真不会带来什么 (不好的) 影响. 下面让我们来看该定理是如何应用的.

1.8 $((0,1], \mathcal{B}(0,1])$ 上的勒贝格 (Lebesgue) 测度 Leb

设 $S = (0,1]$. 对于 $F \subseteq S$, 我们称 $F \in \Sigma_0$, 如果它可以表示为一个有限并:

(*) $$F = (a_1, b_1] \cup \cdots \cup (a_r, b_r],$$

其中 $r \in \mathbf{N}, 0 \leqslant a_1 \leqslant b_1 \leqslant \cdots \leqslant a_r \leqslant b_r \leqslant 1$, 则 Σ_0 为 $(0,1]$ 上的一个代数且

$$\Sigma := \sigma(\Sigma_0) = \mathcal{B}(0,1].$$

(我们以符号 $\mathcal{B}(0,1]$ 取代 $\mathcal{B}((0,1])$.) 对于形如 (*) 式的 F, 设

$$\mu_0(F) = \sum_{k \leqslant r} (b_k - a_k),$$

则 μ_0 定义明确且在 Σ_0 上是可加的 (容易验证). 而且, μ_0 在 Σ_0 上还是可列可加的. (对此的证明并非易事, 可参阅 A1.9 节.) 所以, 由定理 1.7 可知, 存在着 $((0,1], \mathcal{B}(0,1])$ 上唯一的测度 μ, 它是 Σ_0 上的 μ_0 的扩张. 这个测度 μ 称为 $((0,1], \mathcal{B}(0,1])$ 上的勒贝格测度或 (简称)$(0,1]$ 上的勒贝格测度. 我们通常将 μ 记为 Leb.$([0,1], \mathcal{B}[0,1])$ 上的勒贝格测度 (仍记为 Leb) 则是通过一个简单的修改而得到的, 即让集合 $\{0\}$ 具有勒贝格测度 0. 无疑, Leb 使得长度的概念更为精确.

用类似的方法, 我们还可以构建 $\mathbf{R}$(更确切地, 是 $(\mathbf{R}, \mathcal{B}(\mathbf{R})))$ 上的 (σ-有限的) 勒贝格测度 (依然记为 Leb).

1.9   引理: 基本不等式

设 (S, Σ, μ) 为一个测度空间, 则有

(a)
$$\mu(A \cup B) \leqslant \mu(A) + \mu(B) \quad (A, B \in \Sigma).$$

▶   (b)
$$\mu(\bigcup_{i \leqslant n} F_i) \leqslant \sum_{i \leqslant n} \mu(F_i) \quad (F_1, F_2, \cdots, F_n \in \Sigma).$$

进一步, 若 $\mu(S) < \infty$, 则

(c)
$$\mu(A \cup B) = \mu(A) + \mu(B) - \mu(A \cap B) \quad (A, B \in \Sigma).$$

(d) (**容斥公式**) 对于 $F_1, F_2, \cdots, F_n \in \Sigma$, 有
$$\mu(\bigcup_{i \leqslant n} F_i) = \sum_{i \leqslant n} \mu(F_i) - \sum_{i < j \leqslant n} \mu(F_i \cap F_j)$$
$$+ \sum_{i < j < k \leqslant n} \mu(F_i \cap F_j \cap F_k) - \cdots$$
$$+ (-1)^{n-1} \mu(F_1 \cap F_2 \cap \cdots \cap F_n).$$

(相继的部分和在高估与低估之间交替变化.)

你们想必以前已经见过这些结果的某些版本. 结果 (c) 是显然的, 因为 $A \cup B$ 可写为不交并 $A \cup (B \backslash (A \cap B))$. 而由 (c) 易推出 (a) 并进而推出 (b), 试证明 (b) 式对无穷多项也成立. 你可以由 (c) 出发利用归纳法来导出 (d), 但是, 如我们以后将看到的, 证明 (d) 的更漂亮的方法是利用积分.

1.10   引理: 测度的单调收敛性

在作严格推理时, 经常要用到本节的结果. (可提前掠览一下 4.9 节 "猴子打出莎士比亚全集".) 再一次, 我们设 (S, Σ, μ) 为一测度空间.

▶ (a) 如果 $F_n \in \Sigma (n \in \mathbf{N})$ 且 $F_n \uparrow F$, 那么 $\mu(F_n) \uparrow \mu(F)$.

注 $F_n \uparrow F$ 的意思是 $F_n \subseteq F_{n+1}(\forall n \in \mathbf{N}), \bigcup F_n = F$. 结果 (a) 是测度的基本性质.

(a) 的证明 记 $G_1 := F_1, G_n := F_n \backslash F_{n-1} (n \geqslant 2)$, 则集列 $G_n(n \in \mathbf{N})$ 是互不相交的, 且

$$\mu(F_n) = \mu(G_1 \cup G_2 \cup \cdots \cup G_n) = \sum_{k \leqslant n} \mu(G_k) \uparrow \sum_{k < \infty} \mu(G_k) = \mu(F). \qquad \square$$

应用 在第 0 章分支过程例子的正常情形中, 因为 $\{Z_n = 0\} \uparrow \{$消亡发生$\}$, 所以有 $\pi_n \uparrow \pi$.(正常结构的分支过程例子将在以后给出.)

▶ (b) 如果 $G_n \in \Sigma, G_n \downarrow G$ 且对于某个 k 有 $\mu(G_k) < \infty$, 则有 $\mu(G_n) \downarrow \mu(G)$.

(b) 的证明 对于 $n \in \mathbf{N}$, 令

$$F_n := G_k \backslash G_{k+n},$$

然后应用 (a) 的结果. $\qquad \square$

例 (说明结论何时会 "出错") 对于 $n \in \mathbf{N}$, 设

$$H_n := (n, \infty),$$

则 $\mathrm{Leb}(H_n) = \infty, \forall n$, 但是 $H_n \downarrow \emptyset$.

▶ (c) 可数个 μ-零集的并仍为 μ-零集.

这是结果 (1.9,b) 和 (1.10, a) 的简单推论.

1.11 例子与告诫

设 (S, Σ, μ) 为 $([0,1], \mathcal{B}[0,1], \mathrm{Leb})$, $\varepsilon(k)$ 为一列正数且 $\varepsilon(k) \downarrow 0$. 对于 S 中的一点 x, 我们有

(a) $$\{x\} \subseteq (x - \varepsilon(k), x + \varepsilon(k)) \cap S.$$

所以对于每个 k 有 $\mu(\{x\}) < 2\varepsilon(k)$, 从而有 $\mu(\{x\}) = 0$. 由 (a) 式的右边可知 $\{x\}$ 是 S 中可列多个开集的交集, 所以 $\{x\}$ 是 $\mathcal{B}(S)$ 可测的.

令 $V = \mathbf{Q} \cap [0,1]$, 即 $[0,1]$ 中的有理数的集合. 因为 V 为可列多个单点集的并: $V = \{v_n : n \in \mathbf{N}\}$, 故显然 V 是 $\mathcal{B}[0,1]$-可测的且 $\mathrm{Leb}(V) = 0$. 如下所示, 我们

可将 V 包含于 S 的一个测度至多为 $4\varepsilon(k)$ 的开子集中:

$$V \subseteq G_k = \bigcup_{n \in \mathbf{N}} [(v_n - \varepsilon(k)2^{-n}, v_n + \varepsilon(k)2^{-n}) \cap S] =: \bigcup_n I_{n,k}.$$

显然, $H := \bigcap_k G_k$ 满足 Leb $(H) = 0$ 且 $V \subseteq H$. 现在, 这是贝尔范畴定理 (见本章的附录) 的一个推论: H 是不可数的. 所以:

(b) H 是一个测度为零的不可数集, 而且

$$H = \bigcap_k \bigcup_n I_{n,k} \neq \bigcup_n \bigcap_k I_{n,k} = V.$$

因此, 在本课程中, 我们必须始终谨慎地对待运算次序的交换问题.

第 2 章 事 件

2.1 试验的模型: $(\Omega, \mathcal{F}, P)$

一个随机试验的模型具有 1.5 节中所定义的概率空间 $(\Omega, \mathcal{F}, P)$ 的形式.

样本空间

Ω 是一个集合, 称为样本空间.

样本点

Ω 中的点 (元素) ω 称为样本点.

事件

Ω 上的 σ-代数 $\mathcal{F}$ 称为事件类, 所以一个事件是 $\mathcal{F}$ 的一个元素, 亦即 Ω 的一个 $\mathcal{F}$-可测的子集.

由概率空间的定义, P 是 $(\Omega, \mathcal{F})$ 上的一个概率测度.

2.2 直 观 含 义

堤喀 (Tyche), 命运女神, 遵循规律 P "随机地" 选取 Ω 中的一点——其含义为: 对于 $F \in \mathcal{F}, P(F)$ 表示堤喀选取之点 ω 属于 F 的 "概率" (依我们直观理解之意).

被选取之点 ω 决定了试验的结果. 由此导出如下的映射:

$$\Omega \to \text{所有结果的集合},$$

$$\omega \mapsto \text{结果}.$$

没有理由说明为什么这一 "映射"(其上域 (或陪域) 位于我们的直觉中!) 必须是一一对应. 通常的情形: 尽管对于一个试验存在着某个 "最小的" 或者 "典则的" 模型, 但更好的办法是使用更加丰富的模型. (例如, 通过将相应的随机游动嵌入一个布朗运动, 我们可以获知掷币过程的很多性质.)

2.3 序偶 $(\Omega, \mathcal{F})$ 的例子

我们暂不考虑赋予概率值的问题.

(a) **试验** 掷币两次. 我们可以取:

$$\Omega = \{HH, HT, TH, TT\}, \quad \mathcal{F} = \mathcal{P}(\Omega) := \Omega \text{ 的全部子集构成的类}.$$

在这个模型中, 直观描述的事件 "至少出现一次正面 (H)" 是由数学化的事件 ($\mathcal{F}$ 的元素) $\{HH, HT, TH\}$ 来描述的.

(b) **试验** 掷币无穷多次. 我们可取

$$\Omega = \{H, T\}^{\mathbf{N}},$$

其中, Ω 的一个典型的元素 (点) ω 是一个序列:

$$\omega = (\omega_1, \omega_2, \cdots), \quad \omega_n \in \{H, T\}.$$

我们想谈一下直观事件 "$\omega_n = W$", 其中 $W \in \{H, T\}$, 且很自然地可选择

$$\mathcal{F} = \sigma(\{\omega \in \Omega : \omega_n = W\} : n \in \mathbf{N}, W \in \{H, T\}).$$

尽管 $\mathcal{F} \neq \mathcal{P}(\Omega)$(接受这个结论!), 但事实上 $\mathcal{F}$ 已足够大. 例如, 在 3.7 节中我们将看到: 对应于陈述

$$\frac{n \text{次掷币中出现正面的次数}}{n} \to \frac{1}{2}$$

的集合

$$F = \left\{\omega : \frac{\#(k \leqslant n : \omega_k = H)}{n} \to \frac{1}{2}\right\}$$

即为 $\mathcal{F}$ 中的一个元素.

注意, 我们还可以用本例中的模型为 (a) 中的试验提供一个更宽泛的模型, 只需用样本点映射 $\omega \mapsto (\omega_1, \omega_2)$ 来表示试验的结果即可.

(c) **试验**　在 0 与 1 之间均匀地、随机地选取一点. 取 $\Omega = [0, 1]$, $\mathcal{F} = \mathcal{B}[0, 1]$, ω 代表选取的点. 在这种情况下, 我们自然取 $P = \text{Leb}$. 我们以后将解释, 从某种意义上看本模型包含模型 (b) 中均匀硬币的情形.

2.4　几乎必然 (a.s.)

▶　我们称一个关于结果的陈述 S 是几乎必然 (a.s.) 或以概率 1 (w.p.1) 为真的, 如果有

$$F := \{\omega : S(\omega)\text{为真}\} \in \mathcal{F} \text{ 且 } P(F) = 1.$$

(a) **命题**　如果 $F_n \in \mathcal{F}(n \in \mathbf{N})$ 且 $P(F_n) = 1, \forall n$, 则有

$$P(\bigcap_n F_n) = 1.$$

证明　$P(F_n^{\mathrm{c}}) = 0, \forall n$, 故由引理 1.10(c) 可知有 $P(\bigcup_n F_n^{\mathrm{c}}) = 0$. 但是 $\bigcap_n F_n = (\bigcup F_n^{\mathrm{c}})^{\mathrm{c}}$.　□

(b) **延伸思考**　某些著名哲学家曾尝试不用测度论的方法来发展概率论. 其困难之一如下所述.

如果将 (2.3,b) 中的讨论扩展到为公平的掷币过程定义一个合适的概率测度, 则强大数定律 (SLLN) 表明: $F \in \mathcal{F}$ 且 $P(F) = 1$, 其中 F 是在 (2.3,b) 中正式定义的, 对应于陈述 "n 次掷币中正面出现的比例 $\to \dfrac{1}{2}$" 的集合.

设 $\mathcal{A}$ 为由所有满足条件 $\alpha(1) < \alpha(2) < \cdots$ 的映射 $\alpha : \mathbf{N} \to \mathbf{N}$ 而构成的集合. 对于 $\alpha \in \mathcal{A}$, 令

$$F_\alpha = \left\{ \omega : \frac{\#(k \leqslant n : \omega_{\alpha(k)} = H)}{n} \to \frac{1}{2} \right\},$$

即对应于 "子序列 α 满足强大数定律" 的集合. 则对于 $\forall \alpha \in \mathcal{A}$, 我们当然有 $P(F_\alpha) = 1$.

练习　证明:

$$\bigcap_{\alpha \in \mathcal{A}} F_\alpha = \emptyset.$$

(**提示**　对于任意给定的 ω, 去寻找一个 $\alpha \cdots\cdots$)

此例的寓意在于: "几乎必然" 的概念给予我们 (i) 绝对的精密性, 同时也有 (ii) 足够的灵活性, 以避免那些不懂测度论的人很容易陷入的自相矛盾的情形. (当然, 由于哲学家夸大了我们作精密化的地方, 故他们被认为是思之过细……)

2.5 提醒: $\limsup, \liminf, \downarrow\lim$, 等等

(a) 设 $(x_n : n \in \mathbf{N})$ 为一实数列. 我们定义:

$$\limsup x_n := \inf_m \left\{ \sup_{n \geqslant m} x_n \right\} = \downarrow \lim_m \left\{ \sup_{n \geqslant m} x_n \right\} \in [-\infty, \infty].$$

显然, $y_m := \sup_{n \geqslant m} x_n$ 关于 m 是单调非增的, 所以数列 y_m 的极限存在且落入 $[-\infty, \infty]$. 用 $\uparrow\lim$ 或 $\downarrow\lim$ 来表示单调极限是方便的, 就像 $y_n \downarrow y_\infty$ 可以表示 $y_\infty = \downarrow\lim y_n$ 一样.

(b) 类似地:

$$\liminf x_n := \sup_m \left\{ \inf_{n \geqslant m} x_n \right\} = \uparrow \lim_m \left\{ \inf_{n \geqslant m} x_n \right\} \in [-\infty, \infty].$$

(c) 我们有

$$x_n \text{ 收敛到 } [-\infty, \infty] \text{ 中 } \iff \limsup x_n = \liminf x_n,$$

进而有 $\lim x_n = \limsup x_n = \liminf x_n$.

▶ (d) 注意:

(i) 如果 $z > \limsup x_n$, 那么:

最终 (eventually) 有 $x_n < z$ (即对于所有充分大的 n 成立).

(ii) 如果 $z < \limsup x_n$, 那么:

有无穷多次 (infinitely often)$x_n > z$(即对于无穷多个 n 成立).

2.6　定义: $\limsup E_n, (E_n, \text{i.o.})$

事件 (或以一种严格的提法: 对应于下列陈述的集合):

$$\text{"掷出的正面数 / 掷币的次数} \to \frac{1}{2}\text{"}$$

是由一些简单的事件, 诸如 "第 n 次掷出正面" 等以一种比较复杂的方式构成的. 我们需要一种系统的方法来处理事件的复杂的组合. 而使用关于集合的 $\liminf$ 与 $\limsup$ 算符的想法刚好满足了这一需要.

注意到下面的同义反复 (恒真命题) 将会是有益的: 如果 E 是一个事件, 那么

$$E = \{\omega : \omega \in E\}.$$

现假设 $(E_n : n \in \mathbf{N})$ 为一事件列.

▶　(a) 我们定义:

$$
\begin{aligned}
(E_n, \text{i.o.}) &:= (\text{无穷多个 } E_n \text{ 发生}) \\
&:= \limsup E_n := \bigcap_m \bigcup_{n \geqslant m} E_n \\
&= \{\omega : \text{对于每个 } m, \exists n(\omega) \geqslant m \text{ 使得 } \omega \in E_{n(\omega)}\} \\
&= \{\omega : \omega \in E_n \text{对无穷多个 } n \text{ 成立}\}.
\end{aligned}
$$

▶　(b) (**反向法都引理**——需要 P 的有限性)

$$P(\limsup E_n) \geqslant \limsup P(E_n).$$

证明　设 $G_m := \bigcup_{n \geqslant m} E_n$, 那么 (由 (a) 中的定义)$G_m \downarrow G$, 其中 $G := \limsup E_n$. 由 (1.10,b) 中的结果, $P(G_m) \downarrow P(G)$. 但是显然

$$P(G_m) \geqslant \sup_{n \geqslant m} P(E_n),$$

所以

$$P(G) \geqslant \downarrow \lim_m \left\{ \sup_{n \geqslant m} P(E_n) \right\} =: \limsup P(E_n). \qquad \square$$

2.7　博雷尔 – 肯泰利 (Borel–Cantelli) 第一引理 (BC1)

▶　设 $(E_n : n \in \mathbf{N})$ 为一个事件列, 满足 $\sum_n P(E_n) < \infty$. 那么

$$P(\limsup E_n) = P(E_n, \text{i.o.}) = 0.$$

证明　用 (2.6,b) 的记号, 对于每个 m, 我们有

$$P(G) \leqslant P(G_m) \leqslant \sum_{n \geqslant m} P(E_n)$$

(由 (1.9,b) 与 (1.10,a)). 再令 $m \uparrow \infty$ 即可.　□

注记　(i) 用积分来作的一个有启发性的证明将在以后给出.

(ii) 本课程将会给出博雷尔 – 肯泰利引理的许多应用. 其中一些有趣的应用需要用到独立性、随机变量等概念.

2.8　定义: $\liminf E_n, (E_n, \text{ev})$

复设 $(E_n : n \in \mathbf{N})$ 为一事件列.

▶　(a) 我们定义

$$(E_n, \text{ev}) := (E_n \ \text{终将发生})$$
$$:= \liminf E_n := \bigcup_m \bigcap_{n \geqslant m} E_n$$
$$= \{\omega : \text{对于某 } m(\omega), \omega \in E_n, \forall n \geqslant m(\omega)\}$$
$$= \{\omega : \omega \in E_n \ \text{对于所有充分大的 } n \ \text{成立}\}.$$

(b) 注意: $(E_n, \text{ev})^c = (E_n^c, \text{i.o.})$.

▶▶　(c) (**关于集合的法都引理——对所有测度空间成立**)

$$P(\liminf E_n) \leqslant \liminf P(E_n).$$

练习　用类似于证明 (2.6,b) 的方法证明这一结果, 但是利用 (1.10,a) 而不是 (1.10,b).

2.9　练　　习

对于一个事件 E, 定义其示性函数 I_E 如下:

$$I_E(\omega) := \left\{ \begin{array}{ll} 1, & \text{若 } \omega \in E, \\ 0, & \text{若 } \omega \notin E. \end{array} \right.$$

设 $(E_n : n \in \mathbf{N})$ 为一事件列, 证明: 对于每个 ω, 有

$$I_{\limsup E_n}(\omega) = \limsup I_{E_n}(\omega),$$

并建立关于 $\liminf$ 的相应的结果.

第 3 章　随 机 变 量

设 (S, Σ) 为一可测空间, 从而 Σ 是 S 上的一个 σ-代数.

3.1　定义: Σ-可测函数, $m\Sigma, (m\Sigma)^+, b\Sigma$

设 $h : S \to \mathbf{R}$. 对于 $A \subseteq \mathbf{R}$, 定义:

$$h^{-1}(A) := \{s \in S : h(s) \in A\}.$$

如果 $h^{-1} : \mathcal{B} \to \Sigma$, 即对于 $\forall A \in \mathcal{B}$, 有 $h^{-1}(A) \in \Sigma$, 则称 h 为 Σ-可测的. 下面是一个 Σ-可测函数 h 的图示:

$$S \xrightarrow{\ \ h\ \ } \mathbf{R}$$
$$\Sigma \xleftarrow{\ \ h^{-1}\ \ } \mathcal{B}$$

我们用 $m\Sigma$ 表示 S 上的 Σ-可测函数类, 用 $(m\Sigma)^+$ 表示由 $m\Sigma$ 中的非负元素所构成的类. 我们用 $b\Sigma$ 表示 S 上的有界 Σ-可测函数类.

　　注　由于即便是取有限值的函数序列, 其极限 $\limsup$ 亦有可能为无穷以及其他的原因, 将上述定义推广到取值于 $[-\infty, \infty]$ 中的函数 h 将会带来便利, 而定义的方式亦是明显的: h 被称为 Σ-可测的, 如果 $h^{-1} : \mathcal{B}[-\infty, \infty] \to \Sigma$.

　　至于有关实函数的各种结果中的哪一些会推广到取值于 $[-\infty, \infty]$ 的函数, 且这些推广是什么, 应该也是不难回答的.

博雷尔函数

一个从拓扑空间 S 到 $\mathbf{R}$ 的函数 h 被称为**博雷尔函数**, 如果 h 是 $\mathcal{B}(S)$-可测的. 最重要的情形是 S 本身即为 $\mathbf{R}$.

3.2 可测性基本命题

(a) 映射 h^{-1} 保持所有的集合运算不变:

$$h^{-1}\left(\bigcup_\alpha A_\alpha\right) = \bigcup_\alpha h^{-1}(A_\alpha), \quad h^{-1}(A^c) = (h^{-1}(A))^c, \quad \text{等等}.$$

证明 由定义即可验证. □

▶ (b) 如果 $\mathcal{C} \subseteq \mathcal{B}$ 且 $\sigma(\mathcal{C}) = \mathcal{B}$, 那么 $h^{-1}: \mathcal{C} \to \Sigma \Rightarrow h \in m\Sigma$.

证明 设 $\mathcal{E}$ 为由 $\mathcal{B}$ 中所有满足 $h^{-1}(B) \in \Sigma$ 的元素 B 所构成的类. 由结果 (a), $\mathcal{E}$ 是一个 σ-代数, 而且由假设, $\mathcal{E} \supseteq \mathcal{C}$. □

(c) 如果 S 为拓扑空间, $h: S \to \mathbf{R}$ 为连续的, 那么 h 是博雷尔函数.

证明 取 $\mathcal{C}$ 为 $\mathbf{R}$ 的开子集类, 应用结果 (b). □

▶ (d) 对于任何可测空间 (S, Σ), 函数 $h: S \to \mathbf{R}$ 若满足

$$\{h \leqslant c\} := \{s \in S : h(s) \leqslant c\} \in \Sigma \quad (\forall c \in \mathbf{R}),$$

则 h 为 Σ-可测的.

证明 取 $\mathcal{C}$ 为由形如 $(-\infty, c]\,(c \in \mathbf{R})$ 的区间构成的类 $\pi(\mathbf{R})$, 然后应用结果 (b). □

注 显然, 若将其中 $\{h \leqslant c\}$ 替换为 $\{h > c\}$ 或者 $\{h \geqslant c\}$ 等, 依然可得到类似的结果.

3.3 引理: 可测函数的和与积为可测

▶ $m\Sigma$ 是 $\mathbf{R}$ 上的代数, 即如果 $\lambda \in \mathbf{R}$ 且 $h, h_1, h_2 \in m\Sigma$, 则有

$$h_1 + h_2 \in m\Sigma, \quad h_1 h_2 \in m\Sigma, \quad \lambda h \in m\Sigma.$$

证明示例　设 $c \in \mathbf{R}$, 则对 $s \in S$ 易见有 $h_1(s) + h_2(s) > c$ 当且仅当对于某有理数 q, 成立

$$h_1(s) > q > c - h_2(s).$$

换句话说,

$$\{h_1 + h_2 > c\} = \bigcup_{q \in \mathbf{Q}} (\{h_1 > q\} \cap \{h_2 > c - q\}),$$

即可表示为 Σ 中元素的可列并. □

3.4　复合函数可测性引理

如果 $h \in m\Sigma$ 且 $f \in m\mathcal{B}$, 则 $f \circ h \in m\Sigma$.

证明　画图即可证明:

$$S \xrightarrow{\ h\ } \mathbf{R} \xrightarrow{\ f\ } \mathbf{R}$$
$$\Sigma \xleftarrow{\ h^{-1}\ } \mathcal{B} \xleftarrow{\ f^{-1}\ } \mathcal{B}$$

注　对于可测性定义可作明易的推广 (这在更先进的理论中是重要的)——如果 (S_1, Σ_1) 与 (S_2, Σ_2) 均为可测空间, $h: S_1 \to S_2$, 如果满足 $h^{-1}: \Sigma_2 \to \Sigma_1$, 则称 h 为 Σ_1/Σ_2- 可测的. 从这个角度看, 我们所习称的 Σ- 可测应该被说成是 $\Sigma/\mathcal{B}$-可测的 (或者是 $\Sigma/\mathcal{B}[-\infty, \infty]$-可测的).

3.5　有关函数列的 $\inf, \liminf$ 等的可测性引理

▶▶　设 $(h_n : n \in \mathbf{N})$ 为一 $m\Sigma$ 中元素的序列. 则有:

(i) $\inf h_n$, 　(ii) $\liminf h_n$, 　(iii) $\limsup h_n$

均为 Σ- 可测的 (实为到 $([-\infty, \infty], \mathcal{B}[-\infty, \infty])$), 但我们仍旧写为 (例如) $\inf h_n \in m\Sigma$). 进一步有:

(iv) $\{s : \lim h_n(s)$ 存在且属于 $\mathbf{R}\} \in \Sigma$.

证明　(i) $\{\inf h_n \geq c\} = \bigcap_n \{h_n \geq c\}$.

(ii) 设 $L_n(s) := \inf\{h_r(s) : r \geqslant n\}$, 则由 (i) 可知 $L_n \in m\Sigma$. 但 $L(s) := \liminf h_n(s) = \uparrow \lim L_n(s) = \sup L_n(s)$, 而且 $\{L \leqslant c\} = \bigcap_n \{L_n \leqslant c\} \in \Sigma$.

(iii) 本条现在是显然的了.

(iv) 这条也容易证明, 因为使 $\lim h_n$ 存在且有限的集合可表示为

$$\{\limsup h_n < \infty\} \cap \{\liminf h_n > -\infty\} \cap g^{-1}(\{0\}),$$

其中

$$g := \limsup h_n - \liminf h_n. \qquad \square$$

3.6　定义: 随机变量

▶　设 $(\Omega, \mathcal{F})$ 是我们的 (样本空间, 事件类). 一个随机变量 X 是 $m\mathcal{F}$ 中的一个元素, 即

$$X : \Omega \to \mathbf{R}, \quad X^{-1} : \mathcal{B} \to \mathcal{F}.$$

3.7　例子: 掷币

设 $\Omega = \{H, T\}^{\mathbf{N}}, \omega = (\omega_1, \omega_2, \cdots), \omega_n \in \{H, T\}$. 类同于 (2.3,b), 我们定义

$$\mathcal{F} = \sigma(\{\omega : \omega_n = W\} : n \in \mathbf{N}, W \in \{H, T\}).$$

设

$$X_n(\omega) := \begin{cases} 1, & \text{若 } \omega_n = H, \\ 0, & \text{若 } \omega_n = T. \end{cases}$$

$\mathcal{F}$ 的定义保证了每个 X_n 是一个随机变量. 由引理 3.3,

$$S_n := X_1 + X_2 + \cdots + X_n = n \text{ 次掷币中的正面数}$$

是一个随机变量.

其次, 对于 $p \in [0, 1]$, 我们有

$$\Lambda := \left\{ \omega : \frac{\text{正面次数}}{\text{掷币次数}} \to p \right\} = \{\omega : L^+(\omega) = p\} \cap \{\omega : L^-(\omega) = p\},$$

其中 $L^+ := \limsup n^{-1}S_n$, 而 L^- 为其相应的 liminf 极限. 由引理 3.5 可知, $\Lambda \in \mathcal{F}$.

▶▶ 这样, 我们就迈出了通向强大数定律的重要一步: 该结果是意味深长的! 剩下的问题只是如何证明它为真.

3.8 定义: 由 Ω 上的函数族所产生的 σ-代数

这是一个重要的概念, 将在 3.13 节中作进一步讨论. (类似于某种最弱的拓扑结构: 使得给定的一族函数中的每一个函数都连续之类.)

在 3.7 节的例子中, 我们有

一个给定的集合 Ω,

一族映射 $(X_n : n \in \mathbf{N})$,其中 $X_n : \Omega \to \mathbf{R}$.

在该例中考虑 σ-代数 $\mathcal{F}$ 的最好方式莫过于考虑如下的方式:

$$\mathcal{F} = \sigma(X_n : n \in \mathbf{N}),$$

其含义正是下面所要描述的.

▶▶ 一般地, 如果我们有一族映射 $(Y_\gamma : \gamma \in C)$, 其中 $Y_\gamma : \Omega \to \mathbf{R}$, 则定义

$$\mathcal{Y} := \sigma(Y_\gamma : \gamma \in C)$$

为 Ω 上的, 使得每个映射 $Y_\gamma(\gamma \in C)$ 都是 $\mathcal{Y}$-可测的, 最小 σ-代数. 显然:

$$\sigma(Y_\gamma : \gamma \in C) = \sigma(\{\omega \in \Omega : Y_\gamma(\omega) \in B\} : \gamma \in C, B \in \mathcal{B}).$$

设 X 为某 $(\Omega, \mathcal{F})$ 上的一个随机变量, 则自然有 $\sigma(X) \subseteq \mathcal{F}$.

附注 (i) 本节所介绍的概念属于那种需要你在学习本课的过程中逐步掌握的东西. 故现在不用着急, 多想想就对了!

(ii) 通常情况下, 我们可以借助于 π-系.

例如, 设 $(X_n : n \in \mathbf{N})$ 是 Ω 上的一个函数族, 而 $\mathcal{X}_n$ 表示 $\sigma(X_k : k \leqslant n)$, 那么 $\bigcup \mathcal{X}_n$ 便是一个 π-系 (当然, 还是一个代数), 而且它生成了 $\sigma(X_n : n \in \mathbf{N})$.

3.9　定义: 分布, 分布函数

设 X 为某概率空间 $(\Omega, \mathcal{F}, P)$ 上的一个随机变量. 我们有

$$\Omega \xrightarrow{\ X\ } \mathbf{R}$$
$$[0,\,1] \xleftarrow{\ P\ } \mathcal{F} \xleftarrow{\ X^{-1}\ } \mathcal{B}$$

或者实际上: $[0,1] \xleftarrow{\ P\ } \sigma(X) \xleftarrow{\ X^{-1}\ } \mathcal{B}$

我们定义 X 的分布 $\mathcal{L}_X$ 为

$$\mathcal{L}_X := P \circ X^{-1}, \quad \mathcal{L}_X : \mathcal{B} \to [0,1].$$

那么 (**练习!**) : $\mathcal{L}_X$ 是 $(\mathbf{R}, \mathcal{B})$ 上的一个概率测度. 由于 $\pi(\mathbf{R}) = \{(-\infty, c] : c \in \mathbf{R}\}$ 为一个 π- 系且可生成 $\mathcal{B}$, 故由唯一性引理 1.6 可知, $\mathcal{L}_X$ 可由函数 $F_X : \mathbf{R} \to [0,1]$ 所确定, 其中后者的定义如下:

$$F_X(c) := \mathcal{L}_X(-\infty, c] = P(X \leqslant c) = P(\omega : X(\omega) \leqslant c).$$

函数 F_X 称为 X 的分布函数.

3.10　分布函数的性质

设 $F = F_X$ 为某随机变量 X 的分布函数. 则:

(a) $F : \mathbf{R} \to [0,1]$, $F \uparrow$ (即 $x \leqslant y \Rightarrow F(x) \leqslant F(y)$);

(b) $\lim_{x \to \infty} F(x) = 1$, $\lim_{x \to -\infty} F(x) = 0$;

(c) F 是右连续的.

证明 (c)　利用引理 (1.10,b), 我们得到

$$P(X \leqslant x + n^{-1}) \downarrow P(X \leqslant x).$$

由此结果再加上 F_X 的单调性便可证明 F_X 是右连续的.

　　练习　补足必要的证明.

3.11 具有给定分布函数的随机变量的存在性

如果 F 具有 3.10 节中的性质 (a)、(b)、(c), 那么类似于 1.8 节对于勒贝格测度存在性的讨论, 我们可以构造 $(\mathbf{R}, \mathcal{B})$ 上的一个唯一的概率测度 $\mathcal{L}$, 使得

$$\mathcal{L}(-\infty, x] = F(x), \quad \forall x.$$

取 $(\Omega, \mathcal{F}, P) = (\mathbf{R}, \mathcal{B}, \mathcal{L}), X(\omega) = \omega.$ 那么下式是上式的同义重复:

$$F_X(x) = F(x), \quad \forall x.$$

注 上面所讨论的测度 $\mathcal{L}$ 被称为由 F 所诱导的勒贝格 – 斯蒂尔吉斯 (Lebesgue-Stieltjes) 测度. 它的存在性将在下节中得到证明.

3.12 具有给定分布函数的随机变量的
斯科罗霍德 (Skorokhod) 表示

仍假设 $F : \mathbf{R} \to [0, 1]$ 具有性质 (3.10,a,b,c). 如下所示, 我们可以构造 $(\Omega, \mathcal{F}, P) = ([0, 1], \mathcal{B}[0, 1], \mathrm{Leb})$ 上的一个随机变量, 它的分布函数就是 F.

定义 (右边需要澄清的等式, 你们自己即可加以证明):

(a1) $$X^+(\omega) := \inf\{z : F(z) > \omega\} = \sup\{y : F(y) \leqslant \omega\},$$

(a2) $$X^-(\omega) := \inf\{z : F(z) \geqslant \omega\} = \sup\{y : F(y) < \omega\}.$$

下面的图 3.1 显示了两种需加以注意的情形:

由 X^- 的定义,

$$(\omega \leqslant F(c)) \Rightarrow (X^-(\omega) \leqslant c),$$

又

$$(z > X^-(\omega)) \Rightarrow (F(z) \geqslant \omega),$$

故由 F 的右连续性有 $F(X^-(\omega)) \geqslant \omega$, 且

$$(X^-(\omega) \leqslant c) \Rightarrow (\omega \leqslant F(X^-(\omega)) \leqslant F(c)).$$

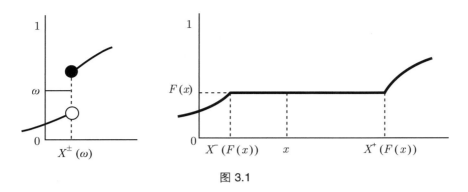

图 3.1

因此, $(\omega \leqslant F(c)) \Longleftrightarrow (X^-(\omega) \leqslant c)$, 从而得到

$$P(X^- \leqslant c) = F(c).$$

(b) 从而随机变量 X^- 具有分布函数 F, 且 3.11 节中的测度 $\mathcal{L}$ 正是 X^- 的分布.

下面的结论在以后会显得重要:

(c) X^+ 也具有分布函数 F, 而且实际上有

$$P(X^+ = X^-) = 1.$$

(c) 的证明　由 X^+ 的定义,

$$(\omega < F(c)) \Rightarrow (X^+(\omega) \leqslant c),$$

所以 $F(c) \leqslant P(X^+ \leqslant c)$. 因为 $X^- \leqslant X^+$, 故易见

$$\{X^- \neq X^+\} = \bigcup_{c \in \mathbf{Q}} \{X^- \leqslant c < X^+\}.$$

但是对每一个 $c \in \mathbf{R}$, 有

$$P(X^- \leqslant c < X^+) = P(\{X^- \leqslant c\} \setminus \{X^+ \leqslant c\}) \leqslant F(c) - F(c) = 0.$$

由于 $\mathbf{Q}$ 是可数的, 故结论得证. □

　　附注　事实上你在本课程 (或其他任一课程) 中所见的每一个试验都可以利用概率空间 $([0,1], \mathcal{B}[0,1], \mathrm{Leb})$ 来建立模型.(等到读完下一章你会对此深信不疑.) 然而, 通常情况下这一观察的价值不过是满足了某种好奇心而已.

3.13 生成的 σ-代数 (一个讨论)

假定 $(\Omega, \mathcal{F}, P)$ 为某试验的模型, 且该试验已经进行了 (一次), 因此堤喀 (命运女神, 见 2.2 节) 业已作出了其选择: ω.

设 $(Y_\gamma : \gamma \in C)$ 为关于我们试验的一族随机变量, 且假定有人向你报告了关于被选出的点 ω 的如下信息:

(*) 值 $Y_\gamma(\omega)$, 即随机变量 $Y_\gamma(\gamma \in C)$ 的观察值.

那么 σ-代数 $\mathcal{Y} := \sigma(Y_\gamma : \gamma \in C)$ 的直观意义是, 它恰好是由这样的一些事件 F 所组成的: 对于其中每个事件与每个 ω, 你能够基于信息 (*) 而判定 F 是否发生 (即, 是否有 $\omega \in F$); 信息 (*) 恰好等价于下面的信息:

(**) 值 $I_F(\omega)(F \in \mathcal{Y})$.

(a) **练习** 证明: 由单个随机变量 Y 所产生的 σ-代数 $\sigma(Y)$ 可表示为

$$\sigma(Y) = Y^{-1}(\mathcal{B}) := (\{\omega : Y(\omega) \in B\} : B \in \mathcal{B}),$$

且 $\sigma(Y)$ 可由 π-系:

$$\pi(Y) := (\{\omega : Y(\omega) \leqslant x\} : x \in \mathbf{R}) = Y^{-1}(\pi(\mathbf{R}))$$

而生成. □

下面的结果可以帮助我们理清头绪. (忠告: 在 (c) 以后停止阅读本节的内容!) 结果 (b) 与 (c) 的证明在本章的附录中给出.

(b) 如果 $Y : \Omega \to \mathbf{R}$, 则 $Z : \Omega \to \mathbf{R}$ 是一个 $\sigma(Y)$-可测的函数当且仅当存在一个博雷尔函数 $f : \mathbf{R} \to \mathbf{R}$, 使得 $Z = f(Y)$.

(c) 设 $Y_1, Y_2, \cdots, Y_n$ 均为从 Ω 到 $\mathbf{R}$ 的函数, 则函数 $Z : \Omega \to \mathbf{R}$ 为 $\sigma(Y_1, Y_2, \cdots, Y_n)$-可测的当且仅当存在一个 $\mathbf{R}^n$ 上的博雷尔函数 f, 使得 $Z = f(Y_1, Y_2, \cdots, Y_n)$. 在附录中我们会看到, f 所具有的可测性条件的更确切的称呼是: f 是 "$\mathcal{B}^n$-可测的".

(d) 设 $(Y_\gamma : \gamma \in C)$ 是一族从 Ω 到 $\mathbf{R}$ 的函数 (参数集合为无限集 C), 则 $Z : \Omega \to \mathbf{R}$ 为 $\sigma(Y_\gamma : \gamma \in C)$-可测的当且仅当存在一个由 C 中元素构成的可数序列 $(\gamma_i : i \in \mathbf{N})$ 和一个 $\mathbf{R}^{\mathbf{N}}$ 上的博雷尔函数 f, 使得

$$Z = f(Y_{\gamma_1}, Y_{\gamma_2}, \cdots).$$

告诫　(只针对过分热情的读者.) 对于不可数的集合 C, $\mathcal{B}(\mathbf{R}^c)$ 要比 C-维乘积测度空间 $\prod\limits_{\gamma \in C} \mathcal{B}(\mathbf{R})$ 大得多. 只有后者 (而不是前者) 才能给出 (d) 中 f 的恰当类型.

3.14　单调类定理

就像唯一性引理 1.6 容许我们由关于 π-系的结果推导出关于 σ-代数的结果, 下面 "初级" 版本的单调类定理容许我们由关于 π-系中元素的示性函数的结果推导出关于一般可测函数的结果. 通常我们不会使用下面正文中的定理, 而宁愿 "赤手空拳". 然而对于第 8 章的乘积测度来说, 它却成为不可或缺的.

定理

▶ 设 $\mathcal{H}$ 是一个由有界函数 $f(: S \to \mathbf{R})$ 所构成的函数类, 且满足下列条件:

(i) $\mathcal{H}$ 是 $\mathbf{R}$ 上的一个向量空间;

(ii) 常值函数 1 是 $\mathcal{H}$ 的一个元素;

(iii) 如果 (f_n) 是一个由 $\mathcal{H}$ 中的非负函数所构成的序列且 $f_n \uparrow f$, 其中 f 为 S 上的一个有界函数, 则 $f \in \mathcal{H}$.

那么, 如果 $\mathcal{H}$ 包含某 π-系 $\mathcal{I}$ 中的每个集合的示性函数, 则 $\mathcal{H}$ 包含 S 上的每个有界的 $\sigma(\mathcal{I})$-可测函数.

证明见本章的附录.

第4章 独 立 性

设 $(\Omega, \mathcal{F}, P)$ 为一个概率空间.

4.1 独立性的定义

注 我们重点讨论 σ-代数化的表达方式 (并根据它来描述独立性的更常见的定义), 以使我们自己习惯于将 σ-代数视为总结、综述信息的一种自然的工具. 4.2 节则表明奇特的 σ-代数化定义与初等课程中的相应定义是一致的.

独立的 σ-代数

▶ $\mathcal{F}$ 的子 σ-代数 $\mathcal{G}_1, \mathcal{G}_2, \cdots$ 被称为是独立的, 如果对于任何 $G_i \in \mathcal{G}_i (i \in \mathbf{N})$ 及互不相同的 $i_1, \cdots, i_n$, 则有

$$P(G_{i_1} \cap \cdots \cap G_{i_n}) = \prod_{k=1}^{n} P(G_{i_k}).$$

独立的随机变量

▶ 随机变量 $X_1, X_2, \cdots$ 被称为是独立的, 如果 σ-代数

$$\sigma(X_1), \sigma(X_2), \cdots$$

是独立的.

独立的事件

▶ 事件 $E_1, E_2, \cdots$ 被称为是独立的, 如果 σ-代数 $\mathcal{E}_1, \mathcal{E}_2, \cdots$ 是独立的, 其中:

$$\mathcal{E}_n \text{ 是 } \sigma\text{-代数}: \{\emptyset, E_n, \Omega \backslash E_n, \Omega\}.$$

由于 $\mathcal{E}_n = \sigma(I_{E_n})$, 故由此可推出: 事件 $E_1, E_2, \cdots$ 是独立的当且仅当随机变量 $I_{E_1}, I_{E_2}, \cdots$ 是独立的.

4.2 π-系引理; 更常见的定义

从初等理论我们知道: 事件 $E_1, E_2, \cdots$ 是独立的当且仅当对于任何 $n \in \mathbf{N}$ 及互不相同的 $i_1, \cdots, i_n$, 有

$$P(E_{i_1} \cap \cdots \cap E_{i_n}) = \prod_{k=1}^{n} P(E_{i_k}).$$

涉及诸 E_i 的补集的相应结果可由上式推导出来.

现在我们利用唯一性引理 1.6 可以获得一个对于上述概念的重要推广, 以使我们得以利用 (容易掌控的)π-系而不是 (棘手的)σ-代数来研究独立性.

我们主要讨论两个 σ-代数的情形.

▶▶ (a) **引理** 设 $\mathcal{G}$ 和 $\mathcal{H}$ 均为 $\mathcal{F}$ 的子 σ-代数, 而 $\mathcal{I}$ 与 $\mathcal{J}$ 为 π-系, 且

$$\sigma(\mathcal{I}) = \mathcal{G}, \quad \sigma(\mathcal{J}) = \mathcal{H},$$

那么 $\mathcal{G}$ 与 $\mathcal{H}$ 为独立的当且仅当 $\mathcal{I}$ 与 $\mathcal{J}$ 为独立的, 即

$$P(I \cap J) = P(I)P(J), \quad I \in \mathcal{I}, J \in \mathcal{J}.$$

证明 假定 $\mathcal{I}$ 与 $\mathcal{J}$ 是独立的. 对于固定的 $I \in \mathcal{I}, (\Omega, \mathcal{H})$ 上的测度 (证明它们是测度!)

$$H \mapsto P(I \cap H) \quad \text{与} \quad H \mapsto P(I)P(H)$$

具有相同的总质量 $P(I)$, 且在 $\mathcal{J}$ 上是相同的. 从而, 由引理 1.6, 它们在 $\sigma(\mathcal{J}) = \mathcal{H}$ 上是相同的. 所以

$$P(I \cap H) = P(I)P(H), \quad I \in \mathcal{I}, H \in \mathcal{H}.$$

类此, 对于固定的 $H \in \mathcal{H}, (\Omega, \mathcal{G})$ 上的测度

$$G \mapsto P(G \cap H) \quad \text{与} \quad G \mapsto P(G)P(H)$$

具有相同的总质量 $P(H)$, 且在 $\mathcal{I}$ 上是相同的. 从而它们在 $\sigma(\mathcal{I}) = \mathcal{G}$ 上亦是相同的; 而这正是我们要证明的. □

现假定 X 与 Y 为 $(\Omega, \mathcal{F}, P)$ 上的两个随机变量, 且对任何 $x, y \in \mathbf{R}$ 有

(b) $$P(X \leqslant x; Y \leqslant y) = P(X \leqslant x)P(Y \leqslant y),$$

则 (b) 表明: π-系 $\pi(X)$ 与 $\pi(Y)$(见 3.13 节) 是独立的. 所以 $\sigma(X)$ 与 $\sigma(Y)$ 是独立的, 即 X 与 Y 在定义 4.1 的意义下是独立的.

用相同的方法我们可以证明: 随机变量 $X_1, X_2, \cdots, X_n$ 是独立的当且仅当

$$P(X_k \leqslant x_k : 1 \leqslant k \leqslant n) = \prod_{k=1}^{n} P(X_k \leqslant x_k).$$

这样就从基本理论推出了所有常见的结果.

要求 现在就做练习 E4.1.

4.3 博雷尔 – 肯泰利第二引理 (BC2)

▶▶ 设 $(E_n : n \in \mathbf{N})$ 为一列独立的事件, 则

$$\sum P(E_n) = \infty \Rightarrow P(E_n, \text{i.o.}) = P(\limsup E_n) = 1.$$

证明 首先, 我们有

$$(\limsup E_n)^{\text{c}} = \liminf E_n^{\text{c}} = \bigcup_m \bigcap_{n \geqslant m} E_n^{\text{c}}.$$

记 $P(E_n) = p_n$, 我们有

$$P\Big(\bigcap_{n \geqslant m} E_n^{\text{c}}\Big) = \prod_{n \geqslant m} (1 - p_n).$$

事实上由独立性可知, 上式中的条件 $\{n \geqslant m\}$ 若改为 $\{r \geqslant n \geqslant m\}$, 则等式是成立的, 再令 $r \uparrow \infty$, 由两边的单调性便可得到极限的等式.

对于 $x \geqslant 0, 1 - x \leqslant \exp(-x)$, 且由于 $\sum p_n = \infty$, 故

$$\prod_{n \geqslant m} (1 - p_n) \leqslant \exp\left(-\sum_{n \geqslant m} p_n\right) = 0,$$

从而得到 $P[(\limsup E_n)^c] = 0$. □

练习 证明: 如果 $0 \leqslant p_n < 1$ 且 $S := \sum p_n < \infty$, 则有 $\prod(1 - p_n) > 0$.

(**提示** 先证明: 如果 $S < 1$, 则 $\prod(1 - p_n) \geqslant 1 - S$.)

4.4 例

设 $(X_n : n \in \mathbf{N})$ 为一列独立的随机变量, 每个随机变量都服从参数为 1 的指数分布:

$$P(X_n > x) = \mathrm{e}^{-x}, \quad x \geqslant 0,$$

则对 $\alpha > 0$, 有

$$P(X_n > \alpha \log n) = n^{-\alpha},$$

从而利用 (BC1) 与 (BC2), 有

(a0) $\qquad P(X_n > \alpha \log n$ 对无穷多个 n 成立$) = \begin{cases} 0, & \text{若} \alpha > 1, \\ 1, & \text{若} \alpha \leqslant 1. \end{cases}$

现设 $L := \limsup(X_n / \log n)$, 则

$$P(L \geqslant 1) \geqslant P(X_n > \log n, \mathrm{i.o}) = 1,$$

且对于 $k \in \mathbf{N}$, 有

$$P(L > 1 + 2k^{-1}) \leqslant P(X_n > (1 + k^{-1}) \log n, \mathrm{i.o.}) = 0.$$

因此, $\{L > 1\} = \bigcup_k \{L > 1 + 2k^{-1}\}$ 是 P-零的, 从而有

$$L = 1 \quad (\mathrm{a.s.}).$$

延伸思考

用同样的方式我们可以证明好一点的结果:

(a1) $\qquad P(X_n > \log n + \alpha \log \log n, \mathrm{i.o.}) = \begin{cases} 0, & \text{若} \alpha > 1, \\ 1, & \text{若} \alpha \leqslant 1, \end{cases}$

甚至更好的:

$$(a2) \qquad P(X_n > \log n + \log\log n + \alpha\log\log\log n, \text{i.o.}) = \begin{cases} 0, & \text{若}\ \alpha > 1, \\ 1, & \text{若}\ \alpha \leqslant 1, \end{cases}$$

等等. 通过将上述系列结论 (a0), (a1), (a2), $\cdots$ 与有关可数个 P-零集的并集仍为 P-零集及可数个 P-1 集 (即其概率为 1) 的交集的概率仍为 1 等结论加以适当的综合 (想一想此事!), 我们可清楚地给出有关序列 (X_n) 中大者之值的相当精确的结论.

我已将一个有关长期行为的精确描述的堪称是非常奇妙的定理的相关内容列入本章的附录之中, 即斯特拉森 (Strassen) 重对数律.

E 章中有一批习题现在可由你们去求解了.

4.5　一个有关建模的基本问题

我们能否构造一个独立随机变量的序列 $(X_n : n \in \mathbf{N})$, 使得 X_n 具有给定的分布函数 F_n? 显然我们必须能对此回答: 是——例如, 能为第 0 章的分支过程构建一个严格的模型, 或者使得例 4.4 真正有意义. 等式 (0.2, b) 清楚地表明: 对于上述问题的肯定回答是一个严格的分支过程模型所需的全部基础.

在下一节中作出的一个基于勒贝格测度的存在性且富于技巧性的解答解决了这一问题. 一个更加令人满意的答案是由乘积测度的理论提供的, 那将是后面第 8 章的主题.

4.6　一个掷币模型及其应用

设 $(\Omega, \mathcal{F}, P)$ 为 $([0,1], \mathcal{B}[0,1], \text{Leb})$. 对于 $\omega \in \Omega$, 将 ω 按二进制展开:

$$\omega = 0.\omega_1\omega_2\cdots.$$

(至于一个二进制有理数存在两种不同的展开式, 这件事并不会造成任何麻烦, 因为 $[0,1]$ 中的二进制有理数的集合 (比如说) D 的勒贝格测度为 0——它是一个可

数集!) 作为一个**练习**, 你可以证明序列 $(\xi_n : n \in \mathbf{N})$, 其中

$$\xi_n(\omega) := \omega_n$$

是一个独立随机变量序列, 每个随机变量分别以概率 $\frac{1}{2}$ 取值为 0 和 1. 显然, $(\xi_n : n \in \mathbf{N})$ 提供了一个掷币模型.

现在定义:

$$Y_1(\omega) := 0.\omega_1\omega_3\omega_6\cdots,$$
$$Y_2(\omega) := 0.\omega_2\omega_5\omega_9\cdots,$$
$$Y_3(\omega) := 0.\omega_4\omega_8\omega_{13}\cdots,$$

等等 (依此类推). 我们现在需要一点常识. 因为序列

$$\omega_1, \omega_3, \omega_6, \cdots$$

具有与完整序列 $(\omega_n, n \in \mathbf{N})$ 同样的 "掷币" 特征, 所以显然有

$$Y_1 \text{ 服从 } [0,1] \text{ 上的均匀分布},$$

且其他的 Y_i 也具有同样的性质.

因为导出 $Y_1, Y_2, \cdots$ 的诸序列 $(1,3,6,\cdots), (2,5,9,\cdots), \cdots$ 是互不相交的, 所以它们对应于我们掷币试验的不同的 (且无重叠的) 场次 (掷次), 因此从直观上看显然有:

▶　$Y_1, Y_2, \cdots$ 是独立的随机变量, 且每个都服从 $[0,1]$ 上的均匀分布.

现在设 $(F_n : n \in \mathbf{N})$ 为一个给定的分布函数序列, 则利用 3.12 节的斯科罗霍德表示法, 我们可以找到 $[0,1]$ 上的函数 g_n, 使得:

$$X_n := g_n(Y_n) \text{ 具有分布函数 } F_n.$$

但是由于随机变量 $\{Y_n\}$ 是独立的, 故易见 $\{X_n\}$ 也同样如此.

▶　从而我们便成功地构造了一族独立的随机变量 $(X_n : n \in \mathbf{N})$, 且它们具有给定的分布函数.

练习　确认如果有必要, 你可以用严格的方式来处理这些直观的讨论. 显然, 这很有可能是对于唯一性引理 1.6 的又一次应用, 和我们在 4.2 节中所做的差不多完全一样.

4.7   记号: IID 的随机变量 (RVs)

概率论中许多重要的问题都涉及独立而且同分布 (IID) 的随机变量(RVs) 的序列. 因此, 如果 (X_n) 是一个 IID 的随机变量的序列, 则诸 X_n 是独立的, 且它们都具有相同的分布函数 (比方说)F:

$$P(X_n \leqslant x) = F(x), \quad \forall n, \forall x.$$

当然, 我们现在已经知道: 对于任意给定的分布函数 F, 可以构造一个概率空间 $(\Omega, \mathcal{F}, P)$ 及其上的一个 IID 的随机变量的序列, 它们具有共同的分布函数 F. 特别地, 我们可以为分支过程构建一个严格的模型.

4.8   随机过程: 马尔可夫 (Markov) 链

▶   一个具有参数集合 C 的随机过程 Y 是定义在某概率空间 $(\Omega, \mathcal{F}, P)$ 上的一族随机变量:

$$Y = (Y_\gamma : \gamma \in C).$$

有关一个具有给定的联合分布的随机过程的存在性的基本问题实质上已由著名的丹尼尔 – 柯尔莫哥洛夫 (Daniell-Kolmogorov) 定理解决了, 至于该定理的具体内容则已超出了本课程的范围.

我们将主要关注指标集 (或参数集) 为 $\mathbf{Z}^+$ 的过程 $X = (X_n : n \in \mathbf{Z}^+)$. 我们将 X_n 视为过程 X 在时刻 n 的值. 对于 $\omega \in \Omega$, 映射: $n \mapsto X_n(\omega)$ 被称为 X 的相应于样本点 ω 的样本路径.

随机过程的一个非常重要的例子是马尔可夫链.

▶▶   设 E 为一个有限集或可数集. 又 $P = (p_{ij} : i, j \in E)$ 为一个 $E \times E$ 的随机矩阵, 即对于 $i, j \in E$, 则有

$$p_{ij} \geqslant 0, \quad \sum_k p_{ik} = 1.$$

设 μ 为 E 上的一个概率测度, 所以 μ 由值 $\mu_i := \mu(\{i\})(i \in E)$ 而确定. 所谓 E 上的一个具有初始分布 μ 和一步转移矩阵 P 的时齐的马尔可夫链 $Z =$

$(Z_n : n \in \mathbf{Z}^+)$ 是指这样的一个随机过程 Z: 对于任何 $n \in \mathbf{Z}^+$ 及 $i_0, i_1, \cdots, i_n \in E$, 有

(a) $$P(Z_0 = i_0; Z_1 = i_1; \cdots; Z_n = i_n) = \mu_{i_0} p_{i_0 i_1} \cdots p_{i_{n-1} i_n}.$$

练习 构造如此的一个链 Z, 并根据一族适当的独立随机变量在 ω 的值给出 $Z_n(\omega)$ 的显表达式. 详见本章附录.

4.9 猴子敲出莎士比亚全集

许多有趣的事件的概率必定是 0 或者 1, 且通常我们说明一个事件 F 的概率为 0 或 1 的方法是通过一些基于独立性的讨论来表明等式 $P(F)^2 = P(F)$ 成立.

这儿有个愚蠢的问题 (对于它我们也会有个愚蠢的解法), 但它却非常清晰地诠释了对于引理 1.10 测度的单调性的应用, 同时带有柯尔莫哥洛夫 0-1 律的浓厚色彩. 试从本节将近结尾处的 "简单练习" 中去寻找该问题的一个快捷答案.

让我们共同认可: 正确地敲 (打字) 出 WS, 即莎士比亚全集 (Collected Works of Shakespeare), 相当于在一个打字机上敲出有关 N 个符号的一个独特的序列. 一个猴子随机地敲出符号, 每单位时间敲一个, 结果产生一个取值于由所有可能的符号组成的集合的 IID 的随机变量的无穷序列 (X_n). 我们假定:

$$\varepsilon := \inf\{P\{X_1 = x\} : x \text{ 是一个符号}\} > 0.$$

设 H 表示事件: 猴子敲出无穷多遍 WS. H_k 表示事件: 猴子至少敲出 k 遍 WS. $H_{m,k}$ 表示它到时刻 m 为止至少敲出 k 遍. 最后, 设 $H^{(m)}$ 表示猴子在时段 $[m+1, \infty)$ 上敲出 WS 无穷多遍.

由于猴子在时段 $[1, m]$ 上的行为独立于其在时段 $[m+1, \infty)$ 上的行为, 故我们有

$$P(H_{m,k} \cap H^{(m)}) = P(H_{m,k}) P(H^{(m)}).$$

但是逻辑思维告诉我们, 对于每个 $m, H^{(m)} = H!$, 所以

$$P(H_{m,k} \cap H) = P(H_{m,k}) P(H).$$

但是, 当 $m \uparrow \infty$ 时, $H_{m,k} \uparrow H_k, (H_{m,k} \cap H) \uparrow (H_k \cap H) = H$, 且显然有 $H_k \supseteq H$. 所以, 由引理 1.10(a), 有

$$P(H) = P(H_k) P(H).$$

然而, 当 $k \uparrow \infty$ 时, $H_k \downarrow H$, 所以, 由引理 1.10(b), 有

$$P(H) = P(H)P(H),$$

从而得到 $P(H) = 0$ 或 1.

柯尔莫哥洛夫 0-1 律产生了一大批重要的事件 E, 其中必定有 $P(E) = 0$ 或 $P(E) = 1$. 幸运的是, 它并未告诉我们哪个是 (这样的事件)——这因而也引发了许多有趣的问题!

简单练习 利用博雷尔 – 肯泰利第二引理证明: $P(H) = 1$.

(**提示** 设 E_1 表示事件: 猴子立刻 (即在时段 $[1, N]$ 上) 敲出了 WS, 则 $P(E_1) \geqslant \varepsilon^N$.)

复杂练习 (后面还将讨论) 如果猴子只敲出大写字母, 而且每次都是等可能地敲出 26 个字母中的任何一个, 问当它敲出句子 "ABRACADABRA" 时所耗费的平均时间是多少?

下面三节涉及非常精细且耗时的论题. 对于其后的章节来说, 它们并非是严格必需的. 柯尔莫哥洛夫 0-1 律将会被用于我们对于 IID 的随机变量序列的强大数律的两种证明之一, 但到那时更快的 (关于 0-1 律的) 鞅证明法也已经可用了.

注 或许是由于美中略有不足的 $\text{T}_{\text{E}}\text{X}$ 将它的 $\mathcal{T}$ 设计得太像 $\mathcal{I}$, 为了避免混淆, 下面我们将用 $\mathcal{K}$ 取代 $\mathcal{I}$. 字母 X 和 $\mathcal{X}$ 亦太像希腊字母 χ(音标 [kai]), 但我们不得不继续使用它们.

4.10　定义: 尾 σ-代数

▶▶ 设 $X_1, X_2, \cdots$ 为随机变量. 定义:

(a) $$\mathcal{T}_n := \sigma(X_{n+1}, X_{n+2}, \cdots), \quad \mathcal{T} := \bigcap_n \mathcal{T}_n.$$

σ-代数 $\mathcal{T}$ 称为序列 $(X_n : n \in \mathbf{N})$ 的尾 σ-代数.

$\mathcal{T}$ 包含许多重要的事件, 例如:

(b1)
$$F_1 := (\lim X_k \text{ 存在}) := \{\omega : \lim_k X_k(\omega) \text{ 存在}\}.$$

(b2)
$$F_2 := (\sum X_k \text{ 收敛}).$$

(b3)
$$F_3 := (\lim \frac{X_1 + X_2 + \cdots + X_k}{k} \text{ 存在}).$$

同时, $m\mathcal{T}$ 中包含许多重要的随机变量, 例如:

(c)
$$\xi_1 := \limsup \frac{X_1 + X_2 + \cdots + X_k}{k}.$$

当然, 它也有可能为 $\pm\infty$.

　　练习　证明: F_1, F_2 和 F_3 皆是 $\mathcal{T}$-可测的, 猴子问题中的事件 H 是一个尾事件, 4.4 节中各种具有概率 0 和 1 的事件均为尾事件.

　　(**提示**　在你下过很大功夫以后再来考虑此题.)

　　例如看 F_3, 对于每个 n, 逻辑告诉我们 F_3 等于集合:

$$F_3^{(n)} := \left\{\omega : \lim_k \frac{X_{n+1}(\omega) + \cdots + X_{n+k}(\omega)}{k} \text{ 存在}\right\}.$$

由于 $X_{n+1}, X_{n+2}, \cdots$ 均为概率空间 $(\Omega, \mathcal{T}_n, P)$ 上的随机变量, 故由引理 3.3 和 3.5 推得 $F_3^{(n)} \in \mathcal{T}_n$.

4.11　定理: 柯尔莫哥洛夫 (Kolmogorov)0–1 律

▶　设 $(X_n : n \in \mathbf{N})$ 为一列独立的随机变量, 设 $\mathcal{T}$ 为 $(X_n : n \in \mathbf{N})$ 的尾 σ-代数. 则 $\mathcal{T}$ 是 P-平凡的, 即

　　(i)　$F \in \mathcal{T} \Rightarrow P(F) = 0$ 或 $P(F) = 1$;

　　(ii)　如果 ξ 为一个 $\mathcal{T}$-可测的随机变量, 则 ξ 几乎是确定性的, 即对某个常数 $c \in [-\infty, \infty]$, 有
$$P(\xi = c) = 1,$$

其中由于明显的理由, (ii) 中的 ξ 可以是 $\pm\infty$.

　　(**i**) **的证明**　设
$$\mathcal{X}_n := \sigma(X_1, \cdots, X_n), \quad \mathcal{T}_n := \sigma(X_{n+1}, X_{n+2}, \cdots).$$

步骤 1 我们断言: $\mathcal{X}_n$ 与 $\mathcal{T}_n$ 独立.

事实上, 由下列形式的事件

$$\{\omega : X_i(\omega) \leqslant x_i : 1 \leqslant i \leqslant n\}, \quad x_i \in \mathbf{R} \cup \{\infty\}$$

构成的事件类 $\mathcal{K}$ 是一个 π-系且生成 $\mathcal{X}_n$. 而由形如

$$\{\omega : X_j(\omega) \leqslant x_j : n+1 \leqslant j \leqslant n+r\}, \quad r \in \mathbf{N}, \quad x_j \in \mathbf{R} \cup \{\infty\}$$

的集合构成的事件类 $\mathcal{J}$ 亦是一个 π-系且生成 $\mathcal{T}_n$. 又由假设序列 (X_k) 是独立的, 故 $\mathcal{K}$ 与 $\mathcal{J}$ 也是独立的. 从而由引理 4.2(a) 便推得我们的断言成立.

步骤 2 $\mathcal{X}_n$ 与 $\mathcal{T}$ 是独立的.

这是显然的, 因为 $\mathcal{T} \subseteq \mathcal{T}_n$.

步骤 3 我们有 $\mathcal{X}_\infty := \sigma(\mathcal{X}_n : n \in \mathbf{N})$ 与 $\mathcal{T}$ 独立.

证明 因为 $\mathcal{X}_n \subseteq \mathcal{X}_{n+1}, \forall n$, 故事件类 $\mathcal{K}_\infty := \bigcup \mathcal{X}_n$ 是一个 π-系 (但一般来讲未必是个 σ-代数!) 且生成 $\mathcal{X}_\infty$. 而且由步骤 2, $\mathcal{K}_\infty$ 与 $\mathcal{T}$ 是独立的. 故复由引理 4.2(a) 便推得我们的结论.

步骤 4 因为 $\mathcal{T} \subseteq \mathcal{X}_\infty$, 故 $\mathcal{T}$ 与 $\mathcal{T}$ 是独立的! 由此,

$$F \in \mathcal{T} \Rightarrow P(F) = P(F \cap F) = P(F)P(F),$$

这便得到 $P(F) = 0$ 或者 1. □

(ii) 的证明 由 (i), 对于每个 $x \in \mathbf{R}$,

$$P(\xi \leqslant x) = 0 \text{ 或 } 1.$$

设 $c := \sup\{x : P(\xi \leqslant x) = 0\}$. 那么, 若 $c = -\infty$, 则显然有 $P(\xi = -\infty) = 1$; 若 $c = \infty$, 则显然有 $P(\xi = \infty) = 1$.

再设 c 为有限数. 则 $P\left(\xi \leqslant c - \dfrac{1}{n}\right) = 0, \forall n$, 于是:

$$P\left(\bigcup\left\{\xi \leqslant c - \frac{1}{n}\right\}\right) = P(\xi < c) = 0.$$

同时, 由于 $P\left(\xi \leqslant c + \dfrac{1}{n}\right) = 1, \forall n$, 我们有

$$P\left(\bigcap\left\{\xi \leqslant c + \frac{1}{n}\right\}\right) = P(\xi \leqslant c) = 1.$$

最终有 $P(\xi = c) = 1$. □

附注 4.10 节中诸例将表明上述结果有多么异乎寻常. 例如: 设 $X_1, X_2, \cdots$ 为一独立随机变量的序列, 则有

$$P(\sum X_n \text{ 收敛}) = 0$$

或者

$$P(\sum X_n \text{ 收敛}) = 1.$$

三级数定理 (见定理 12.5) 将会彻底解决哪一种可能性会发生的问题.

由此可见, 0-1 律引出了众多有趣的问题.

例 在第 0 章的分支过程例子中, 变量

$$M_\infty := \lim Z_n / \mu^n$$

是关于序列 $(Z_n : n \in \mathbf{N})$ 的尾 σ-代数可测的, 但它却未必是几乎确定性的. 不过序列 $(Z_n : n \in \mathbf{N})$ 也不是独立的.

4.12 练习与告诫

设 $Y_0, Y_1, Y_2, \cdots$ 为一列独立的随机变量, 且

$$P(Y_n = +1) = P(Y_n = -1) = \frac{1}{2}, \quad \forall n.$$

对于 $n \in \mathbf{N}$, 定义

$$X_n := Y_0 Y_1 \cdots Y_n.$$

试证明随机变量 $X_1, X_2, \cdots$ 是独立的. 又定义

$$\mathcal{Y} := \sigma(Y_1, Y_2, \cdots), \quad \mathcal{T}_n := \sigma(X_r : r > n).$$

证明

$$\mathcal{L} := \bigcap_n \sigma(\mathcal{Y}, \mathcal{T}_n) \neq \sigma(\mathcal{Y}, \bigcap_n \mathcal{T}_n) =: \mathcal{R}.$$

(**提示** 证明 $Y_0 \in m\mathcal{L}$ 且 Y_0 与 $\mathcal{R}$ 独立.)

注记 本例所描述的现象甚至使柯尔莫哥洛夫和维纳 (Wiener) 也产生过误解. 此处给出的非常简单的例子是由 Martin Barlow 和 Ed Perkins 告知于我的. 在什么条件下我们能够断言 (对于一个 σ-代数 $\mathcal{Y}$ 和一列递减的 σ-代数 $(\mathcal{T}_n)$) 有

$$\bigcap_n \sigma(\mathcal{Y}, \mathcal{T}_n) = \sigma(\mathcal{Y}, \bigcap_n \mathcal{T}_n)$$

是许多概率论相关文献中的一个颇为撩人的问题.

第 5 章 积 分

5.0 符号及其他: $\mu(f) :=: \int f \mathrm{d}\mu, \mu(f; A)$

设 (S, Σ, μ) 为一测度空间. 我们现在的兴趣是对于 $m\Sigma$ 中的适当元素 f 定义其关于 μ 的 (勒贝格) 积分, 对此, 有多种符号可供我们选择使用:

$$\mu(f) :=: \int_S f(s)\mu(\mathrm{d}s) :=: \int_S f\mathrm{d}\mu.$$

值得注意的是, 对于 $A \in \Sigma$ 我们也使用等价的符号:

$$\int_A f(s)\mu(\mathrm{d}s) :=: \int_A f\mathrm{d}u :=: \mu(f; A) := \mu(fI_A).$$

(最右端的是真实的释义!) 有些事应该说清楚, 例如:

$$\mu(f; f \geqslant x) := \mu(f; A), \quad \text{其中 } A = \{s \in S : f(s) \geqslant x\}.$$

此外, 还需要强调的是: 求和是一种特殊形式的积分. 若 $(a_n : n \in \mathbf{N})$ 为一实数列, 那么取 $S = \mathbf{N}, \Sigma = \mathcal{P}(\mathbf{N})(\mathbf{N}$ 的全体子集所成之类——译者注), 并定义 (S, Σ) 上的测度 μ 满足: $\mu(\{k\}) = 1, \forall k \in \mathbf{N}$, 则 $s \mapsto a_s$ 为 μ-可积的当且仅当 $\sum |a_n| < \infty$, 且有

$$\sum a_n = \int_S a_s \mu(\mathrm{d}s) = \int_S a\mathrm{d}\mu.$$

我们从考虑 $(m\Sigma)^+$ 中的函数 f 的积分开始, 且允许如此的 f 取值于拓展的半直线 $[0, \infty]$.

5.1 非负简单函数的积分, SF^+

设 A 是 Σ 的一个元素, 我们定义:

$$\mu_0(I_A) := \mu(A) \leqslant \infty.$$

这里用 μ_0 而不用 μ 意味着通常我们仅有一种 (为简单函数定义的) 单纯积分.

$(m\Sigma)^+$ 的一个元素 f 被称为简单的 (我们将记为 $f \in SF^+$), 如果 f 可以表示为一个有限和:

(a) $$f = \sum_{k=1}^{m} a_k I_{A_k},$$

其中 $a_k \in [0,\infty], A_k \in \Sigma$. 进而我们定义

(b) $$\mu_0(f) = \sum a_k \mu(A_k) \leqslant \infty \quad (\text{约定 } 0 \cdot \infty := 0 =: \infty \cdot 0).$$

首先要验证的一点是 $\mu_0(f)$ 的定义是无歧义的. 因为 f 可能会有许多种不同的形如 (a) 的表达式, 我们必须确认它们经由 (b) 式所算出来的 $\mu_0(f)$ 的值都是相同的. 各种适用的性质也需要加以验证, 如下面将要陈述的 (c)(d)(e) 等:

(c) 如果 $f,g \in SF^+$ 且 $\mu(f \neq g) = 0$, 则有 $\mu_0(f) = \mu_0(g)$;

(d) (**"线性"**) 如果 $f,g \in SF^+$ 且 $c \geqslant 0$, 则 $f+g$ 与 cf 都属于 SF^+, 且

$$\mu_0(f+g) = \mu_0(f) + \mu_0(g), \quad \mu_0(cf) = c\mu_0(f);$$

(e) (**单调性**) 如果 $f,g \in SF^+$ 且 $f \leqslant g$, 则 $\mu_0(f) \leqslant \mu_0(g)$;

(f) 如果 $f,g \in SF^+$, 则 $f \wedge g$ 和 $f \vee g$ 都属于 SF^+.

证明上述全部性质需略费周章, 但其中不涉及实质性的困难, 特别是不需要什么分析. 故我们跳过这一步, 把注意力转向更重要的: 单调收敛定理.

5.2 $\mu(f)(f \in (m\Sigma)^+)$ 的定义

▶ 对于 $f \in (m\Sigma)^+$, 我们定义:

(a) $$\mu(f) := \sup\{\mu_0(h) : h \in SF^+ \text{且 } h \leqslant f\} \leqslant \infty.$$

显然, 对于 $f \in SF^+$, 我们有 $\mu(f) = \mu_0(f)$.

下面的结果是重要的:

引理

▶ (b) 如果 $f \in (m\Sigma)^+$ 且 $\mu(f) = 0$, 那么

$$\mu(\{f > 0\}) = 0.$$

证明 显然, $\{f > 0\} = \uparrow \lim\{f > n^{-1}\}$. 所以, 利用 (1.10, a) 可知: 若 $\mu(\{f > 0\}) > 0$, 则存在某 n, 使得 $\mu(\{f > n^{-1}\}) > 0$, 从而有

$$\mu(f) \geqslant \mu_0(n^{-1} I_{\{f > 1/n\}}) > 0. \qquad \qquad \square$$

5.3 单调收敛定理 (MON)

▶▶▶(a) 设 (f_n) 为一列 $(m\Sigma)^+$ 中的元素且满足 $f_n \uparrow f$, 则有

$$\mu(f_n) \uparrow \mu(f) \leqslant \infty,$$

或者以另外的符号

$$\int_S f_n(s)\mu(\mathrm{d}s) \uparrow \int_S f(s)\mu(\mathrm{d}s).$$

对于积分理论来说这一定理实在是头等重要的. 我们将看到, 其他一些关键的结果诸如法都引理和控制收敛定理等都只是它的简单推论.

该定理 (MON) 的证明在附录中给出. 显然, 该定理与引理 1.10(a), 即有关测度的单调性的结果有非常密切的关系. (MON) 的证明一点儿也不难, 在你看了下面关于 $\alpha^{(r)}$ 的定义之后就可以读懂它了.

对于一个给定的 $f \in (m\Sigma)^+$, 掌握构造一列简单函数 $f^{(r)}$ 并使之满足 $f^{(r)} \uparrow f$ 的明确方法是非常便利的. 对于 $r \in \mathbf{N}$, 定义第 r 个**阶梯函数**$\alpha^{(r)} : [0,\infty] \to [0,\infty]$ 如下:

$$
\text{(b)} \qquad \alpha^{(r)}(x) := \begin{cases} 0, & \text{若 } x = 0, \\ (i-1)2^{-r}, & \text{若 } (i-1)2^{-r} < x \leqslant i2^{-r} \leqslant r \quad (i \in \mathbf{N}), \\ r, & \text{若 } x > r. \end{cases}
$$

则 $f^{(r)} = \alpha^{(r)} \circ f$ 满足 $f^{(r)} \in SF^+$, 且 $f^{(r)} \uparrow f$, 所以由 (MON) 便得到

$$
\mu(f) = \uparrow \lim \mu(f^{(r)}) = \uparrow \lim \mu_0(f^{(r)}).
$$

我们所构造的 $\alpha^{(r)}$ 是左连续的, 所以如果 $f_n \uparrow f$, 则有 $\alpha^{(r)}(f_n) \uparrow \alpha^{(r)}(f)$.

通常, 我们需要应用诸如 (MON) 这样的收敛定理是在假设 (例如 (MON) 中的 $f_n \uparrow f$) 几乎处处满足而不是处处满足的前提下进行的. 让我们来看如何作出相应的调整.

(c)　如果 $f, g \in (m\Sigma)^+$ 且 $f = g(\text{a.e.})$, 那么 $\mu(f) = \mu(g)$.

证明　设 $f^{(r)} = \alpha^{(r)} \circ f, g^{(r)} = \alpha^{(r)} \circ g$. 那么 $f^{(r)} = g^{(r)}(\text{a.e.})$, 且由 (5.1,c) 有 $\mu(f^{(r)}) = \mu(g^{(r)})$. 从而令 $r \uparrow \infty$, 并利用 (MON) 便得结果.　　□

▶　(d)　设 $f \in (m\Sigma)^+$ 而 (f_n) 为 $(m\Sigma)^+$ 中的一个序列且满足: 除了在一个 μ-零集 N 上以外, 有 $f_n \uparrow f$, 那么

$$
\mu(f_n) \uparrow \mu(f).
$$

证明　我们有 $\mu(f) = \mu(f I_{S\setminus N})$ 和 $\mu(f_n) = \mu(f_n I_{S\setminus N})$. 但是 $f_n I_{S\setminus N} \uparrow f I_{S\setminus N}$ 处处成立, 从而由 (MON) 便推得结果.　　□

从现在起, (MON) 应被理解为包括这一拓展. 对于其他的收敛定理我们也不再一一说明这样的拓展, 通常只是在陈述其结果时加上 "几乎处处" 的字样, 并在证明它们的时候假定例外的 μ-零集是空集.

关于黎曼 (Riemann) 积分的注记

例如, 设 f 为 $([0,1], \mathcal{B}[0,1], \text{Leb})$ 上的一个非负的黎曼可积的函数, 其黎曼积分为 I, 则存在 SF^+ 中的一个递增的序列 (L_n) 及一个递降的序列 (U_n), 使得

$$
L_n \uparrow L \leqslant f, \quad U_n \downarrow U \geqslant f,
$$

且 $\mu(L_n) \uparrow I, \mu(U_n) \downarrow I$. 如果我们定义

$$
\tilde{f} = \begin{cases} L, & \text{若 } L = U, \\ 0, & \text{否则}, \end{cases}
$$

则显然 $\tilde{f}$ 是博雷尔可测的, 而 $\{f \neq \tilde{f}\}$ 是博雷尔集 $\{L \neq U\}$ 的一个子集, 且由引理 5.2(b) 可知后者的测度为 0(因为 $\mu(L) = \mu(U) = I$). 所以 f 是勒贝格可测的 (见 A1.11 节) 且 f 的黎曼积分等于 f 的关于 $([0,1], Leb[0,1], \text{Leb})$ 的积分, 其中 $Leb[0,1]$ 表示 $[0,1]$ 的勒贝格可测子集构成的 σ-代数.

5.4 有关函数的法都 (Fatou) 引理 (FATOU)

▶▶ (a) (**FATOU**) 对于 $(m\Sigma)^+$ 中的一个序列 (f_n), 有

$$\mu(\liminf f_n) \leqslant \liminf \mu(f_n).$$

证明 我们有

(*) $$\liminf_n f_n = \uparrow \lim g_k, \quad \text{其中 } g_k := \inf_{n \geqslant k} f_n.$$

对于 $n \geqslant k$, 我们有 $f_n \geqslant g_k$, 故 $\mu(f_n) \geqslant \mu(g_k)$, 由此有

$$\mu(g_k) \leqslant \inf_{n \geqslant k} \mu(f_n);$$

由此并应用 (MON) 于 (*) 式, 我们得到

$$\mu(\liminf_n f_n) = \uparrow \lim_k \mu(g_k) \leqslant \uparrow \lim_k \inf_{n \geqslant k} \mu(f_n)$$

$$=: \liminf_n \mu(f_n). \qquad \square$$

反向法都引理

▶ (b) 设 (f_n) 为 $(m\Sigma)^+$ 中的一序列且对于某 $g \in (m\Sigma)^+$ 满足 $f_n \leqslant g, \forall n$, 且 $\mu(g) < \infty$, 那么

$$\mu(\limsup f_n) \geqslant \limsup \mu(f_n).$$

证明 应用 (FATOU) 于序列 $(g - f_n)$ 即可. $\qquad \square$

5.5 "线   性"

对于 $\alpha, \beta \in \mathbf{R}^+$ 与 $f, g \in (m\Sigma)^+$, 有

$$\mu(\alpha f + \beta g) = \alpha\mu(f) + \beta\mu(g) \quad (\leqslant \infty).$$

证明 用简单函数列从下方逼近 f 和 g, 应用 (5.1,d) 于简单函数列, 再应用 (MON) 即可. □

5.6 f 的正部与负部

对于 $f \in m\Sigma$, 我们将它表示为 $f = f^+ - f^-$, 其中:

$$f^+(s) := \max(f(s), 0), \quad f^-(s) := \max(-f(s), 0).$$

那么: $f^+, f^- \in (m\Sigma)^+$, 且 $|f| = f^+ + f^-$.

5.7 可积函数, $\mathcal{L}^1(S, \Sigma, \mu)$

▶ 对于 $f \in m\Sigma$, 我们称 f 是 μ-可积的并记为

$$f \in \mathcal{L}^1(S, \Sigma, \mu).$$

如果有

$$\mu(|f|) = \mu(f^+) + \mu(f^-) < \infty,$$

进而我们定义

$$\int f \mathrm{d}\mu := \mu(f) := \mu(f^+) - \mu(f^-).$$

注意 对于 $f \in \mathcal{L}^1(S, \Sigma, \mu)$, 有

▶
$$|\mu(f)| \leqslant \mu(|f|).$$

此即我们所熟悉的规则: 积分之模小于或者等于模的积分.

我们用 $\mathcal{L}^1(S, \Sigma, \mu)^+$ 来表示 $\mathcal{L}^1(S, \Sigma, \mu)$ 中的非负元素所构成之类.

5.8 线　　性

对于 $\alpha, \beta \in \mathbf{R}$ 与 $f, g \in \mathcal{L}^1(S, \Sigma, \mu)$, 有

$$\alpha f + \beta g \in \mathcal{L}^1(S, \Sigma, \mu)$$

且

$$\mu(\alpha f + \beta g) = \alpha \mu(f) + \beta \mu(g).$$

证明 这完全是 5.5 节中的结果的一个常规的推论. □

5.9　控制收敛定理 (DOM)

▶ 设 $f_n, f \in m\Sigma$, 对于每个 $s \in S$ 有 $f_n(s) \to f(s)$ 且序列 (f_n) 受控于某 $g \in \mathcal{L}^1(S, \Sigma, \mu)^+$:

$$|f_n(s)| \leqslant g(s), \quad \forall s \in S, \forall n \in \mathbf{N}.$$

其中 $\mu(g) < \infty$. 那么:

在 $\mathcal{L}^1(S, \Sigma, \mu)$ 中有 $f_n \to f$ (即 $\mu(|f_n - f|) \to 0$). 且由此得到

$$\mu(f_n) \to \mu(f).$$

要求 现在就做练习 E5.1.

证明 我们有 $|f_n - f| \leqslant 2g$. 其中 $\mu(2g) < \infty$, 所以由反向法都引理 5.4(b), 有

$$\limsup \mu(|f_n - f|) \leqslant \mu(\limsup |f_n - f|) = \mu(0) = 0.$$

又因为

$$|\mu(f_n) - \mu(f)| = |\mu(f_n - f)| \leqslant \mu(|f_n - f|),$$

故定理得证. □

5.10　谢菲 (Scheffé) 引理 (SCHEFFÉ)

▶　(i) 设 $f_n, f \in \mathcal{L}^1(S, \Sigma, \mu)^+$ (注意 f_n 和 f 是非负的). 如果 $f_n \to f(\text{a.e.})$, 则

$$\mu(|f_n - f|) \to 0 \text{当且仅当 } \mu(f_n) \to \mu(f).$$

证明　必要性容易证明.
假定

(a)　$$\mu(f_n) \to \mu(f).$$

由于 $(f_n - f)^- \leqslant f$, 由 (DOM) 可推得

(b)　$$\mu((f_n - f)^-) \to 0.$$

另外,

$$\mu((f_n - f)^+) = \mu(f_n - f; f_n \geqslant f)$$
$$= \mu(f_n) - \mu(f) - \mu(f_n - f; f_n < f).$$

但是

$$|\mu(f_n - f; f_n < f)| \leqslant |\mu((f_n - f)^-)| \to 0.$$

所以由 (a) 和 (b) 可推得

(c)　$$\mu((f_n - f)^+) \to 0.$$

显然, 由 (b) 和 (c) 便证得了充分性.　　　　　　　　　□

　　下面是谢菲引理的第二部分:

▶　(ii) 设 $f_n, f \in \mathcal{L}^1(S, \Sigma, \mu)$ 且 $f_n \to f(\text{a.e.})$. 那么:

$$\mu(|f_n - f|) \to 0 \text{ 当且仅当 } \mu(|f_n|) \to \mu(|f|).$$

练习　证明上述 (ii) 中结论的充分性 (利用法都引理证明 $\mu(f_n^{\pm}) \to \mu(f^{\pm})$, 然后再利用 (i) 的结果). 必要性的证明是平凡的.

5.11　关于一致可积性

我们将在以后 (为概率空间) 建立的一致可积的理论会更好地揭示积分 (序列) 收敛的重要性.

5.12　标 准 机 器

我所称的标准机器是对于单调类定理的一个粗糙的替代物.

想法是这样的: 为了证明一个 "线性" 的结果对于某一空间例如 $\mathcal{L}^1(S,\Sigma,\mu)$ 中的所有函数为真,

- 首先, 我们证明当 h 为一个示性函数时该结果为真——通常由定义即可验证此点;
- 然后, 我们利用线性推出该结果对于 $h \in SF^+$ 为真;
- 接着, 我们利用 (MON) 推出该结果对于 $h \in (m\Sigma)^+$ 为真, 通常在这一步中不会用到 h 的可积性条件;
- 最后, 通过将 h 表示为 $h = h^+ - h^-$ 并利用线性, 我们推出需证的结果为真.

依我看来, 当它行之有效时, "按标准机器的步骤进行" 比起求助于单调类定理的结论要更加容易一些, 尽管有的时候我们必须要利用单调类定理的更加精妙的性质.

5.13　子集上的积分

回想对于 $f \in (m\Sigma)^+$ 及 $A \in \Sigma$, 我们曾建立

$$\int_A f \mathrm{d}\mu := \mu(f; A) := \mu(f I_A).$$

如果我们真的要在 A 上对 f 进行积分, 则应该是求其限制 $f|_A$ 关于测度 (比如说)μ_A 的积分, 其中 μ_A 是 μ 在测度空间 (A, Σ_A) 上的限制, 而 Σ_A 则表示由 A 的那些属于 Σ 的子集所构成的 σ-代数. 所以我们应当证明

$$\text{(a)} \qquad\qquad \mu_A(f|_A) = \mu(f; A).$$

标准机器可以做到这一点. 如果 f 是 A 中的一个集合 B 的示性函数, 则 (a) 的两边都等于 $\mu(A \cap B)$, 等等. 我们发现: 对于 $f \in m\Sigma$, 我们有 $f|_A \in m\Sigma_A$, 并且进一步有

$$f|_A \in \mathcal{L}^1(A, \Sigma_A, \mu_A) \text{ 当且仅当 } fI_A \in \mathcal{L}^1(S, \Sigma, \mu).$$

由此 (a) 式成立.

5.14　测度 $f\mu(f \in (m\Sigma)^+)$

设 $f \in (m\Sigma)^+$. 对于 $A \in \Sigma$, 定义

$$\text{(a)} \qquad\qquad (f\mu)(A) := \mu(f; A) := \mu(fI_A).$$

一道基于 5.5 节的结果及 (MON) 的简单练习题表明:

$$\text{(b)} \qquad\qquad (f\mu) \text{ 是 } (S, \Sigma) \text{ 上的测度}.$$

对于 $h \in (m\Sigma)^+$ 及 $A \in \Sigma$, 我们猜测有

$$\text{(c)} \qquad\qquad (h(f\mu))(A) := (f\mu)(hI_A) = \mu(fhI_A).$$

如果 h 是 Σ 中的一个集合的示性函数, 则由定义直接可验证它满足 (c). 复由标准机器便可推得 (c) 式成立, 从而我们有

$$\text{(d)} \qquad\qquad h(f\mu) = (hf)\mu.$$

结果 (d) 常以下面的形式运用:

▶　(e) 如果 $f \in (m\Sigma)^+$ 且 $h \in (m\Sigma)$, 则 $h \in \mathcal{L}^1(S, \Sigma, f\mu)$ 当且仅当 $fh \in \mathcal{L}^1(S, \Sigma, \mu)$, 从而 $(f\mu)(h) = \mu(fh)$.

　　证明　我们仅需要对 $h \geqslant 0$ 证明此结论, 而在该情形下这只不过是说 (d) 式两边的测度在 S 上是一致 (相同) 的. □

术语, 拉东 – 尼科迪姆定理

若以 λ 表示 (S, Σ) 上的测度 $f\mu$, 则我们称 λ 具有 (关于 μ 的) 密度 f, 并且用符号将此表示为

$$\mathrm{d}\lambda/\mathrm{d}\mu = f.$$

注意在此情形下, 对于 $F \in \Sigma$, 我们有

(f) $\qquad\qquad\qquad \mu(F) = 0$ 意味着 $\lambda(F) = 0.$

因此, 仅仅某些测度具有关于 μ 的密度. 拉东 – 尼科迪姆定理 (将在第 14 章中证明) 告诉我们:

(g) 如果 μ 和 λ 都是 (S, Σ) 上的 σ-有限测度并且满足 (f) 式, 则必有某 $f \in (m\Sigma)^+$, 使得 $\lambda = f\mu$.

第 6 章 期　　望

6.0 引　　言

我们的讨论基于一个概率空间 $(\Omega, \mathcal{F}, P)$, 并将 $\mathcal{L}^r(\Omega, \mathcal{F}, P)$ 简记为 $\mathcal{L}^r$. 回顾: 一个随机变量 (RV) 是 $m\mathcal{F}$ 的一个元素, 即是一个由 Ω 到 $\mathbf{R}$ 的 $\mathcal{F}$-可测的函数.

期望则是 (关于 P 的) 积分.

詹森不等式, 它利用了关键的 $P(\Omega) = 1$ 的事实, 是非常有用和强有力的: 它蕴涵了一般的 (S, Σ, μ) 上的施瓦兹 (Schwarz)、赫尔德 (Hölder) 等不等式 (见 6.13 节).

我们将探讨空间 $\mathcal{L}^2(\Omega, \mathcal{F}, P)$ 的几何的若干细节, 为以后的一些应用做准备.

6.1 期望的定义

对于一个随机变量 $X \in \mathcal{L}^1(\Omega, \mathcal{F}, P)$, 我们定义 X 的期望 $E(X)$ 为

$$E(X) := \int_\Omega X \mathrm{d}P = \int_\Omega X(\omega) P(\mathrm{d}\omega).$$

对于 $X \in (m\mathcal{F})^+$, 我们同样定义 $E(X)(\leqslant \infty)$, 并简记为 $E(X) = P(X)$.

上述定义与那些利用概率密度函数 (如果存在的话) 等来下的定义是一致的. 这一点我们将在 6.12 节中加以证实.

6.2   收敛性定理

设 (X_n) 为一列随机变量 (RVs), X 为一 RV, 且 $X_n \to X$(a.s.):

$$P(X_n \to X) = 1.$$

我们以新记号重新表述第 5 章中的收敛性定理:

▶▶   (**MON**) 如果 $0 \leqslant X_n \uparrow X$, 则 $E(X_n) \uparrow E(X) \leqslant \infty$;

▶▶   (**FATOU**) 如果 $X_n \geqslant 0$, 则 $E(X_n) \leqslant \liminf E(X_n)$;

▶   (**DOM**) 如果 $|X_n(\omega)| \leqslant Y(\omega), \forall(n, \omega)$, 其中 $E(Y) < \infty$, 则

$$E(|X_n - X|) \to 0,$$

从而

$$E(X_n) \to E(X);$$

▶   (**SCHEFFÉ**) 如果 $E(|X_n|) \to E(|X|)$, 则

$$E(|X_n - X|) \to 0;$$

▶▶   (**BDD**) 若存在某有限常数 K, 使得 $|X_n(\omega)| \leqslant K, \forall(n, \omega)$, 则有

$$E(|X_n - X|) \to 0.$$

新增加的有界收敛定理 (BDD) 是 (DOM)(控制收敛定理) 的一个直接的推论, 只要取 $Y(\omega) = K, \forall \omega$ 便可得到; 由于 $P(\Omega) = 1$, 故我们有 $E(Y) < \infty$. 对于此我们将在 13.7 节给出一个直接而初等的证明, 但也许你现在就能证明它.

就像我们先前提到过的, 对于正确地理解收敛性定理, 一致可积性是一个关键的概念. 我们将在第 13 章借助于基本的 (BDD) 的结果, 对此加以探讨.

6.3   记号 $E(X; F)$

对于 $X \in \mathcal{L}^1$ (或 $(m\mathcal{F})^+$) 和 $F \in \mathcal{F}$, 我们定义

▶ $$E(X; F) := \int_F X(\omega) P(\mathrm{d}\omega) := E(X I_F),$$

其中, 如同以往一样:

$$I_F(\omega) := \begin{cases} 1, & \text{若 } \omega \in F, \\ 0, & \text{若 } \omega \notin F. \end{cases}$$

当然, 这与第 5 章的记号 $\mu(f; A)$ 相契合.

6.4 马尔可夫不等式

假定 $Z \in m\mathcal{F}$, 而 $g : \mathbf{R} \to [0, \infty]$ 为 $\mathcal{B}$-可测且非降的 (我们知道有 $g(Z) = g \circ Z \in (m\mathcal{F})^+$), 则有

▶ $$Eg(Z) \geqslant E(g(Z); Z \geqslant c) \geqslant g(c)P(Z \geqslant c).$$

例 对于 $Z \in (m\mathcal{F})^+$, 有 $cP(Z \geqslant c) \leqslant E(Z)(c > 0)$; 对于 $X \in \mathcal{L}^1$, 有 $cP(|X| \geqslant c) \leqslant E(|X|)(c > 0)$.

▶▶ 通过对 c 选择最优的 θ 我们可以得到对于上式的显著的增强:

▶ $$P(Y > c) \leqslant e^{-\theta c} E(e^{\theta Y}) \quad (\theta > 0, c \in \mathbf{R}).$$

6.5 非负随机变量和

我们罗致了一些有用的结果:

(a) 如果 $X \in (m\mathcal{F})^+$ 且 $E(X) < \infty$, 那么 $P(X < \infty) = 1$. 这是显然的.

▶ (b) 如果 (Z_k) 是 $(m\mathcal{F})^+$ 中的一个序列, 那么:

$$E(\sum Z_k) = \sum E(Z_k) \leqslant \infty.$$

这是线性和 (MON) 的一个直接的推论.

▶ (c) 如果 (Z_k) 是 $(m\mathcal{F})^+$ 中的一个序列, 且满足 $\sum E(Z_k) < \infty$, 那么:

$$\sum Z_k < \infty (\text{a.s.}), \text{从而有 } Z_k \to 0 (\text{a.s.}).$$

这是 (a) 和 (b) 的一个直接的推论.

(d) 博雷尔 – 肯泰利第一引理是 (c) 的一个推论.

因为假定 (F_k) 为一列事件且满足 $\sum P(F_k) < \infty$.

取 $Z_k = I_{F_k}$, 则 $E(Z_k) = P(F_k)$, 且由 (c) 可知:

$$\sum I_{F_k} = \text{所发生的事件 } F_k \text{ 的个数是 a.s. 有限的}.$$

6.6 有关凸函数的詹森 (Jensen) 不等式

▶ 一个函数 $c: G \to \mathbf{R}$(其中 G 为 $\mathbf{R}$ 的开子区间) 被称为在 G 上是凸的, 如果其图像均位于其弦线的下方: 对于 $x, y \in G$ 且 $0 \leqslant p = 1 - q \leqslant 1$, 有

$$c(px + qy) \leqslant pc(x) + qc(y).$$

后面将解释 c 在 G 上自动满足连续性. 如果 c 在 G 上是二次可微的, 那么 c 是凸的当且仅当 $c'' \geqslant 0$.

▶ 凸函数的重要的例子: $|x|, x^2, e^{\theta x}(\theta \in \mathbf{R})$.

定理: 詹森不等式

▶ 假定 $c: G \to \mathbf{R}$ 是 $\mathbf{R}$ 的开子区间 G 上的一个凸函数而 X 是一个随机变量, 且满足

$$E(|X| < \infty), \quad P(X \in G) = 1, \quad E|c(X)| < \infty,$$

那么

$$Ec(X) \geqslant c(E(X)).$$

证明 c 为凸函数的事实可以改写为如下形式: 对于 $u, v, w \in G$ 且 $u < v < w$, 我们有

$$\Delta_{u,v} \leqslant \Delta_{v,w}, \quad \text{其中 } \Delta_{u,v} := \frac{c(v) - c(u)}{v - u}.$$

现在清楚了: c 在 G 上是连续的 (为什么?!), 而且对于 G 中的每个 v, 单调的极限:

$$(D_- c)(v) := \uparrow \lim_{u \uparrow v} \Delta_{u,v}, \quad (D_+ c)(v) := \downarrow \lim_{w \downarrow v} \Delta_{v,w}$$

存在且满足 $(D_- c)(v) \leqslant (D_+ c)(v)$. 函数 $D_- c$ 和 $D_+ c$ 是非减的, 且对于任何 v 属于 G, 任何 m 属于 $[(D_- c)(v), (D_+ c)(v)]$, 我们有

$$c(x) \geqslant m(x - v) + c(v), \quad x \in G.$$

特别地, 对于 $\mu := E(X)$, 几乎必然 (a.s.) 有

$$c(X) \geqslant m(X-\mu) + c(\mu), \quad m \in [(D_-c)(\mu), (D_+c)(\mu)].$$

取期望便得到詹森不等式. □

附注　为了后面的应用, 我们将需要以下明显的事实: 存在 $\mathbf{R}$ 中的数列 (a_n) 与 (b_n), 使得

(a) $$c(x) = \sup_{q \in G}[(D_-c)(q)(x-q) + c(q)] = \sup_n (a_n x + b_n) \quad (x \in G).$$

(注意到 c 是连续的.)

6.7　$\mathcal{L}^p$ 范数的单调性

▶▶ 对于 $1 \leqslant p < \infty$, 我们称 $X \in \mathcal{L}^p = \mathcal{L}^p(\Omega, \mathcal{F}, P)$, 若有

$$E(|X|^p) < \infty,$$

进而我们定义

▶▶ $$\|X\|_p := \{E(|X|^p)\}^{\frac{1}{p}}.$$

本节标题中所说的单调性如下所述:

▶ (a) 如果 $1 \leqslant p \leqslant r < \infty$ 且 $Y \in \mathcal{L}^r$, 那么 $Y \in \mathcal{L}^p$, 并且

$$\|Y\|_p \leqslant \|Y\|_r.$$

▶ **证明**　对于 $n \in \mathbf{N}$, 定义

$$X_n(\omega) := \{|Y(\omega)| \wedge n\}^p,$$

则 X_n 是有界的, 从而 X_n 和 $X_n^{r/p}$ 都属于 $\mathcal{L}^1$. 在 $(0, \infty)$ 上置 $c(x) = x^{r/p}$, 我们从詹森不等式得到

$$(EX_n)^{r/p} \leqslant E(X_n^{r/p}) = E[(|Y| \wedge n)^r] \leqslant E(|Y|^r).$$

再令 $n \uparrow \infty$ 并运用 (MON) 便可得到希望的结果. □

　　注　上述证明被标以记号 ▶, 是因为它运用了一种简单但是有效的截尾方法.

$\mathcal{L}^p$ 的向量空间性

(b) 由于对于 $a,b\in\mathbf{R}^+$, 我们有

$$(a+b)^p\leqslant[2\max(a,b)]^p\leqslant2^p(a^p+b^p),$$

故 L^p 显然是一个向量空间.

6.8 施瓦兹 (Schwarz) 不等式

▶ (a) 如果 X 与 Y 都属于 $\mathcal{L}^2$, 那么 $XY\in\mathcal{L}^1$, 且有

$$|E(XY)|\leqslant E(|XY|)\leqslant\|X\|_2\|Y\|_2.$$

附注 关于上述结论及其证明你可能以前已见过多种版本. 我们将使用截尾法来保证论述的严格性.

证明 由于可用 $|X|$ 与 $|Y|$ 取代 X 与 Y, 故我们仅需考虑 $X\geqslant0,Y\geqslant0$ 的情形.

记 $X_n:=X\wedge n,Y_n:=Y\wedge n$, 则 X_n 与 Y_n 均为有界的. 对于任何 $a,b\in\mathbf{R}$, 有

$$0\leqslant E[(aX_n+bY_n)^2]$$
$$=a^2E(X_n^2)+2abE(X_nY_n)+b^2E(Y_n^2).$$

由于关于 a/b(或 b/a, 或 ……) 的一元二次方程不可能具有两个不同的实根, 从而有

$$\{2E(X_nY_n)\}^2\leqslant4E(X_n^2)E(Y_n^2)\leqslant4E(X^2)E(Y^2).$$

再令 $n\uparrow\infty$ 并利用 (MON) 便得结果. □

下面的结论是 (a) 的直接的推论:

(b) 如果 X 与 Y 都属于 $\mathcal{L}^2$, 则 $X+Y$ 亦然, 且三角形定律成立:

$$\|X+Y\|_2\leqslant\|X\|_2+\|Y\|_2.$$

附注 施瓦兹不等式对于任何测度空间都成立——试看 6.13 节, 其中将把 (a) 和 (b) 推广到 $\mathcal{L}^p$ 空间.

6.9 $\mathcal{L}^2$ 空间: 毕达哥拉斯 (Pythagoras) 定理、协方差及其他

在本节中, 我们将简单考察一下 $\mathcal{L}^2$ 空间的几何, 以及它与一些有关概率的概念诸如协方差、相关系数等之间的联系.

协方差与方差

如果 $X,Y \in \mathcal{L}^2$, 则根据范数的单调性可知 $X,Y \in \mathcal{L}^1$, 从而我们可以定义

$$\mu_X := E(X), \quad \mu_Y := E(Y).$$

因为常数 μ_X, μ_Y 属于 $\mathcal{L}^2$, 所以我们知道

(a) $$\widetilde{X} := X - \mu_X, \quad \widetilde{Y} := Y - \mu_Y$$

亦属于 $\mathcal{L}^2$. 由施瓦兹不等式, $\widetilde{X}\widetilde{Y} \in \mathcal{L}^1$. 从而我们可以定义

(b) $$\mathrm{Cov}(X,Y) := E(\widetilde{X}\widetilde{Y}) = E[(X - \mu_X)(Y - \mu_Y)].$$

施瓦兹不等式进一步保证可将上式右端中括号 [ ] 内的乘积展开而形成另一个公式:

(c) $$\mathrm{Cov}(X,Y) = E(XY) - \mu_X \mu_Y.$$

如你们所知, X 的方差定义为

(d) $$\mathrm{Var}(X) := E[(X - \mu_X)^2] = E(X^2) - \mu_X^2 = \mathrm{Cov}(X,X).$$

内积、夹角

对于 $U,V \in \mathcal{L}^2$, 我们定义内积 (或数量积):

(e) $$\langle U,V \rangle := E(UV).$$

如果 $\|U\|_2$ 与 $\|V\|_2 \neq 0$, 我们还可定义 U 和 V 之间夹角 θ 的余弦为

(f) $$\cos\theta = \frac{\langle U, V\rangle}{\|U\|_2\|V\|_2}.$$

由施瓦兹不等式可知上式的模至多为 1. 上式又与相关系数这一概率概念联系在一起:

(g) X 与 Y 的相关系数 ρ 等于 $\cos\alpha$, 其中 α 为 $\widetilde{X}$ 与 $\widetilde{Y}$ 之间的夹角.

正交性, 毕达哥拉斯定理

$\mathcal{L}^2$ 具有与任何内积空间相同的几何 (但注意下文的 "商空间化"). 因此初等几何的 "余弦法则" 成立, 且毕达哥拉斯定理具有下面的形式:

(h) $$\|U + V\|_2^2 = \|U\|_2^2 + \|V\|_2^2, \quad \text{如果 } \langle U, V\rangle = 0.$$

如果 $\langle U, V\rangle = 0$, 我们称 U 和 V 是正交的或者垂直的, 并记为 $U \perp V$. 以概率的语言, (h) 具有形式 (以 $\widetilde{X}, \widetilde{Y}$ 取代 U, V):

(i) $$\mathrm{Var}(X + Y) = \mathrm{Var}(X) + \mathrm{Var}(Y), \quad \text{如果}\,\mathrm{Cov}(X, Y) = 0.$$

一般地, 对于 $X_1, X_2, \cdots, X_n \in \mathcal{L}^2$, 有

(j) $$\mathrm{Var}(X_1 + X_2 + \cdots + X_n) = \sum_k \mathrm{Var}(X_k) + 2\sum\sum_{i<j} \mathrm{Cov}(X_i, X_j).$$

我没有在诸如 (i) 与 (j) 这样的结果前面加上记号 ▶, 是因为我相信它们对于你们来说应该是熟知的了.

平行四边形定律

注意, 利用 $\langle \cdot, \cdot\rangle$ 的双线性, 有

(k) $$\|U + V\|_2^2 + \|U - V\|_2^2 = \langle U + V, U + V\rangle + \langle U - V, U - V\rangle$$
$$= 2\|U\|_2^2 + 2\|V\|_2^2.$$

商空间化 (或否!): L^2

我们的空间 $\mathcal{L}^2$ 并未完全满足一个内积空间的要求, 因为最好我们只能说 (见 (5.2, b)):

$$\|U\|_2 = 0 \text{ 当且仅当 } U = 0 \text{ 几乎必然成立.}$$

以泛函分析的方法, 我们找到一个漂亮的方案——通过引进一个等价关系:

$$U \sim V \text{ 当且仅当 } U = V \text{ 几乎必然成立},$$

并定义 L^2 为 "$\mathcal{L}^2$ 经由该等价关系而导出的商空间". 当然, 我们还需要检验诸如: 如果对于 $i = 1, 2$, 我们有 $c_i \in \mathbf{R}, U_i, V_i \in \mathcal{L}^2$ 且 $U_i \sim V_i$, 那么

$$c_1 U_1 + c_2 U_2 \sim c_1 V_1 + c_2 V_2, \quad \langle U_1, U_2 \rangle = \langle V_1, V_2 \rangle;$$

以及如果 $U_n \to U$ (在 $\mathcal{L}^2$ 中), 且 $V_n \sim U_n, V \sim U$, 那么有 $V_n \to V$ (在 $\mathcal{L}^2$ 中); 等等.

正如前面 "一个术语问题" 中所提到过的, 在概率论中通常我们并不做这种商空间化. 尽管在这本书的较为初等的水平下你也许可以安全地这样做, 但是在更为先进的水平下你却无法这样做. 例如对于一个布朗运动 $\{B_t : t \in \mathbf{R}^+\}$, 其重要的性质 "$t \mapsto B_t(\omega)$ 是连续的" 将变得毫无意义, 如果你用一个等价类去取代那个真实的 (Ω 上的) 函数 B_t 的话.

6.10　$\mathcal{L}^p$ 空间 ($1 \leqslant p < \infty$) 的完备性

设 $p \in [1, \infty)$.

下面结果 (a) 在泛函分析中是重要的, 而对于我们来说其中 $p = 2$ 的情形是至关紧要的. 作为一个练习, 以概率思维的方式来证明它将具有启发性的意义, 下面我们就来做这件事.

(a) 如果 (X_n) 是 $\mathcal{L}^p$ 中的一个柯西 (Cauchy) 序列, 即满足

$$\sup_{r, s \geqslant k} \|X_r - X_s\|_p \to 0 \quad (k \to \infty),$$

那么存在 $X \in \mathcal{L}^p$, 使得在 $\mathcal{L}^p$ 中有 $X_r \to X$:

$$\|X_r - X\|_p \to 0 \quad (r \to \infty).$$

注　我们已经知道 $\mathcal{L}^p$ 是一个向量空间. 对于说明 $\mathcal{L}^p$ 可经我们在 6.9 节末提到的商空间化技巧改造为一个巴拿赫空间 L^p 这一点, 性质 (a) 是重要的.

(a) 的证明　我们将证明 X 可以被选作一个子序列 (X_{k_n}) 的几乎必然的极限.

选择一个子序列 $(k_n : n \in \mathbf{N})$ 满足 $k_n \uparrow \infty$ 且

$$(r, s \geqslant k_n) \Rightarrow \|X_r - X_s\|_p < 2^{-n},$$

那么

$$E(|X_{k_{n+1}} - X_{k_n}|) = \|X_{k_{n+1}} - X_{k_n}\|_1 \leqslant \|X_{k_{n+1}} - X_{k_n}\|_p < 2^{-n},$$

从而有

$$E \sum |X_{k_{n+1}} - X_{k_n}| < \infty.$$

所以几乎必然有级数 $\sum (X_{k_{n+1}} - X_{k_n})$ 收敛 (甚至绝对收敛!), 从而

$$\lim X_{k_n}(\omega) 存在 (对于几乎所有的 \omega).$$

定义

$$X(\omega) := \limsup X_{k_n}(\omega), \quad \forall \omega.$$

那么 X 是 $\mathcal{F}$-可测的, 且 $X_{k_n} \to X$, a.s..

假定 $n \in \mathbf{N}$ 且 $r \geqslant k_n$, 那么对于 $\mathbf{N} \ni t \geqslant n$, 有

$$E(|X_r - X_{k_t}|^p) = \|X_r - X_{k_t}\|_p^p \leqslant 2^{-np}.$$

从而令 $t \uparrow \infty$ 并利用法都引理, 我们得到

$$E(|X_r - X|^p) \leqslant 2^{-np}.$$

首先, $X_r - X \in \mathcal{L}^p$, 从而 $X \in \mathcal{L}^p$. 其次, 我们看到在 $\mathcal{L}^p$ 中的确有 $X_r \to X$. $\quad\square$

注 有一个关于 $\mathcal{L}^p$ 收敛的简单的练习, 见 E 章 EA13.2.

6.11 正 投 影

6.10 节中所得到的有关 $\mathcal{L}^p$ 的完备性的结果具有许多有关概率论的重要推论. 也许还是乘 6.10 节在你们的脑子里尚记忆犹新之时去讨论其中的一个为好.

我希望你们允许我在介绍下面有关正投影的结果时将其作为我们现有几何的一部分, 而将利用条件期望的理论来对其中心作用的讨论推迟到第 9 章.

在本节中我们将 $\|\cdot\|_2$ 简记为 $\|\cdot\|$.

定理

▶　设 $\mathcal{K}$ 是 $\mathcal{L}^2$ 的一个子向量空间且是完备的, 即只要 (V_n) 是 $\mathcal{K}$ 中的一个柯西序列:

$$\sup_{r,s\geqslant k}\|V_r-V_s\|\to 0 \quad (k\to\infty),$$

便存在 $V\in\mathcal{K}$, 使得

$$\|V_n-V\|\to 0 \quad (n\to\infty).$$

那么对于任给 $X\in\mathcal{L}^2$, 必存在 $Y\in\mathcal{K}$, 使得:

(i) $$\|X-Y\|=\Delta:=\inf\{\|X-W\|:W\in\mathcal{K}\},$$

(ii) $$X-Y\perp Z, \quad \forall Z\in\mathcal{K}.$$

$\mathcal{K}$ 中的 Y 所具有的性质 (i) 与 (ii) 是等价的, 且若有 $\widetilde{Y}$ 与 Y 一样也满足性质 (i) 或 (ii), 则

$$\|\widetilde{Y}-Y\|=0 \quad (\text{或等价地}, Y=\widetilde{Y}, \text{a.s.}).$$

定义　上述定理中的随机变量 Y 被称为X 在 $\mathcal{K}$ 上的一个正投影. 如果 $\widetilde{Y}$ 是另一个版本, 则有 $\widetilde{Y}=Y$, a.s..

证明　选择 $\mathcal{K}$ 中的一个序列 (Y_n), 使得

$$\|X-Y_n\|\to\Delta.$$

利用平行四边形定律 (6.9,k), 有

$$\|X-Y_r\|^2+\|X-Y_s\|^2=2\|X-\frac{1}{2}(Y_r+Y_s)\|^2+2\|\frac{1}{2}(Y_r-Y_s)\|^2.$$

但是 $\frac{1}{2}(Y_r+Y_s)\in\mathcal{K}$, 从而 $\|X-\frac{1}{2}(Y_r+Y_s)\|^2\geqslant\Delta^2$. 易见 (Y_n) 是柯西序列, 从而存在 $Y\in\mathcal{K}$, 使得

$$\|Y_n-Y\|\to 0.$$

由于 (6.8,b) 蕴涵着 $\|X-Y\|\leqslant\|X-Y_n\|+\|Y_n-Y\|$, 故显然

$$\|X-Y\|=\Delta.$$

对于任何 $Z\in\mathcal{K}$, 我们有 $Y+tZ\in\mathcal{K}(t\in\mathbf{R})$, 所以

$$\|X-Y-tZ\|^2\geqslant\|X-Y\|^2,$$

从而有

$$-2t\langle Z, X-Y \rangle + t^2 \|Z\|^2 \geqslant 0.$$

由于 t 的绝对值可以任意小, 故只能得出

$$\langle Z, X-Y \rangle = 0. \qquad \square$$

附注　我们将来应用上述定理的场合, 是当 $\mathcal{K}$ 具有形式 $\mathcal{L}^2(\Omega, \mathcal{G}, P)$ 的时候, 其中 $\mathcal{G}$ 是 $\mathcal{F}$ 的某子 σ-代数.

6.12　期望的 "初等公式"

回到现实!

设 X 为一随机变量. 为了避免不同的分布引起混淆, 我们现在以 Λ_X(在 $(\mathbf{R}, \mathcal{B})$ 上) 代表 X 的分布:

$$\Lambda_X(B) := P(X \in B).$$

引理

▶　假定 h 是一个从 $\mathbf{R}$ 到 $\mathbf{R}$ 的博雷尔可测函数, 那么:

$$h(X) \in \mathcal{L}^1(\Omega, \mathcal{F}, P) \text{ 当且仅当 } h \in \mathcal{L}^1(\mathbf{R}, \mathcal{B}, \Lambda_X),$$

且此时有

(a) $$Eh(X) = \Lambda_X(h) = \int_{\mathbf{R}} h(x) \Lambda_X(\mathrm{d}x).$$

证明　我们只需要将所有条件输入标准机器.

如果 $h = I_B(B \in \mathcal{B})$, 则结果 (a) 就是 Λ_X 的定义. 然后线性性表明当 h 是 $(\mathbf{R}, \mathcal{B})$ 上的简单函数时 (a) 为真. 当 h 是一个非负函数时, 由 (MON) 可推得 (a) 成立, 复由线性性便可完成我们的论证.　$\square$

概率密度函数 (pdf)

我们称 X 具有一个概率密度函数 (pdf)f_X, 如果存在一个博雷尔可测函数 $f_X : \mathbf{R} \to [0, \infty)$, 使得

(b)
$$P(X \in B) = \int_B f_X(x)\mathrm{d}x, \quad B \in \mathcal{B}.$$

这里我们将本该表示为 $\mathrm{Leb}(\mathrm{d}x)$ 的符号记为 $\mathrm{d}x$. 用 5.12 节 (似应为 5.14 节——译者) 的语言, 结果 (b) 表明: Λ_X 具有 (关于 Leb 的) 密度 f_X, 即

$$\frac{\mathrm{d}\Lambda_X}{\mathrm{d}\mathrm{Leb}} = f_X.$$

函数 f_X 是在几乎处处 (a.e.) 的意义下定义的: 任何一个几乎处处等于 f_X 的函数也将满足 (b) 式, 反之也对.

由上述引理可得出:

$$E(|h(X)|) < \infty \text{ 当且仅当 } \int |h(x)| f_X(x)\mathrm{d}x < \infty,$$

且此时有

$$Eh(X) = \int_{\mathbf{R}} h(x) f_X(x)\mathrm{d}x.$$

6.13　从詹森不等式导出的赫尔德 (Hölder) 不等式

在 6.8 节中用于证明施瓦兹不等式的截尾技巧依赖于事实: $P(\Omega) < \infty$. 然而, 施瓦兹不等式对于任何测度空间都是成立的, 更一般的赫尔德不等式也是这样.

我们以介绍一种通常很有用的方法, 由关于概率空间的詹森不等式导出关于任意 (S, Σ, μ) 的赫尔德不等式, 来结束本章的内容.

设 (S, Σ, μ) 为一测度空间. 假定

▶
$$p > 1 \text{ 且 } p^{-1} + q^{-1} = 1.$$

若 $f \in m\Sigma$ 且 $\mu(|f|^p) < \infty$ 则记之为 $f \in \mathcal{L}^p(S, \Sigma, \mu)$, 并在这种情况下定义

$$\|f\|_p := \{\mu(|f|^p)\}^{1/p}.$$

定理

假定 $f, g \in \mathcal{L}^p(S, \Sigma, \mu), h \in \mathcal{L}^q(S, \Sigma, \mu)$, 则有:

▶ (a) (**赫尔德不等式**) $fh \in \mathcal{L}^1(S, \Sigma, \mu)$, 且

$$|\mu(fh)| \leqslant \mu(|fh|) \leqslant \|f\|_p \|h\|_q;$$

▶ (b) (**闵可夫斯基 (Minkowski) 不等式**)

$$\|f + g\|_p \leqslant \|f\|_p + \|g\|_p.$$

(a) 的证明 显然我们可以局限于考虑情形:

$$f, h \geqslant 0 \ \text{且} \ \mu(f^p) > 0.$$

用 5.14 节的记号, 定义

$$P := \frac{f^p \mu}{\mu(f^p)},$$

则 P 为 (S, Σ) 上的一个概率测度. 又定义

$$u(s) := \begin{cases} h(s)/f(s)^{p-1}, & f(s) > 0, \\ 0, & f(s) = 0, \end{cases}$$

则由事实 $P(u)^q \leqslant P(u^q)$ 可得到

$$\mu(|fh|) \leqslant \|f\|_p \|h I_{\{f>0\}}\|_q \leqslant \|f\|_p \|h\|_q. \qquad \square$$

(b) 的证明 利用赫尔德不等式, 我们有

$$\mu(|f + g|^p) = \mu(|f||f + g|^{p-1}) + \mu(|g||f + g|^{p-1})$$
$$\leqslant \|f\|_p A + \|g\|_p A,$$

其中

$$A = \||f + g|^{p-1}\|_q = \mu(|f + g|^p)^{1/q},$$

整理后便得到 (b). (本结果仅当 $f, g \in \mathcal{L}^p$ 时方有意义, 在这种情况下, A 的有限性由 $\mathcal{L}^p$ 的向量空间性质便可推得.) $\qquad \square$

第 7 章　一个简单的强大数定律

7.1　独立性意味着相乘 (又一例!)

定理

▶　假定 X 与 Y 为独立的随机变量, 且 X 与 Y 皆属于 $\mathcal{L}^1$. 那么 $XY \in \mathcal{L}^1$ 且有

$$E(XY) = E(X)E(Y).$$

特别地, 如果 X 与 Y 为 $\mathcal{L}^2$ 中的独立元素, 那么

$$\mathrm{Cov}(X, Y) = 0 \ \text{且} \ \mathrm{Var}(X + Y) = \mathrm{Var}(X) + \mathrm{Var}(Y).$$

证明　由于可将 X 表示为 $X = X^+ - X^-$, 等等, 故不妨将问题简化为 $X \geqslant 0, Y \geqslant 0$, 我们只要对此情形加以证明即可.

设 $\alpha^{(r)}$ 为我们所熟悉的阶梯函数, 即

$$\alpha^{(r)}(X) = \sum a_i I_{A_i}, \quad \alpha^{(r)}(Y) = \sum b_j I_{B_j}.$$

其中上二均为有限和, 且对每个 i 和 j, $A_i(\in \sigma(X))$ 与 $B_j(\in \sigma(Y))$ 独立. 所以

$$
\begin{aligned}
E[\alpha^{(r)}(X)\alpha^{(r)}(Y)] &= \sum \sum a_i b_j P(A_i \bigcap B_j) \\
&= \sum \sum a_i b_j P(A_i) P(B_j) = E[\alpha^{(r)}(X)] E[\alpha^{(r)}(Y)].
\end{aligned}
$$

令 $r \uparrow \infty$ 并利用 (MON) 便得到结果.　　　　　　　　　　□

　　附注　特别要注意: 如果 X 与 Y 独立, 则 $X \in \mathcal{L}^1, Y \in \mathcal{L}^1$ 蕴含着 $XY \in \mathcal{L}^1$. 但若 X 与 Y 不独立, 这一点不是必然成立的, 此时我们需要施瓦兹、赫尔德等不等式. 重要的是, 有了独立性则不需要这些不等式.

7.2 强大数定律 (最初的版本)

下面的结果涵盖许多重要的情形. 你应该注意, 尽管它要求 "4 阶矩有限" 的条件, 但却不需要序列 (X_n) 同分布的假设. 另外值得提出来的是, 如此漂亮的一个结果其证明却如此简单.

定理

▶ 假定 $X_1, X_2, \cdots$ 为独立的随机变量, 且对于某常数 $K \in [0, \infty)$, 满足

$$E(X_k) = 0, \quad E(X_k^4) \leqslant K, \quad \forall k.$$

记 $S_n = X_1 + X_2 + \cdots + X_n$, 则有

$$P(n^{-1} S_n \to 0) = 1.$$

或又可写为 $S_n/n \to 0 (\text{a.s.})$.

证明　我们有

$$\begin{aligned}
E(S_n^4) &= E[(X_1 + X_2 + \cdots + X_n)^4] \\
&= E\Big(\sum_k X_k^4 + 6 \sum\sum_{i<j} X_i^2 X_j^2\Big),
\end{aligned}$$

这是因为, 对于互不相同的 i, j, k 和 l, 利用独立性再加上 $E(X_i) = 0$ 的事实可知

$$E(X_i X_j^3) = X(X_i X_j^2 X_k) = E(X_i X_j X_k X_l) = 0.$$

(**注意**　由 6.7 节中有关 "$\mathcal{L}^p$ 范数的单调性" 的结果可知, 事实 $E(X_j^4) < \infty$ 蕴涵着 (例如) $E(X_j^3) < \infty$. 如此, X_i 与 X_j^3 皆属于 $\mathcal{L}^1$.)

我们由 6.7 节可知

$$[E(X_i^2)]^2 \leqslant E(X_i^4) \leqslant K, \quad \forall i,$$

所以, 复由独立性, 对于 $i \neq j$, 有

$$E(X_i^2 X_j^2) = E(X_i^2) E(X_j^2) \leqslant K.$$

于是有

$$E(S_n^4) \leqslant nK + 3n(n-1)K \leqslant 3Kn^2$$

及 (见 6.5 节)

$$E \sum (S_n/n)^4 \leqslant 3K \sum n^{-2} < \infty,$$

从而得到

$$\sum (S_n/n)^4 < \infty \quad \text{(a.s.)}$$

及

$$S_n/n \to 0 \quad \text{(a.s.)}. \qquad \qquad \square$$

推论　若上述定理中的条件 $E(X_k) = 0$ 被换为 $E(X_k) = \mu$, 其中 μ 为某常数, 那么定理的结论亦将变为 $n^{-1}S_n \to \mu(\text{a.s.})$.

证明　显然这只需将原定理应用于序列 (Y_k), 其中 $Y_k := X_k - \mu$. 但我们需要验证

(a)
$$\sup_k E(Y_k^4) < \infty.$$

然而, 由闵可夫斯基不等式知这是显然的:

$$\|X_k - \mu\|_4 \leqslant \|x_k\|_4 + |\mu|.$$

(Ω 上的常值函数 $\mu 1$ 具有 $\mathcal{L}^4$ 模 $|\mu|$.) 我们也可以利用初等不等式 (6.7,b) 直接推出 (a) 式. $\qquad \square$

下面的论题中展示了方差的一种不同的应用.

7.3　切比雪夫 (Chebyshev) 不等式

如你所知的, 这个不等式告诉我们: 对于 $c \geqslant 0$ 及 $X \in \mathcal{L}^2$, 有

$$c^2 P(|X - \mu| > c) \leqslant \text{Var}(X), \quad \text{其中 } \mu := E(X).$$

这显然成立.

例 考虑一取值于 $\{0,1\}$ 的 IID 随机变量序列 (X_n), 且

$$p = P(X_n = 1) = 1 - P(X_n = 0),$$

则 $E(X_n) = p, \mathrm{Var}(X_n) = p(1-p) \leqslant \dfrac{1}{4}$. 因此 (利用定理 7.1),

$$S_n := X_1 + X_2 + \cdots + X_n$$

具有期望 np 及方差 $np(1-p) \leqslant n/4$, 且我们有

$$E(n^{-1}S_n) = p, \quad \mathrm{Var}(n^{-1}S_n) = n^{-2}\mathrm{Var}(S_n) \leqslant 1/(4n).$$

由切比雪夫不等式得到

$$P(|n^{-1}S_n - p| > \delta) \leqslant 1/(4n\delta^2).$$

7.4　魏尔斯特拉斯 (Weierstrass) 逼近定理

如果 f 是一个 $[0,1]$ 上的连续函数, 且 $\varepsilon > 0$, 则存在一个多项式 B, 使得

$$\sup_{x \in [0,1]} |B(x) - f(x)| \leqslant \varepsilon.$$

证明 设 $(X_k), S_n$ 等一如 7.3 节的例中所示者. 易见

$$P[S_n = k] = \binom{n}{k} p^k (1-p)^{n-k}, \quad 0 \leqslant k \leqslant n,$$

所以

$$B_n(p) := Ef(n^{-1}S_n) = \sum_{k=0}^{n} f(n^{-1}k) \binom{n}{k} p^k (1-p)^{n-k},$$

其中 "B" 是为了向伯恩斯坦 (Bernstein) 表示敬意.

由于 f 在 $[0,1]$ 上是有界的: $|f(y)| \leqslant K, \forall y \in [0,1]$. f 也在 $[0,1]$ 上一致连续: 对于给定的 $\varepsilon > 0$, 存在着 $\delta > 0$, 使得

(a)　　　　　　　　　$|x - y| \leqslant \delta$ 蕴涵着 $|f(x) - f(y)| < \dfrac{1}{2}\varepsilon.$

现在, 对于 $p \in [0,1]$, 有

$$|B_n(p) - f(p)| = |E\{f(n^{-1}S_n) - f(p)\}|.$$

我们记 $Y_n := |f(n^{-1}S_n) - f(p)|$ 和 $Z_n := |n^{-1}S_n - p|$, 则 $Z_n \leqslant \delta$ 蕴涵着 $Y_n < \frac{1}{2}\varepsilon$, 且我们有

$$
\begin{aligned}
|B_n(p) - f(p)| &\leqslant E(Y_n) \\
&= E(Y_n; Z_n \leqslant \delta) + E(Y_n; Z_n > \delta) \\
&\leqslant \frac{1}{2}\varepsilon P(Z_n \leqslant \delta) + 2KP(Z_n > \delta) \\
&\leqslant \frac{1}{2}\varepsilon + 2K/(4n\delta^2).
\end{aligned}
$$

前面, 我们在 (a) 中选择了一个固定的 δ. 现在我们选择 n 使得

$$
2K/(4n\delta^2) < \frac{1}{2}\varepsilon.
$$

从而便得到对所有 $p \in [0,1]$, 有 $|B_n(p) - f(p)| < \varepsilon$. □

现在, 做有关反拉普拉斯 (Laplace) 变换的练习 E7.1.

第 8 章 乘积测度

8.0 引言和建议

本章主要的、具有实用价值的知识之一是: 如果 $f \geqslant 0$, 则 "积分次序可交换"
的结果

$$\int_{S_1} \left(\int_{S_2} f(s_1, s_2) \mu_2(\mathrm{d}s_2) \right) \mu_1(\mathrm{d}s_1) = \int_{S_2} \left(\int_{S_1} f(s_1, s_2) \mu_1(\mathrm{d}s_1) \right) \mu_2(\mathrm{d}s_2)$$

总是成立的 (等式两边有可能为无穷); 而对于带正负号的 f 来说, 当关于绝对值
的积分

$$\int_{S_1} \left(\int_{S_2} |f(s_1, s_2)| \mu_2(\mathrm{d}s_2) \right) \mu_1(\mathrm{d}s_1) = \int_{S_2} \left(\int_{S_1} |f(s_1, s_2)| \mu_1(\mathrm{d}s_1) \right) \mu_2(\mathrm{d}s_2)$$

一边有限 (从而另一边亦有限) 时, 上述结果也成立.

通过通读全章去掌握该知识是个不错的方法, 但我强烈建议你们将对该内容
的认真研究往后推迟一点. 除非涉及无穷乘积, 否则只能是不断地用标准机器或
单调类定理去证明一些直观上很明显但却被符号弄得看起来很复杂的事情. 一旦
你开始做认真的研究, 则判断何时该用更为精细的单调类定理而不是用标准机器
将是非常重要的.

8.1 乘积可测结构 $\Sigma_1 \times \Sigma_2$

设 (S_1, Σ_1) 和 (S_2, Σ_2) 均为可测空间. 令 S 表示笛卡儿积 $S := S_1 \times S_2$. 对于 $i = 1, 2$, 以 ρ_i 表示第 i 个坐标映射, 即

$$\rho_1(s_1, s_2) := s_1, \quad \rho_2(s_1, s_2) := s_2.$$

$\Sigma = \Sigma_1 \times \Sigma_2$ 的基本定义是它作为 σ-代数:

▶ (a) $$\Sigma = \sigma(\rho_1, \rho_2).$$

因此, Σ 是由形如下式的集合

$$\rho_1^{-1}(B_1) = B_1 \times S_2 \quad (B_1 \in \Sigma_1)$$

加上形如下式的集合

$$\rho_2^{-1}(B_2) = S_1 \times B_2 \quad (B_2 \in \Sigma_2)$$

所生成的.

一般地, 一个乘积 σ-代数可由那样的一些笛卡儿积所生成; 其中的一个因子可以在该因子所对应的 σ-代数中变动, 而所有的其他因子皆为整个空间. 在两个因子的乘积的情形, 我们有

(b) $$(B_1 \times S_2) \bigcap (S_1 \times B_2) = B_1 \times B_2.$$

且你可以很容易地验证:

(c) $$\mathcal{I} = \{B_1 \times B_2 : B_i \in \Sigma_i\}$$

是一个生成 $\Sigma = \Sigma_1 \times \Sigma_2$ 的 π-系. 对于可数积 $\prod \Sigma_n$ 亦可作类似的讨论, 但是你会看到, 由于我们只能采用类似于 (b) 式那样的可列交, 故若涉及不可数个 σ-代数之积则会出问题. 类似于 (a) 式那样的基本定义则依然可行.

引理

(d) 设 $\mathcal{H}$ 代表由函数 $f : S \to \mathbf{R}$ 构成的函数类, 其中 $f \in b\Sigma$ 且满足:

对于每个 $s_1 \in S_1$, 映射 $s_2 \mapsto f(s_1, s_2)$ 在 S_2 上是 Σ_2-可测的; 对于每个 $s_2 \in S_2$, 映射 $s_1 \mapsto f(s_1, s_2)$ 在 S_1 上是 Σ_1-可测的. 那么有 $\mathcal{H} = b\Sigma$.

证明 显然, 如果 $A \in \mathcal{I}$, 则 $I_A \in \mathcal{H}$. 可直接验证 $\mathcal{H}$ 满足单调类定理 3.14 的条件 (i)∼(iii). 由于 $\Sigma = \sigma(\mathcal{I})$, 故结论得证. $\square$

8.2 乘积测度, 富比尼 (Fubini) 定理

我们继续讨论并沿用上一节的符号. 假设对于 $i = 1, 2, \mu_i$ 是 (S_i, Σ_i) 上的一个有限测度. 由上一节内容可知对于 $f \in b\Sigma$, 我们可以定义积分:

$$I_1^f(s_1) := \int_{S_2} f(s_1, s_2) \mu_2(\mathrm{d}s_2), \quad I_2^f(s_2) := \int_{S_1} f(s_1, s_2) \mu_1(\mathrm{d}s_1).$$

引理

设 $\mathcal{H}$ 为由 $b\Sigma$ 中的具有如下性质的元素所构成的类:

$$I_1^f(\cdot) \in b\Sigma_1, \quad I_2^f(\cdot) \in b\Sigma_2 \quad \text{且}$$
$$\int_{S_1} I_1^f(s_1) \mu_1(\mathrm{d}s_1) = \int_{S_2} I_2^f(s_2) \mu_2(\mathrm{d}s_2),$$

则有 $\mathcal{H} = b\Sigma$.

证明 如果 $A \in \mathcal{I}$, 则容易推知 $I_A \in \mathcal{H}$. 对单调类定理 3.14 的条件的验证也是简单的. $\square$

对于 $F \in \Sigma$ 及示性函数 $f := I_F$. 我们现在定义

$$\mu(F) := \int_{S_1} I_1^f(s_1) \mu(\mathrm{d}s_1) = \int_{S_2} I_2^f(s_2) \mu(\mathrm{d}s_2).$$

富比尼定理

▶▶ 集函数 μ 是 (S, Σ) 上的一个测度, 称为 μ_1 与 μ_2 的乘积测度, 我们记之为 $\mu = \mu_1 \times \mu_2$ 及

$$(S, \Sigma, \mu) = (S_1, \Sigma_1, \mu_1) \times (S_2, \Sigma_2, \mu_2).$$

此外, μ 是 (S, Σ) 上的满足下式的唯一测度:

(a) $$\mu(A_1 \times A_2) = \mu_1(A_1) \mu_2(A_2), \quad A_i \in \Sigma_i.$$

如果 $f \in (m\Sigma)^+$, 则据 I_1^f, I_2^f 的明白定义, 我们有

(b) $$\mu(f) = \int_{S_1} I_1^f(s_1)\mu_1(\mathrm{d}s_1) = \int_{S_2} I_2^f(s_2)\mu_2(\mathrm{d}s_2) \in [0, \infty].$$

如果 $f \in m\Sigma$ 且 $\mu(|f|) < \infty$, 则等式 (a)(似应为 (b)——译者注) 成立 (且其所有的项属于 **R**).

证明　μ 是一个测度的事实是线性性和 (MON) 的推论. 而 μ 因此可由 (a) 式唯一限定的事实则明显可由唯一性引理 1.6 及 $\sigma(\mathcal{I}) = \Sigma$ 的结论而推得.

对于 $f = I_A$ 且 $A \in \mathcal{I}$, 结果 (b) 自然成立. 从而由单调类定理可知, 当 $f \in b\Sigma$, 特别是当 f 属于 (S, Σ, μ) 的 SF^+ 空间时结论也是对的. (MON) 则表明当 $f \in (m\Sigma)^+$ 时结论成立, 而线性性则保证了当 $\mu(|f|) < \infty$ 时, 结论 (b) 成立.

$\square$

推广

▶　当 (S_i, Σ_i, μ_i) 为 σ-有限的测度空间时, 富比尼定理的所有结论依然成立.

我们有一个 (S, Σ) 上的满足 (a) 式的唯一的测度 μ, 等等. 我们可以通过将 σ-有限的空间打碎并使之成为一些互不相交的有限子块的可列并, 从而证明上述结论.

告诫

σ-有限的条件不能去掉. 标准的反例如下所述: 对于 $i = 1, 2$, 取 $S_i = [0, 1]$ 而 $\Sigma_i = \mathcal{B}[0, 1]$. 设 μ_1 为勒贝格测度, 而 μ_2 只是统计一个集合中元素的数目. 设 F 为对角线 $\{(x, y) \in S_1 \times S_2 : x = y\}$. 则 $F \in \Sigma$(验证之!), 但是

$$I_1^f(s_1) \equiv 1, \quad I_2^f(s_2) \equiv 0.$$

即结论 (b) 不成立, 否则将得出 1=0.

延伸思考

因此, 我们坚持从有限测度乘积上的有界函数开始是必要的. 也许值得强调的是, 我们的标准机器之所以能起作用是因为我们能使用 σ-代数中的任意集合的示性函数, 然而, 当我们只能使用一个 π-系中的集合的示性函数时, 我们不得不使用单调类定理. 我们无法以下面的方式来逼近 "告诫" 的例子中的集合 F:

$$F = \uparrow \lim F_n,$$

其中每个 F_n 是一些 "矩形" $A_1 \times A_2$ 的有限并而每个 A_i 均属于 $\mathcal{B}[0,1]$.

一个简单的应用

假设 X 是 $(\Omega, \mathcal{F}, P)$ 上的一个非负随机变量. 考虑 $(\Omega, \mathcal{F}) \times ([0,\infty), \mathcal{B}[0,\infty))$ 上的测度 $\mu := P \times \mathrm{Leb}$. 置

$$A := \{(\omega, x) : 0 \leqslant x \leqslant X(\omega)\}, \quad h := I_A,$$

(A 是 "X 的图形下的区域".) 则

$$I_1^h(\omega) = X(\omega), \quad I_2^h(x) = P(X \geqslant x).$$

从而

(c) $$\mu(A) = E(X) = \int_{[0,\infty)} P(X \geqslant x) \mathrm{d}x.$$

如通常一样 $\mathrm{d}x$ 表示 $\mathrm{Leb}(\mathrm{d}x)$. 因此我们获得了一个关于 $E(X)$ 的著名公式, 同时也解释了积分 $E(X)$ 如何可以理解为 "X 的图形下的面积".

注 也许值得关注的是, 单调类定理、法都引理及关于函数的反向法都引理共同形成了相关的、可以应用于图形下方区域的结果.

8.3 联合分布、联合概率密度函数

设 X 与 Y 为两个随机变量. 则二维向量 (X,Y) 的 (联合) 分布 $\mathcal{L}_{X,Y}$ 是映射:

$$\mathcal{L}_{X,Y} : \mathcal{B}(\mathbf{R}) \times \mathcal{B}(\mathbf{R}) \to [0,1],$$

其定义为

$$\mathcal{L}_{X,Y}(\Gamma) := P[(X,Y) \in \Gamma].$$

系统 $\{(-\infty, x] \times (-\infty, y] : x, y \in \mathbf{R}\}$ 是一个生成 $\mathcal{B}(\mathbf{R}) \times \mathcal{B}(\mathbf{R})$ 的 π-系. 因此 $\mathcal{L}_{X,Y}$ 可由 X 与 Y 的联合分布函数 $F_{X,Y}$(定义见下) 完全确定, 其中:

$$F_{X,Y}(x,y) := P(X \leqslant x; Y \leqslant y).$$

现在我们已知道如何去构造 $(\mathbf{R}, \mathcal{B}(\mathbf{R}))^2$ 上的勒贝格测度:

$$\mu = \mathrm{Leb} \times \mathrm{Leb}.$$

我们称 X 与 Y 具有 $\mathbf{R}^2$ 上的联合概率密度函数 (联合 pdf)$f_{X,Y}$, 如果对于 $\Gamma \in \mathcal{B}(\mathbf{R}) \times \mathcal{B}(\mathbf{R})$, 有

$$
\begin{aligned}
P[(X,Y) \in \Gamma] &= \int_\Gamma f_{X,Y}(z)\mu(\mathrm{d}z) \\
&= \int_\mathbf{R} \int_\mathbf{R} I_{\Gamma(x,y)} f_{X,Y}(x,y)\mathrm{d}x\mathrm{d}y,
\end{aligned}
$$

等等. (富比尼定理用在上面最后数步.)

富比尼定理进一步可表明:

$$
f_X(x) := \int_\mathbf{R} f_{X,Y}(x,y)\mathrm{d}y
$$

具有与 X 的 pdf(见 6.12 节) 相同的性质, 等等. 我想你们已无需我告诉你们更多此类的事情.

8.4   独立性与乘积测度

设 X 与 Y 为两个随机变量, 分别具有分布 $\mathcal{L}_X, \mathcal{L}_Y$ 及分布函数 F_X, F_Y. 则下列三个陈述等价:

(i) X 与 Y 独立.

(ii) $\mathcal{L}_{X,Y} = \mathcal{L}_X \times \mathcal{L}_Y$.

(iii) $F_{X,Y}(x,y) = F_X(x)F_Y(y)$.

进而, 若 (X,Y) 具有联合 pdf $f_{X,Y}$, 则 (i)~(iii) 中的每一条均等价于:

(iv) $f_{X,Y}(x,y) = f_X(x)f_Y(y)$ 在几乎每一点 (x,y) 都成立 (关于测度 Leb×Leb).

关于这些, 我知道你们同样不需要听我再多说.

8.5 $\mathcal{B}(\mathbf{R})^n = \mathcal{B}(\mathbf{R}^n)$

这里又一次碰到, 当我们只讨论有限或可数积时, 结果是漂亮和规范的, 但若我们处理不可数积, 则需要不同的概念 (例如: 贝尔 (Baire)σ-代数).

$\mathcal{B}(\mathbf{R}^n)$ 是根据拓扑空间 $\mathbf{R}^n$ 而构建的. 设 $\rho_i : \mathbf{R}^n \to \mathbf{R}$ 为第 i 个坐标映射:

$$
\rho_i(z_1, z_2, \cdots, z_n) = z_i,
$$

则 ρ_i 是连续的, 从而也是 $\mathcal{B}(\mathbf{R}^n)$-可测的. 故

$$\mathcal{B}^n :=: \mathcal{B}(\mathbf{R})^n = \sigma(\rho_i : 1 \leqslant i \leqslant n) \subseteq \mathcal{B}(\mathbf{R}^n).$$

另一方面, $\mathcal{B}(\mathbf{R}^n)$ 系由 $\mathbf{R}^n$ 中的开子集所生成, 而每一个这样的开子集可表示为一组开的 "超立方体" 的可列并, 其中的超立方体形如

$$\prod_{1 \leqslant i \leqslant n} (a_i, b_i),$$

而如此的积是属于 $\mathcal{B}(\mathbf{R})^n$ 的. 从而有 $\mathcal{B}(\mathbf{R}^n) = \mathcal{B}(\mathbf{R})^n$. □

在概率论中, 几乎总是用到乘积结构 $\mathcal{B}^n$ 及其特征而不是 $\mathcal{B}(\mathbf{R}^n)$. 见 8.8 节.

8.6 n 重扩张

至此, 在本章中我们已经考察了两个测度空间的乘积测度空间及其与两个随机变量的研究之间的联系. 根据你们在其他数学分支中对类似情形的经验, 你们完全有能力将 2 推广为 n. 其中你们应该适当关注乘积测度空间中 "积" 的结合性, 而这同样是在类似的情形中为我们所熟悉的概念.

8.7 概率空间的无穷乘积

这一主题并非是前述结果的简单推广. 我们集中讨论其中一个有限制的 (也是重要的) 情形, 因为它允许我们以一种清晰的方式去获取其中心思想; 然后推广到任意概率空间的无穷维乘积将只是一个常见的练习题.

一个独立随机变量序列的典则模型

设 $(\Lambda_n : n \in \mathbf{N})$ 为 $(\mathbf{R}, \mathcal{B})$ 上的一列概率测度. 我们已经从 4.6 节中的掷币技巧知道, 我们能够构造一个独立的随机变量序列 (X_n), 满足 X_n 具有分布 Λ_n. 下面我们用更加简练和系统的方法来做这件事.

定理

设 $(\Lambda_n : n \in \mathbf{N})$ 为 $(\mathbf{R}, \mathcal{B})$ 上的一列概率测度. 定义

$$\Omega = \prod_{n \in \mathbf{N}} \mathbf{R},$$

即 Ω 中的一个典型的元素 ω 是 $\mathbf{R}$ 中的一个数列 (ω_n). 定义

$$X_n : \Omega \to \mathbf{R}, \quad X_n(\omega) := \omega_n,$$

并设 $\mathcal{F} := \sigma(X_n : n \in \mathbf{N})$. 则存在 $(\Omega, \mathcal{F})$ 上的一个唯一的概率测度 P, 使得对于 $r \in \mathbf{N}$ 且 $B_1, B_2, \cdots, B_r \in \mathcal{B}$, 有

(a)
$$P\Big(\Big(\prod_{1 \leqslant k \leqslant r} B_k \Big) \times \prod_{k > r} \mathbf{R} \Big) = \prod_{1 \leqslant k \leqslant r} \Lambda_k(B_k).$$

若记

$$(\Omega, \mathcal{F}, P) = \prod_{n \in \mathbf{N}} (\mathbf{R}, \mathcal{B}, \Lambda_n),$$

则序列 $(X_n : n \in \mathbf{N})$ 为 $(\Omega, \mathcal{F}, P)$ 上的一个独立随机变量序列, 且 X_n 具有分布 Λ_n.

附注　(i) P 的唯一性可据引理 1.6 以通常方法推得, 这是因为出现在 (a) 式左端的集合的乘积构成一个 π-系, 且能生成 $\mathcal{F}$.

(ii) 我们可将 (a) 式改写为更简洁的

$$P\big(\prod_{k \in \mathbf{N}} B_k \big) = \prod_{k \in \mathbf{N}} \Lambda_k(B_k).$$

要说明这一点, 需用到 (1.10,b) 测度的单调收敛性.

定理的证明推迟到第 9 章附录中给出.

8.8　关于联合分布存在性的技术性注记

设 $(\Omega, \mathcal{F}), (S_1, \Sigma_1)$ 和 (S_2, Σ_2) 为可测空间. 对于 $i = 1, 2$, 设 $X_i : \Omega \to S_i$ 满足 $X_i^{-1} : \Sigma_i \to \mathcal{F}$. 定义

$$S := S_1 \times S_2, \quad \Sigma := \Sigma_1 \times \Sigma_2, \quad X(\omega) := (X_1(\omega), X_2(\omega)) \in S.$$

那么 (**练习**) $X^{-1}: \Sigma \to \mathcal{F}$, 即 X 为一取值于 (S, Σ) 的随机变量, 且如果 P 是 Ω 上的一个概率测度, 则我们可以探讨 X 在 (S, Σ) 上的分布 (等于 X_1 与 X_2 的联合分布)$\mu: \mu = P \circ X^{-1}$(定义于 Σ 上).

现在假定 S_1 与 S_2 为可度量化的空间且 $\Sigma_i = \mathcal{B}(S_i)$ $(i = 1, 2)$. 则 S 在乘积拓扑下亦为一可度量化的空间. 如果 S_1 与 S_2 为可分的, 则 $\Sigma = \mathcal{B}(S)$, 其中并无矛盾之处. 然而, 如果 S_1 与 S_2 为不可分的, 则 $\mathcal{B}(S)$ 有可能会严格大于 Σ, X 不必是一个取值于 $(S, \mathcal{B}(S))$ 的随机变量, X_1 与 X_2 的联合分布不必在 $(S, \mathcal{B}(S))$ 上存在.

也许还是提醒一下此类事情为好. 注意在 8.5 节, $\mathbf{R}$ 的可分性曾被用于对 $\mathcal{B}(\mathbf{R}^n) \subseteq \mathcal{B}^n$ 的证明.

B部分
鞍 论

第 9 章 条 件 期 望

9.1 一个启发性例子

假设 $(\Omega, \mathcal{F}, P)$ 为一概率空间, X 与 Z 为随机变量,

$$X \text{ 可取互不相同之值 } x_1, x_2, \cdots, x_m,$$
$$Z \text{ 可取互不相同之值 } z_1, z_2, \cdots, z_n.$$

初等条件概率

$$P(X = x_i | Z = z_j) := P(X = x_i; Z = z_j)/P(Z = z_j)$$

与初等条件期望

$$E(X|Z = z_j) = \sum x_i P(X = x_i | Z = z_j)$$

是大家所熟悉的. 随机变量 $Y = E(X|Z)$, 称为给定 Z 的条件下 X 的条件期望, 定义为:

(a) 如果 $Z(\omega) = z_j$, 则 $Y(\omega) := E(X|Z = z_j) =: y_j$ (比如说).

以一种新的方式来看待这一概念被证明是非常有益的. "向我们报告 $Z(\omega)$ 的值" 相当于将 Ω 划分为一些 "Z-原子", 在每个 Z-原子上 Z 是常数:

Ω	$Z=z_1$	$Z=z_2$	$\cdots$	$Z=z_n$

由 Z 所产生的 σ-代数 $\mathcal{G} = \sigma(Z)$ 由诸集合 $\{Z \in B\}, B \in \mathcal{B}$ 所组成, 从而恰好包含 n 个 Z-原子的 2^n 种可能的并. 从 (a) 式易见在 Z-原子上 Y 是常数, 或者说得更准确些:

(b) Y 是 $\mathcal{G}$-可测的.

另外, 由于 Y 在 Z-原子 $\{Z = z_j\}$ 上取值为常数 y_j, 我们有

$$\int_{\{Z=z_j\}} Y \mathrm{d}P = y_j P(Z = z_j) = \sum_i x_i P(X = x_i | Z = z_j) P(Z = z_j)$$

$$= \sum_i x_i P(X = x_i; Z = z_j) = \int_{\{Z=z_j\}} X \mathrm{d}P.$$

如果我们记 $G_j = \{Z = z_j\}$, 这说明 $E(Y I_{G_j}) = E(X I_{G_j})$. 由于对于每个 $G \in \mathcal{G}, I_G$ 是若干 I_{G_j} 的和, 故我们有 $E(Y I_G) = E(X I_G)$, 或者

(c) $$\int_G Y \mathrm{d}P = \int_G X \mathrm{d}P, \quad \forall G \in \mathcal{G}.$$

结果 (b) 与 (c) 提出了现代概率论的中心定义.

9.2 基本定理与定义 (柯尔莫哥洛夫, 1933)

▶▶▶ 设 $(\Omega, \mathcal{F}, P)$ 为一概率空间, X 为一满足 $E(|X|) < \infty$ 的随机变量. 设 $\mathcal{G}$ 为 $\mathcal{F}$ 的一个子 σ-代数. 则存在一个随机变量 Y, 满足:

(a) Y 是 $\mathcal{G}$-可测的;

(b) $E(|Y|) < \infty$;

(c) 对于 $\mathcal{G}$ 中的每个集合 G(或等价地, 对于某个包含 Ω 且可生成 $\mathcal{G}$ 的 π-系中的每个集合 G), 我们有

$$\int_G Y \mathrm{d}P = \int_G X \mathrm{d}P, \quad \forall G \in \mathcal{G}.$$

进而, 若有另外一个随机变量 $\widetilde{Y}$ 也满足这些性质, 则有 $\widetilde{Y} = Y, \text{a.s.}$, 即有 $P[\widetilde{Y} = Y] = 1$. 一个满足性质 (a)~(c) 的随机变量 Y 被称为给定 $\mathcal{G}$ 的条件下 X 的**条件期望** $E(X|\mathcal{G})$ **的一个版本**, 我们将此记为 $Y = E(X|\mathcal{G})(\text{a.s.})$.

两个版本几乎必然 (a.s.) 是一致的, 当你熟悉这一概念以后, 对于不同的版本可以不加区分, 而只需说条件期望 $E(X|\mathcal{G})$. 但是在整个课程中, 你应该一直想着 "几乎必然".

定理将在 9.5 节中得到证明, 但其中有关 π-系情形的证明则是一个练习 E9.1.

▶ **记号** 我们通常将 $E(X|\sigma(Z))$ 记为 $E(X|Z)$, 将 $E(X|\sigma(Z_1, Z_2, \cdots))$ 记为 $E(X|Z_1, Z_2, \cdots)$, 等等, 从后面 9.6 节我们会清楚地知道这些记号与初等的记号是一致的.

9.3　直　观　意　义

进行了一次随机试验. 你所能获得的有关哪个样本点 ω 被选取的全部信息, 是由每个 $\mathcal{G}$-可测随机变量 Z 的值 $Z(\omega)$ 所构成之集. 那么 $Y(\omega) = E(X|\mathcal{G})(\omega)$ 是在给定这些信息的条件下 $X(\omega)$ 的期望值. 一般而言, 对于定义中 "几乎必然" 一词的不明确性我们必须容忍其存在, 但有时候亦有可能选择 $E(X|\mathcal{G})$ 的一个典型版本.

注意　如果 $\mathcal{G}$ 为平凡的 σ-代数 $\{\emptyset, \Omega\}$ (包含零信息), 则对于所有 ω 有 $E(X|\mathcal{G})(\omega) = E(X)$.

9.4　作为最小二乘最优预报的条件期望

▶▶　如果 $E(X^2) < \infty$, 则条件期望 $Y = E(X|\mathcal{G})$ 是 X 在 $\mathcal{L}^2(\Omega, \mathcal{G}, P)$ 上的正投影 (的一个版本)(正投影的概念见 6.11 节). 从而, Y 是 X 的最小二乘最优且 $\mathcal{G}$-可测的预报: 在所有 $\mathcal{G}$-可测函数中 (亦即在所有那些经由可用的信息计算而得的预报中), Y 使下式达到最小:

$$E[(Y - X)^2].$$

所以毫不奇怪, 条件期望 (以及将它进一步发展了的鞅论) 在滤波与控制——诸如宇宙飞船、工业过程此类应用中是至关重要的.

9.5　定理 9.2 的证明

以标准的方式来证明定理 9.2 (见 14.14 节) 需要用我们在 5.14 节中介绍的拉东 – 尼科迪姆定理. 然而 9.4 节提供了一种简单得多的方法, 这正是我们现在所要进行的. 我们以后可以用鞅的理论来证明一般的拉东 – 尼科迪姆定理, 见 14.13 节.

首先我们证明 $E(X|\mathcal{G})$ 的版本的几乎必然唯一性. 然后证明当 $X \in \mathcal{L}^2$ 时 $E(X|\mathcal{G})$ 的存在性. 最后, 我们证明一般情形下的存在性.

$E(X|\mathcal{G})$ 的几乎必然唯一性

设 $X \in \mathcal{L}^1$, 而 Y 与 $\widetilde{Y}$ 为 $E(X|\mathcal{G})$ 的两个版本. 则 $Y, \widetilde{Y} \in \mathcal{L}^1(\Omega, \mathcal{G}, P)$, 且

$$E(Y - \widetilde{Y}; G) = 0, \quad \forall G \in \mathcal{G}.$$

如果 Y 与 $\widetilde{Y}$ 不是几乎必然相等的, 则我们无妨假定有 $P(Y > \widetilde{Y}) > 0$. 因为

$$\{Y > \widetilde{Y} + n^{-1}\} \uparrow \{Y > \widetilde{Y}\},$$

故由此知道对于某个 n, 有 $P(Y - \widetilde{Y} > n^{-1}) > 0$. 但是集合 $\{Y - \widetilde{Y} > n^{-1}\}$ 是属于 $\mathcal{G}$ 的, 这是因为 Y 与 $\widetilde{Y}$ 皆为 $\mathcal{G}$-可测的; 且

$$E(Y - \widetilde{Y}; Y - \widetilde{Y} > n^{-1}) \geqslant n^{-1} P(Y - \widetilde{Y} > n^{-1}) > 0.$$

这是一个矛盾. 从而有 $Y = \widetilde{Y}$(a.s.). □

当 $X \in \mathcal{L}^2$ 时 $E(X|\mathcal{G})$ 的存在性

假设 $X \in \mathcal{L}^2 := \mathcal{L}^2(\Omega, \mathcal{F}, P)$. 设 $\mathcal{G}$ 为 $\mathcal{F}$ 的一个子 σ-代数, 并设 $\mathcal{K} := \mathcal{L}^2(\mathcal{G}) := \mathcal{L}^2(\Omega, \mathcal{G}, P)$. 将 6.10 节的内容应用于 $\mathcal{G}$ 而不是 $\mathcal{F}$, 我们可以得到: $\mathcal{K}$ 关于 $\mathcal{L}^2$ 范数是完备的. 由关于正投影的定理 6.11 可知, 存在 $Y \in \mathcal{K} = \mathcal{L}^2(\mathcal{G})$ 使得:

(a) $$E[(X - Y)^2] = \inf\{E[(X - W)^2] : W \in \mathcal{L}^2(\mathcal{G})\},$$

(b) $$\langle X - Y, Z \rangle = 0, \quad \forall Z \in \mathcal{L}^2(\mathcal{G}).$$

现在, 若 $G \in \mathcal{G}$, 则 $Z := I_G \in \mathcal{L}^2(\mathcal{G})$, 且由 (b) 得到

$$E(Y; G) = E(X; G).$$

从而 Y 为 $E(X|\mathcal{G})$ 的一个版本. 即为所证.

当 $X \in \mathcal{L}^1$ 时 $E(X|\mathcal{G})$ 的存在性

由于可将 X 分解为 $X = X^+ - X^-$, 故易见只要处理 $X \in (\mathcal{L}^1)^+$ 的情形就足够了. 所以假定 $X \in (\mathcal{L}^1)^+$. 现在我们选择有界随机变量 X_n, 满足 $0 \leqslant X_n \uparrow X$. 由

于每个 X_n 属于 $\mathcal{L}^2$, 故我们可以选择 $E(X_n|\mathcal{G})$ 的一个版本 Y_n. 我们需要建立下面的结果:

(c) 结论 $0 \leqslant Y_n \uparrow$ 几乎必然为真.

我们过一会儿再证明这一点. 假定 (c) 为真, 记

$$Y(\omega) := \limsup Y_n(\omega),$$

则 $Y \in m\mathcal{G}$, 且 $Y_n \uparrow Y$ (a.s.). 但由 (MON)(单调收敛定理) 并利用 Y_n 与 X_n 的相应结果, 便可推得

$$E(Y;G) = E(X;G) \quad (G \in \mathcal{G}). \qquad \Box$$

一个正性结果

一旦证明了下面的结果, 性质 (c) 便可由此而推得:

(d) 如果 U 是一个非负有界的随机变量, 则

$$E(U|\mathcal{G}) \geqslant 0 \quad (a.s.).$$

(d) 的证明 设 W 为 $E(U|\mathcal{G})$ 的一个版本. 如果 $P(W < 0) > 0$, 则对于某 n, $\mathcal{G}$ 中的集合

$$G := \{W < -n^{-1}\} \text{ 具有正的概率},$$

从而有

$$0 \leqslant E(U;G) = E(W;G) < -n^{-1}P(G) < 0.$$

这是矛盾的, 从而完成了证明. $\qquad \Box$

9.6 与传统表示的一致性

两个随机变量的情形已足以说明各种情况. 故我们假定 X 与 Z 为两个随机变量, 且具有联合概率密度函数 (pdf)

$$f_{X,Z}(x,z),$$

则 $f_Z(z) = \int_{\mathbf{R}} f_{X,Z}(x,z)\mathrm{d}x$ 相当于 Z 的概率密度函数. 定义给定 Z 时 X 的初等条件 pdf $f_{X|Z}$ 为

$$f_{X|Z}(x|z) := \begin{cases} f_{X,Z}(x,z)/f_Z(z), & \text{如果 } f_Z(z) \neq 0, \\ 0, & \text{否则.} \end{cases}$$

设 h 为 $\mathbf{R}$ 上的一个博雷尔函数并满足

$$E|h(X)| = \int_{\mathbf{R}} |h(x)| f_X(x)\mathrm{d}x < \infty.$$

当然, 其中 $f_X(x) = \int_{\mathbf{R}} f_{X,Z}(x,z)\mathrm{d}z$ 给出了 X 的 pdf. 记

$$g(z) := \int_{\mathbf{R}} h(x) f_{X|Z}(x|z)\mathrm{d}x,$$

则 $Y := g(Z)$ 是给定 $\sigma(Z)$ 条件下 $h(X)$ 的条件期望的一个版本.

证明　$\sigma(Z)$ 的典型元素具有形式 $\{\omega : Z(\omega) \in B\}$, 其中 $B \in \mathcal{B}$. 从而我们必须证明

(a) $$L := E[h(X)I_B(Z)] = E[g(Z)I_B(Z)] =: R.$$

但是

$$L = \int\int h(x)I_B(z)f_{X,Z}(x,z)\mathrm{d}x\mathrm{d}z, \quad R = \int g(z)I_B(z)f_Z(z)\mathrm{d}z,$$

故由富比尼定理便得到结果 (a).　　　　　　　　　　　　　　　□

15.6~15.9 节给出了一些练习, 你们现在就可以去看看.

▶▶▶　9.7　条件期望的性质 (一张表)

这些性质将在 9.8 节中得到证明. 在这张有关性质的表中, 所有的 X 满足 $E(|X|) < \infty$. 当然, $\mathcal{G}$ 和 $\mathcal{H}$ 表示 $\mathcal{F}$ 的子 σ-代数.(我们用 "c" 来表示 "条件的" 含义, 诸如 (cMON) 之类, 这个容易理解.)

(a) 如果 Y 是 $E(X|\mathcal{G})$ 的任一版本, 则有 $E(Y) = E(X)$. (这一条非常有用.)

(b) 如果 X 是 $\mathcal{G}$-可测的, 则 $E(X|\mathcal{G}) = X, \mathrm{a.s.}$.

(c) (**线性**)$E(a_1X_1 + a_2X_2|\mathcal{G}) = a_1E(X_1|\mathcal{G}) + a_2E(X_2|\mathcal{G}), \mathrm{a.s.}$.

说明　如果 Y_1 是 $E(X_1|\mathcal{G})$ 的一个版本而 Y_2 是 $E(X_2|\mathcal{G})$ 的一个版本, 则 $a_1Y_1 + a_2Y_2$ 是 $E(a_1X_1 + a_2X_2|\mathcal{G})$ 的一个版本.

(d) (**正性**) 如果 $X \geqslant 0$, 则 $E(X|\mathcal{G}) \geqslant 0$, a.s..

(e) (**cMON**) 如果 $0 \leqslant X_n \uparrow X$, 则 $E(X_n|\mathcal{G}) \uparrow E(X|\mathcal{G})$, a.s..

(f) (**cFATOU**) 如果 $X_n \geqslant 0$, 则 $E[\liminf X_n|\mathcal{G}] \leqslant \liminf E[X_n|\mathcal{G}]$, a.s..

(g) (**cDOM**) 如果 $|X_n(\omega)| \leqslant V(\omega), \forall n, EV < \infty$, 且 $X_n \to X$, a.s., 则

$$E(X_n|\mathcal{G}) \to E(X|\mathcal{G}) \quad (\text{a.s.}).$$

(h) (**cJENSEN**) 如果 $c: \mathbf{R} \to \mathbf{R}$ 为凸函数, 且 $E|c(X)| < \infty$, 则

$$E[c(X)|\mathcal{G}] \geqslant c(E[X|\mathcal{G}]) \quad (\text{a.s.}).$$

重要推论 $\|E(X|\mathcal{G})\|_p \leqslant \|X\|_p$, 对于 $p \geqslant 1$.

(i) (**全期望公式**) 如果 $\mathcal{H}$ 是 $\mathcal{G}$ 的一个子 σ-代数, 则

$$E[E(X|\mathcal{G})|\mathcal{H}] = E[X|\mathcal{H}] \quad (\text{a.s.}).$$

注 为整齐起见, 我们将上式左边简记为 $E(X|\mathcal{G}|\mathcal{H})$.

(j) (**"将已知者提取出来"**) 如果 Z 是 $\mathcal{G}$-可测的, 且有界, 则有

(*) $$E[ZX|\mathcal{G}] = ZE[X|\mathcal{G}] \quad (\text{a.s.}).$$

如果 $p > 1, p^{-1} + q^{-1} = 1, X \in \mathcal{L}^p(\Omega, \mathcal{F}, P)$ 且 $Z \in \mathcal{L}^q(\Omega, \mathcal{G}, P)$, 则 (*) 式亦成立. 如果 $X \in (m\mathcal{F})^+, Z \in (m\mathcal{G})^+, E(X) < \infty$ 且 $E(ZX) < \infty$, 则 (*) 式成立.

(k) (**独立性的作用**) 如果 $\mathcal{H}$ 与 $\sigma(\sigma(X), \mathcal{G})$ 独立, 则

$$E[X|\sigma(\mathcal{G}, \mathcal{H})] = E(X|\mathcal{G}) \quad (\text{a.s.}).$$

特别地, 若 X 与 $\mathcal{H}$ 独立, 则 $E(X|\mathcal{H}) = E(X)$ (a.s.).

9.8 9.7 节中诸性质的证明

因为 $E(Y; \Omega) = E(X; \Omega)$(其中 Ω 作为 $\mathcal{G}$ 的一个元素), 所以性质 (a) 成立.

由定义立即可以得到性质 (b), 性质 (c) 也是这样, 且其 "说明" 也得到了诠释.

性质 (d) 并不是明显的, 但对 (9.5,d) 的证明稍作改变后可直接应用于当前的情形.

(e) 的证明　如果 $0 \leqslant X_n \uparrow X$, 则由 (d) 可知: 如果 Y_n 为 $E(X_n|\mathcal{G})$ 的一个版本, 那么 $0 \leqslant Y_n \uparrow$ (a.s.). 定义 $Y := \limsup Y_n$, 则 $Y \in m\mathcal{G}$ 且 $Y_n \uparrow Y$(a.s.). 而利用 (MON) 并由

$$E(Y_n; G) = E(X_n; G), \quad \forall G \in \mathcal{G}$$

可推得

$$E(Y; G) = E(X; G), \quad \forall G \in \mathcal{G}.$$

(当然, 我们在这儿运用了与 9.5 节非常相似的讨论.) □

(f) 与 (g) 的证明　你们应该考察一下 5.4 节中由 (MON) 推导出 (FATOU) 的证明及 5.9 节中由 (FATOU) 推出 (DOM) 的证明, 这两者均可以无困难地转化为 "条件" 版. 而仔细地由 (cMON) 推导出 (cFATOU) 和由 (cFATOU) 推导出 (cDOM) 则是留给你们的一个基本练习. □

(h) 的证明　由 (6.6,a) 可知, 存在一个可数的, $\mathbf{R}^2$ 中的点列 $((a_n, b_n))$, 使得

$$c(x) = \sup_n (a_n x + b_n), \quad x \in \mathbf{R}.$$

对于每个固定的 n, 我们利用 (d) 并由 $c(X) \geqslant a_n X + b_n$ 可推出几乎必然有

$$(**) \qquad\qquad E[c(X)|\mathcal{G}] \geqslant a_n E[X|\mathcal{G}] + b_n.$$

根据可数性通常的性质, 我们可以下结论:($**$) 式同时对所有的 n 几乎必然成立. 从而, 几乎必然有

$$E[c(X)|\mathcal{G}] \geqslant \sup_n (a_n E[X|\mathcal{G}] + b_n) = c(E[X|\mathcal{G}]). \qquad □$$

(h) 的推论的证明　设 $p \geqslant 1$, 取 $c(x) = |x|^p$, 我们有

$$E(|X|^p|\mathcal{G}) \geqslant |E(X|\mathcal{G})|^p, \quad \text{a.s..}$$

再取期望, 并利用性质 (a) 即可. □

性质 (i) 的证明　事实上可由条件期望的定义直接推得.

(j) 的证明　由线性性我们不妨假定 $X \geqslant 0$. 固定 $E(X|\mathcal{G})$ 的一个版本 Y, 固定 $G \in \mathcal{G}$. 我们务必证明:

如果 Z 是 $\mathcal{G}$-可测的, 且满足相应的可积性条件, 则有

$$(***) \qquad\qquad E(ZX; G) = E(ZY; G).$$

我们应用标准机器. 如果 Z 是 $\mathcal{G}$ 中一个集合的示性函数, 则由条件期望 Y 的定义可知 ($***$) 式为真. 然后由线性性可推得 ($***$) 式对于 $Z \in SF^+(\Omega, \mathcal{G}, P)$ 亦成

立. 再由 (MON) 可推得 (***) 式对于 $Z \in (m\mathcal{G})^+$ 成立, 其中等式两边有可能为无穷.

为了确定表中的性质 (j) 为真, 剩下只需要证明在给定的所有条件下有 $E(|ZX|) < \infty$. 当 Z 为有界且 $X \in \mathcal{L}^1$ 时, 这是显然的. 而当 $X \in \mathcal{L}^p, Z \in \mathcal{L}^q$ 时, 其中 $p > 1$ 且 $p^{-1} + q^{-1} = 1$, 由赫尔德不等式亦可得出结论. □

(k) 的证明 我们不妨假设 $X \geqslant 0$ (且 $E(X) < \infty$). 对于 $G \in \mathcal{G}$ 与 $H \in \mathcal{H}, XI_G$ 与 H 是独立的, 故由定理 7.1 有

$$E(X; G \cap H) = E[(XI_G)I_H] = E(XI_G)P(H).$$

现在如果 $Y = E(X|\mathcal{G})$ (的一个版本), 则因为 Y 是 $\mathcal{G}$-可测的, 且 YI_G 独立于 $\mathcal{H}$, 所以

$$E[(YI_G)I_H] = E(YI_G)P(H),$$

且我们有

$$E[X; G \cap H] = E[Y; G \cap H].$$

因此在 $\sigma(\mathcal{G}, \mathcal{H})$ 上的两个具有相同有限总质量的测度

$$F \mapsto E(X; F), \quad F \mapsto E(Y; F)$$

在由形如 $G \cap H (G \in \mathcal{G}, H \in \mathcal{H})$ 的集合构成的 π-系上是一致的, 从而它们在 $\sigma(\mathcal{G}, \mathcal{H})$ 上是处处一致的. 而这正是我们所要证明的. □

9.9 正则条件概率与概率密度函数

对于 $F \in \mathcal{F}$, 我们有 $P(F) = E(I_F)$. 对于 $F \in \mathcal{F}$ 和 $\mathcal{F}$ 的一个子 σ-代数 $\mathcal{G}$,

我们定义 $P(F|\mathcal{G})$ 为 $E(I_F|\mathcal{G})$ 的一个版本.

由线性性与 (cMON), 我们可以证明: 对于一个固定的由 $\mathcal{F}$ 的互不相交的元素构成的序列 (F_n), 我们有

(a) $$P(\bigcup F_n|\mathcal{G}) = \sum P(F_n|\mathcal{G}) \quad \text{(a.s.)}.$$

除了平凡的情形, 一般会有不可数多个由不交的集合构成的序列, 所以我们无法从 (a) 得出结论: 存在一个映射

$$P(\cdot, \cdot) : \Omega \times \mathcal{F} \to [0,1)$$

使得:

(b1) 对于 $F \in \mathcal{F}$, 函数 $\omega \mapsto P(\omega, F)$ 是 $P(F|\mathcal{G})$ 的一个版本;

(b2) 对于几乎每个 ω, 映射

$$F \mapsto P(\omega, F)$$

是 $\mathcal{F}$ 上的一个概率测度.

如果这样的一个映射存在, 则它被称为给定 $\mathcal{G}$ 时的一个正则条件概率. 大家知道, 在现实中的大多数条件下正则条件概率都是存在的, 但它们并不总是存在. 这件事对于像本书这样的水平来说应该是过于专门化了. 可以参考, 例如, Parthasarathy(1967) 的著作.

重要提示 9.6 节中的初等条件概率密度函数 $f_{X|Z}(x|z)$ 是给定 Z 时 X 的一个正常或者 (专门化一些) 正则的条件概率密度函数, 即对 $\mathcal{B}$ 中的每个 A,

$$\omega \mapsto \int_A f_{X|Z}(x|Z(\omega))\mathrm{d}x \text{ 是 } P(X \in A|Z) \text{ 的一个版本}.$$

证明 在 9.6 节中取 $h = I_A$. □

9.10 在独立性假设下的条件化

假定 $r \in \mathbf{N}, X_1, X_2, \cdots, X_r$ 为独立的随机变量, X_k 具有分布 Λ_k. 设 $h \in b\mathcal{B}^r$, 且对于 $x_1 \in \mathbf{R}$, 我们定义

(a) $$\gamma^h(x_1) = E[h(x_1, X_2, X_3, \cdots, X_r)],$$

则

(b) $\gamma^h(X_1)$ 是条件期望 $E[h(X_1, X_2, \cdots, X_r)|X_1]$ 的一个版本.

(b) 的两个证明 我们仅需要证明: 对于 $B \in \mathcal{B}$, 有

(c) $$E[h(X_1, X_2, \cdots, X_r)I_B(X_1)] = E[\gamma^h(X_1)I_B(X_1)].$$

我们可以应用单调类定理, 以及满足 (c) 的 h 构成的类 $\mathcal{H}$ 包含由形如

$$B_1 \times B_2 \times \cdots \times B_r \quad (B_k \in \mathcal{B})$$

的集合构成的 π-系的元素的示性函数的事实, 等等. 或者, 我们也可以应用 r-重富比尼定理, 因为 (c) 式相当于说

$$\int_{x \in \mathbf{R}^r} h(x)I_B(x_1)(\Lambda_1 \times \Lambda_2 \times \cdots \times \Lambda_r)(\mathrm{d}x) = \int_{x_1 \in \mathbf{R}} \gamma^h(x_1)I_B(x_1)\Lambda_1(\mathrm{d}x_1),$$

其中

$$\gamma^h(x_1) = \int_{y \in \mathbf{R}^{r-1}} h(x_1, y)(\Lambda_2 \times \cdots \times \Lambda_r)(\mathrm{d}y).$$ □

9.11　对称性的应用 (一个例子)

假定 $X_1, X_2, \cdots$ 是独立同分布 (IID) 的随机变量序列, 具有与 X 相同的分布, 其中 $E(|X|) < \infty$. 设 $S_n := X_1 + X_2 + \cdots + X_n$, 并定义

$$\mathcal{G}_n := \sigma(S_n, S_{n+1}, \cdots) = \sigma(S_n, X_{n+1}, X_{n+2}, \cdots).$$

为了一些很好的理由 (将在第 14 章中解释), 我们希望算出:

$$E(X_1 | \mathcal{G}_n).$$

由于 $\sigma(X_{n+1}, X_{n+2}, \cdots)$ 与 $\sigma(X_1, S_n)$ 独立 (其中后者为 $\sigma(X_1, X_2, \cdots, X_n)$ 的子 σ-代数), 所以由 (9.7,k), 有

$$E(X_1 | \mathcal{G}_n) = E(X_1 | S_n).$$

但若以 Λ 表示 X 的分布, 用 s_n 表示 $x_1 + x_2 + \cdots + x_n$, 则我们有

$$E(X_1; S_n \in B) = \int \cdots \int_{s_n \in B} x_1 \Lambda(\mathrm{d}x_1) \Lambda(\mathrm{d}x_2) \cdots \Lambda(\mathrm{d}x_n)$$
$$= E(X_2; S_n \in B) = \cdots = E(X_n; S_n \in B),$$

从而几乎必然有

$$E(X_1 | S_n) = \cdots = E(X_n | S_n)$$
$$= n^{-1} E(X_1 + \cdots + X_n | S_n) = n^{-1} S_n.$$

第 10 章 鞅

10.1   过滤的空间

▶▶ 作为基本资料来源, 我们现在引进过滤的空间 $(\Omega, \mathcal{F}, \{\mathcal{F}_n\}, P)$. 这里:

$(\Omega, \mathcal{F}, P)$ 为通常的概率空间;

$\{\mathcal{F}_n : n \geqslant 0\}$ 是一个过滤 (filtration), 即一个递增的 ($\mathcal{F}$ 的) 子 σ-代数族

$$\mathcal{F}_0 \subseteq \mathcal{F}_1 \subseteq \cdots \subseteq \mathcal{F}.$$

我们定义

$$\mathcal{F}_\infty := \sigma\left(\bigcup_n \mathcal{F}_n\right) \subseteq \mathcal{F}.$$

直观概念   在 (或者, 若你喜欢也可用 "刚过") 时刻 n 我们所能掌握的有关 Ω 中的 ω 信息, 恰好是由所有的 $\mathcal{F}_n$-可测函数 Z 的值 $Z(\omega)$ 所构成的. 通常, $\{\mathcal{F}_n\}$ 取某 (随机) 过程 $W = (W_n : n \in \mathbf{Z}^+)$ 的自然过滤

$$\mathcal{F}_n = \sigma(W_0, W_1, \cdots, W_n),$$

从而在时刻 n 我们所掌握的有关 ω 的信息由下列值所组成:

$$W_0(\omega), W_1(\omega), \cdots, W_n(\omega).$$

10.2   适应的过程

▶   一个过程 $X = (X_n : n \geqslant 0)$ 被称为适应 (于过滤 $\{\mathcal{F}_n\}$) 的, 如果对于每个 n, X_n 是 $\mathcal{F}_n$-可测的.

直观概念 如果 X 是适应的, 则 $X_n(\omega)$ 的值在时刻 n 是为我们所已知 (掌握) 的. 通常, $\mathcal{F}_n = \sigma(W_0, W_1, \cdots, W_n)$, 而 $X_n = f_n(W_0, W_1, \cdots, W_n)$, 其中 f_n 为 $\mathbf{R}^{n+1}$ 上的某个 $\mathcal{B}^{n+1}$-可测函数.

10.3 鞅, 上鞅, 下鞅

▶▶▶ 一个过程 X 被称为一个 (关于 $(\{\mathcal{F}_n\}, P)$ 的) 鞅, 如果:

(i) X 是适应的;

(ii) $E(|X_n|) < \infty, \forall n$;

(iii) $E[X_n|\mathcal{F}_{n-1}] = X_{n-1}, \text{a.s.}(n \geqslant 1)$.

(关于 $(\{\mathcal{F}_n\}, P)$ 的) 上鞅的定义与上类似, 除了将 (iii) 换为

$$E[X_n|\mathcal{F}_{n-1}] \leqslant X_{n-1}, \quad \text{a.s.} \quad (n \geqslant 1).$$

下鞅的定义则将 (iii) 换为

$$E[X_n|\mathcal{F}_{n-1}] \geqslant X_{n-1}, \quad \text{a.s.} \quad (n \geqslant 1).$$

上鞅是 "平均水平递减" 的; 下鞅则 "平均水平递增"! (上鞅与上调和是一致的: $\mathbf{R}^n$ 上的一个函数 f 是上调和的当且仅当对于 $\mathbf{R}^n$ 上的一个布朗运动 $B, f(B)$ 是关于 B 的自然过滤的一个局部上鞅. 试参考 10.13 节.)

注意 X 是一个上鞅当且仅当 $-X$ 是一个下鞅, 且 X 是一个鞅当且仅当它既是上鞅又是下鞅. 注意到下面的事实是很重要的: 一个过程 X(其 $X_0 \in \mathcal{L}^1(\Omega, \mathcal{F}_0, P)$) 是一个鞅 (或分别是上鞅、下鞅) 当且仅当过程 $X - X_0 = (X_n - X_0 : n \in \mathbf{Z}^+)$ 具有相同的性质. 从而我们可以集中注意力于那些其初刻之值为零的过程.

▶ 设 X 是一个 (比方说) 上鞅, 则由全期望公式 (9.7,i) 可推知, 对于 $m < n$, 有

$$E[X_n|\mathcal{F}_m] = E(X_n|F_{n-1}|\mathcal{F}_m) \leqslant E[X_{n-1}|\mathcal{F}_m] \leqslant \cdots \leqslant X_m, \quad \text{a.s.}.$$

10.4 鞅的一些例子

正如我们将要看到的, 从博弈的角度来看待全部的鞅、上鞅和下鞅是非常有益的. 但是, 鞅论的极大的重要性当然还是源于这样的事实: 鞅在非常多的领域内崭露头角. 例如, 扩散理论, 过去通常都是用马氏过程论、偏微分方程论等方法来对它进行研究, 但是鞅论的方法为此带来了革命性的改变.

让我们来看一些简单的、初步的例子, 并关注附属于每个例子的有趣的问题 (稍后解决).

(a) 独立的零均值随机变量之和. 设 $X_1, X_2, \cdots$ 为一列独立的随机变量, 满足 $E(|X_k|) < \infty, \forall k$, 且

$$E(X_k) = 0, \quad \forall k.$$

定义 $(S_0 := 0$ 且)

$$S_n := X_1 + X_2 + \cdots + X_n,$$
$$\mathcal{F}_n := \sigma(X_1, X_2, \cdots, X_n), \quad \mathcal{F}_0 := \{\emptyset, \Omega\}.$$

则对于 $n \geqslant 1$, 有 (a.s.)

$$E(S_n|\mathcal{F}_{n-1}) \xlongequal{(c)} E(S_{n-1}|\mathcal{F}_{n-1}) + E(X_n|\mathcal{F}_{n-1})$$
$$\xlongequal{(b,k)} S_{n-1} + E(X_n) = S_{n-1}.$$

由线性性质 (9.7,c), 第一个 (几乎必然的) 等号是显然的. 由于 S_{n-1} 是 $\mathcal{F}_{n-1}$-可测的, 故由 (9.7,b) 有 $E(S_{n-1}|\mathcal{F}_n) = S_{n-1}$ (a.s.); 又由于 X_n 与 $\mathcal{F}_{n-1}$ 独立, 故由 (9.7, k) 有 $E(X_n|\mathcal{F}_{n-1}) = E(X_n)$ (a.s.). 这些应该能解释我们的记号.

有趣的问题 $\lim S_n$ 何时存在 (a.s.)? 见 12.5 节.

(b) 非负、独立且均值为 1 的随机变量之积. 设 $X_1, X_2, \cdots$ 为一列独立、非负的随机变量, 满足

$$E(X_k) = 1, \quad \forall k.$$

定义 $(M_0 := 1, \mathcal{F}_0 := \{\emptyset, \Omega\}$ 且)

$$M_n := X_1 X_2 \cdots X_n, \quad \mathcal{F}_n := \sigma(X_1, X_2, \cdots, X_n).$$

则对于 $n \geqslant 1$, 有 (a.s.)

$$E(M_n|\mathcal{F}_{n-1}) = E(M_{n-1}X_n|\mathcal{F}_{n-1}) \stackrel{(j)}{=\!=\!=} M_{n-1}E(X_n|\mathcal{F}_{n-1})$$

$$\stackrel{(k)}{=\!=\!=} M_{n-1}E(X_n) = M_{n-1},$$

故 M 是一个鞅.

应该指出, 此类鞅完全没有人为做作的成分.

有趣的问题 因为 M 是一个非负的鞅, 故 $M_\infty = \lim M_n$ 存在 (a.s.), 这是下一章的鞅收敛定理的一部分. 何时我们能说 $E(M_\infty) = 1$? 参见 14.12 节与 14.17 节.

(c) 有关一个随机变量的累积数据. 设 $\{\mathcal{F}_n\}$ 为我们的过滤, 设 $\xi \in \mathcal{L}^1(\Omega, \mathcal{F}, P)$. 定义 $M_n := E(\xi|\mathcal{F}_n)$ ("某一版本"). 由全期望公式 (9.7, i), 我们有 (a.s.)

$$E(M_n|\mathcal{F}_{n-1}) = E(\xi|\mathcal{F}_n|\mathcal{F}_{n-1}) = E(\xi|\mathcal{F}_{n-1}) = M_{n-1},$$

所以 M 是一个鞅.

有趣的问题 在这种情形下, 由莱维 (Lévy) 的向上定理 (第 14 章) 我们将能够断言

$$M_n \to M_\infty := E(\xi|\mathcal{F}_\infty), \quad \text{a.s.},$$

如此 M_n 是在给定时刻 n 我们所能掌握的信息的条件下对于 ξ 的最佳预报, 而 M_∞ 则是尽我们所能做出的对于 ξ 的最佳预报. 何时我们能说 $\xi = E(\xi|\mathcal{F}_\infty)$, a.s.? 答案并不总是明显的. 参见 15.8 节.

10.5 公平与不公平赌博

现在假定: $X_n - X_{n-1}$ 为你在一个系列赌博的第 n 盘中单位赌注的净赢利, 赌博在时刻 $n = 1, 2, \cdots$ 上举行, 时刻 0 没有赌博举行.

在鞅的情形,

(a) $\qquad\qquad E[X_n - X_{n-1}|\mathcal{F}_{n-1}] = 0$ (赌博过程是公平的),

但在上鞅情形,

(b) $\qquad\qquad E[X_n - X_{n-1}|\mathcal{F}_{n-1}] \leqslant 0$ (赌博过程对你不利).

注意 (a)(相应的 (b)) 提供了一个刻画 X 的鞅 (上鞅) 性质的有益方法.

10.6 可料过程, 赌博策略

▶▶ 我们称一个过程 $C = (C_n : n \in \mathbf{N})$ 为可料的, 如果

$$C_n \text{ 是 } \mathcal{F}_{n-1} - \text{ 可测的 } (n \geqslant 1).$$

注意 C 的参数集合为 $\mathbf{N}$ 而不是 $\mathbf{Z}^+ : C_0$ 并不存在.

把 C_n 当作你在第 n 盘所下的赌注. 你必须基于直至 (并包括) 第 $n-1$ 盘的历史来决定 C_n 的值. 这是 C 的 "可料" 性质的直观意义. 你在第 n 盘的赢利为 $C_n(X_n - X_{n-1})$, 而你的直到第 n 盘为止的总赢利为

$$Y_n = \sum_{1 \leqslant k \leqslant n} C_k(X_k - X_{k-1}) =: (C \bullet X)_n.$$

注意 $(C \bullet X)_0 = 0$ 且 $Y_n - Y_{n-1} = C_n(X_n - X_{n-1})$.

表达式 $C \bullet X$, 称为 X 的通过 C 的鞅变换, 是随机积分 $\int C \mathrm{d} X$ 的离散模拟. 随机积分的理论是现代概率论的最伟大的成果之一.

10.7 一个基本原则: 你无法改变这个系统!

▶▶ (i) 设 C 是一个有界非负的可料过程, 即存在某 $K \in [0, \infty)$, 使得对于每一个 n 和 ω 有 $|C_n(\omega)| \leqslant K$. 设 X 为一个上鞅 (或鞅), 则 $C \bullet X$ 为一个首项为 0 的上鞅 (或鞅).

(ii) 如果 C 是一个有界的可料过程而 X 是一个鞅, 则 $(C \bullet X)$ 为一个首项为 0 的鞅.

(iii) 在 (i) 和 (ii) 中, C 为有界的条件可替换为条件 $C_n \in \mathcal{L}^2, \forall n$, 前提是我们同时也要求 $X_n \in \mathcal{L}^2, \forall n$.

(i) 的证明 记 $C \bullet X$ 为 Y. 因为 C_n 是有界非负且为 $\mathcal{F}_{n-1}$-可测的, 故

$$E[Y_n - Y_{n-1} | \mathcal{F}_{n-1}] \stackrel{(j)}{=\!=\!=} C_n E[X_n - X_{n-1} | \mathcal{F}_{n-1}] \leqslant 0 \quad (\text{或} = 0).$$

由此 (ii) 与 (iii) 的证明亦为显然. (仍借助于 (9.7, j).) $\qquad\square$

10.8 停 时

一个映射 $T : \Omega \to \{0, 1, 2, \cdots ; \infty\}$ 被称为一个停时, 如果:

▶▶ (a) $\qquad\qquad \{T \leqslant n\} = \{\omega : T(\omega) \leqslant n\} \in \mathcal{F}_n, \quad \forall n \leqslant \infty,$

或等价地,

(b) $\qquad\qquad \{T = n\} = \{\omega : T(\omega) = n\} \in \mathcal{F}_n, \quad \forall n \leqslant \infty.$

注意 T 有可能为 ∞.

(a) 与 (b) 的等价性的证明 如果 T 具有性质 (a), 则

$$\{T = n\} = \{T \leqslant n\} \backslash \{T \leqslant n - 1\} \in \mathcal{F}_n.$$

如果 T 具有性质 (b), 则对于 $k \leqslant n, \{T = k\} \in \mathcal{F}_k \subseteq \mathcal{F}_n$, 且

$$\{T \leqslant n\} = \bigcup_{0 \leqslant k \leqslant n} \{T = k\} \in \mathcal{F}_n. \qquad\qquad \square$$

直观概念 T 是一个这样的时间, 当其时你能够决定停止我们的赌博. 在紧接着第 n 盘之后, 无论你停止还是不停止赌博都仅仅取决于直至 (并包括) 时刻 n 的历史: $\{T = n\} \in \mathcal{F}_n$.

例 假定 (A_n) 为一适应的过程, 且 $B \in \mathcal{B}$. 令

$$T = \inf\{n \geqslant 0 : A_n \in B\} = \text{过程 } A \text{ 首次进入集合 } B \text{ 的时间},$$

并约定 $\inf(\emptyset) = \infty$, 故若 A 永远不进入集合 B 则 $T = \infty$. 显然,

$$\{T \leqslant n\} = \bigcup_{k \leqslant n} \{A_k \in B\} \in \mathcal{F}_n,$$

从而 T 为一停时.

例 设 $L = \sup\{n : n \leqslant 10; A_n \in B\}, \sup(\emptyset) = 0$. 试自行证明 L 不是一个停时 (除非 A 是畸形的).

10.9 停止的上鞅仍是上鞅

设 X 为一个上鞅, T 为一停时. 假定你每次都下注 1 个单位, 且在 (即刚过) 时刻 T 即停止赌博. 则你的 "投注过程" 是 $C^{(T)}$, 其中, 对于 $n \in \mathbf{N}$,

$$C_n^{(T)} = I_{\{n \leqslant T\}},$$

故

$$C_n^{(T)}(\omega) = \begin{cases} 1, & \text{若 } n \leqslant T(\omega), \\ 0, & \text{否则}. \end{cases}$$

你的 "赢利过程" 是这样的, 其于时刻 n 的值等于

$$(C^{(T)} \bullet X)_n = X_{T \wedge n} - X_0.$$

若以 X^T 表示过程 X 停止于 T, 即

$$X_n^T(\omega) := X_{T(\omega) \wedge n}(\omega),$$

则

$$C^{(T)} \bullet X = X^T - X_0.$$

显然 $C^{(T)}$ 是有界的 (囿于 1) 和非负的. 进而, $C^{(T)}$ 是可料的, 因为 $C_n^{(T)}$ 只能为 0 或 1, 且对于 $n \in \mathbf{N}$, 有

$$\{C_n^{(T)} = 0\} = \{T \leqslant n - 1\} \in \mathcal{F}_{n-1}.$$

现在, 由 10.7 节的结果可导出下面的定理:

定理

▶▶ (i) 如果 X 是一个上鞅而 T 是一个停时, 则停止的过程 $X^T = (X_{T \wedge n} : n \in \mathbf{Z}^+)$ 是一个上鞅, 从而特别有

$$E(X_{T \wedge n}) \leqslant E(X_0), \quad \forall n.$$

▶▶ (ii) 如果 X 是一个鞅而 T 是一个停时, 则 X^T 是一个鞅, 从而特别有

$$E(X_{T \wedge n}) = E(X_0), \quad \forall n.$$

值得注意的是, 这条定理没有利用任何额外的可积性条件 (当然, 除了隐含于上鞅与鞅的定义中的那些).

但是要非常小心! 设 X 为 $\mathbf{Z}^+$ 上的简单随机游动, 初始状态为 0. 则 X 是一个鞅. 设 T 为停时:

$$T := \inf\{n : X_n = 1\}.$$

众所周知: $P(T < \infty) = 1$. (参见 10.12 节用鞅的方法对此事实的证明, 以及用鞅的方法来计算 T 的分布.) 然而, 即便

$$E(X_{T \wedge n}) = E(X_0) \text{ 对每个 } n \text{ 成立},$$

我们却有

$$1 = E(X_T) \neq E(X_0) = 0.$$

我们非常想知道对于一个鞅 X, 何时我们能说

$$E(X_T) = E(X_0).$$

下面的定理给出了一些充分条件.

10.10 杜布 (Doob) 可选停止定理

▶▶ (a) 设 T 为一停时. 设 X 为一上鞅. 则在下列任何一个条件下可得出: X_T 是可积的且

$$E(X_T) \leqslant E(X_0).$$

(i) T 是有界的 (存在某 $N \in \mathbf{N}$, 使得 $T(\omega) \leqslant N, \forall \omega$);

(ii) X 是有界的 (存在某 $K \in \mathbf{R}^+$, 使得 $|X_n(\omega)| \leqslant K, \forall n$ 和 ω), 且 T 是几乎必然 (a.s.) 有限的;

(iii) $E(T) < \infty$, 且对于某 $K \in \mathbf{R}^+$ 有

$$|X_n(\omega) - X_{n-1}(\omega)| \leqslant K, \quad \forall (n, \omega).$$

(b) 如果条件 (i)∼(iii) 中任何一款成立且 X 是一个鞅, 则有

$$E(X_T) = E(X_0).$$

(a) 的证明　我们知道 $X_{T \wedge n}$ 是可积的, 且

(*) $$E(X_{T \wedge n} - X_0) \leqslant 0.$$

对于 (i), 我们可取 $n = N$. 对于 (ii), 我们可令 (*) 式中的 $n \to \infty$ 并利用 (BDD). 对于 (iii), 我们有

$$|X_{T \wedge n} - X_0| = \left| \sum_{k=1}^{T \wedge n} (X_k - X_{k-1}) \right| \leqslant KT,$$

而 $E(KT) < \infty$, 从而令 (*) 式中 $n \to \infty$, 利用 (DOM) 便得到我们所要证的结果. $\square$

(b) 的证明　应用 (a) 的结论于 X 与 $-X$. $\square$

推论

▶▶ (c) 假定 M 是一个鞅, 其所有增量 $M_n - M_{n-1}$ 囿于某常数 K_1(即 $|M_n - M_{n-1}| \leqslant K_1$——译者). 假定 C 是一个囿于某常数 K_2 的可料过程, 而 T 是一个停时且 $E(T) < \infty$. 则有

$$E(C \bullet M)_T = 0.$$

对于下面可选停止定理的最后部分的证明留作一个练习.(显然其前面的预备定理是必需的!)

(d) 如果 X 是一个非负的上鞅, 而 T 是一个几乎必然有限的停时, 则有

$$E(X_T) \leqslant E(X_0).$$

10.11　等待几乎必然要发生的事

为了能应用前一节的一些结果, 我们需要证明 $E(T) < \infty$ (当它为真时！) 的方法. 而下述的法则通常是有益的:"无论何时总有: 有可能发生的事几乎必然会发生, 而且往往比我们意想的还要来得快."

引理

▶   假定 T 是一个停时且满足: 对于某 $N \in \mathbf{N}$ 和 $\varepsilon > 0$, 以及每个 $n \in \mathbf{N}$, 我们有

$$P(T \leqslant n + N | \mathcal{F}_n) > \varepsilon, \quad \text{a.s.,}$$

那么 $E(T) < \infty$.

对于这一结果的证明是 E 章中的一道练习题.

注意   如果 T 是 4.9 节末的 "复杂练习" 中的猴子首次敲完

$$\text{ABRACADABRA}$$

所用的时间, 则 $E(T) < \infty$. E 章中有另外一道习题: 请你应用前一节中的结果 (c) 证明

$$E(T) = 26^{11} + 26^4 + 26.$$

现在, 对于一大批其他的练习, 你们都可以容易地上手了.

10.12   简单随机游动的击中时

设 $(X_n : n \in \mathbf{N})$ 为一 IID(独立同分布) 的随机变量序列, 每个 X_n 具有与 X 相同的分布, 其中:

$$P(X = 1) = P(X = -1) = \frac{1}{2}.$$

定义 $S_0 := 0, S_n := X_1 + \cdots + X_n$, 且令

$$T := \inf\{n : S_n = 1\}.$$

设

$$\mathcal{F}_n = \sigma(X_1, \cdots, X_n) = \sigma(S_0, S_1, \cdots, S_n),$$

则过程 S 是适应 (于 $\{\mathcal{F}_n\}$) 的, 从而 T 是一个停时. 我们希望算出 T 的分布.

对于 $\theta \in \mathbf{R}, Ee^{\theta X} = \frac{1}{2}(e^\theta + e^{-\theta}) = \cosh\theta$, 从而

$$E[(\text{sech}\,\theta)e^{\theta X_n}] = 1, \quad \forall n.$$

例 (10.4,b) 表明 M^θ 是一个鞅, 其中

$$M_n^\theta = (\text{sech}\,\theta)^n e^{\theta S_n}.$$

由于 T 是一个停时, 且 M^θ 是一个鞅, 故我们有

(a) $$EM^\theta_{T \wedge n} = E[(\operatorname{sech}\theta)^{T \wedge n} \exp(\theta S_{T \wedge n})] = 1, \quad \forall n.$$

▶　现在我们要求 $\theta > 0$.

那么: 首先, $\exp(\theta S_{T \wedge n})$ 是囿于 e^θ 的, 故 $M^\theta_{T \wedge n}$ 亦囿于 e^θ. 其次, 当 $n \uparrow \infty$ 时, $M^\theta_{T \wedge n} \to M^\theta_T$, 其中后者当 $T = \infty$ 时定义为 0. 由有界收敛定理, 在 (a) 式中令 $n \to \infty$ 便得到

$$EM^\theta_T = 1 = E[(\operatorname{sech}\theta)^T e^\theta].$$

上式右端中括号 [ ] 内的项当 $T = \infty$ 时恰好为 0. 所以,

(b) $$E[(\operatorname{sech}\theta)^T] = e^{-\theta}, \quad 对于 \ \theta > 0.$$

现令 $\theta \downarrow 0$, 则当 $T < \infty$ 时, $(\operatorname{sech}\theta)^T \uparrow 1$; 当 $T = \infty$ 时, 有 $(\operatorname{sech}\theta)^T \uparrow 0$. 再由 (MON) 或 (BDD) 便得到

$$EI_{\{T < \infty\}} = 1 = P(T < \infty).$$

▶　上面的详细讨论展示了如何处理有可能取值为无穷的停时的方法.

置 $\alpha = \operatorname{sech}\theta$ 代入 (b) 式, 得到

(c) $$E(\alpha^T) = \sum \alpha^n P(T = n) = e^{-\theta} = \alpha^{-1}[1 - \sqrt{1 - \alpha^2}],$$

从而有

$$P(T = 2m - 1) = (-1)^{m+1} \binom{1/2}{m}.$$

(c) 的直观证明　我们有

(d) $$f(\alpha) := E(\alpha^T) = \frac{1}{2} E(\alpha^T | X_1 = 1) + \frac{1}{2} E(\alpha^T | X_1 = -1)$$
$$= \frac{1}{2}\alpha + \frac{1}{2}\alpha f(\alpha)^2.$$

上面最后一项的直观解释是: 时间已过去 1 个单位并产生了值 α, 而从 -1 到 1 所用的时间具有形式 $T_1 + T_2$, 其中 T_1(从 -1 到 0 的时间) 与 T_2(从 0 到 1 的时间) 是独立的, 且都与 T 同分布. "T_1 与 T_2 独立"的结论并不是明显的, 但是也不难以给出一个证明: 利用所谓强马尔可夫定理我们将能验证 (d) 式.

10.13 马尔可夫链的非负上调和函数

设 E 是一个有限或可数集. 设 $P = (p_{ij})$ 为一个 $E \times E$ 的随机矩阵, 从而对于 $i, j \in E$, 我们有

$$p_{ij} \geqslant 0, \quad \sum_{k \in E} p_{ik} = 1.$$

设 μ 为 E 上的一个概率测度. 我们由 4.8 节可以知道, 存在一个概率空间 $(\Omega, \mathcal{F}, P^\mu)$(我们以此来表示 P 对于 μ 的依赖性) 及其上的一个马尔可夫链 $Z = (Z_n : n \in \mathbf{Z}^+)$, 使得 (4.8,a) 成立. 我们用 "a.s., P^μ" 的记号来表示 "关于 P^μ-测度是几乎必然的".

设 $\mathcal{F}_n := \sigma(Z_0, Z_1, \cdots, Z_n)$, 则从 (4.8, a) 容易推出: 如果我们将 p_{ij} 写为 $p(i, j)$(在印刷方便的前提下), 那么有 (a.s., P^μ)

$$P^\mu(Z_{n+1} = j | \mathcal{F}_n) = p(Z_n, j).$$

设 h 是 E 上的一个非负函数并定义 E 上的函数 Ph 为

$$(Ph)(i) = \sum_j p(i, j) h(j).$$

假定我们的非负函数 h 是有限的, 且是 P-上调和的, 即在 E 上有 $Ph \leqslant h$, 则由 (cMON) 可推知有 (a.s., P^μ)

$$E^\mu[h(Z_{n+1}) | \mathcal{F}_n] = \sum p(Z_n, j) h(j) = (Ph)(Z_n) \leqslant h(Z_n).$$

从而 $h(Z_n)$ 是一个非负的上鞅 (无论初始分布 μ 为何).

假设链 Z 是不可约、常返的, 即有

$$f_{ij} := P^i(T_j < \infty) = 1, \quad \forall i, j \in E,$$

其中 P^i 表示当 μ 为单位质量 ($\mu_j = \delta_{ij}$) 时 P^μ 在 i 的值 (见下面的 "注"), 而

$$T_j := \inf\{n : n \geqslant 1; Z_n = j\}.$$

注 上面的下确界是取遍 $\{n \geqslant 1\}$ 的, 所以 f_{ii} 是 Z 由 i 出发而又返回到 i 的概率. 从而, 由定理 10.10(d) 可知: 如果 h 是非负且 P-上调和的, 则对 E 中的任何 i 与 j, 有

$$h(j) = E^i h(Z_{T_j}) \leqslant E^i h(Z_0) = h(i),$$

从而 h 在 E 上是常数.

练习　试解释 (先从直观的角度, 后以严格的方式) 为什么

$$f_{ij} = \sum_{k \neq j} p_{ik} f_{kj} + p_{ij} \geqslant \sum_{k} p_{ik} f_{kj}.$$

并推导出: 如果每一个非负且 P-上调和的函数都是常数, 则 Z 是不可约、常返的.　　　　　　　　　　　　　　　　　　　　　　　　　　□

所以, 我们实际上已证明了: 我们的链 Z 是不可约、常返的当且仅当每一个非负的 P-上调和函数皆为常数.

这是概率论与位势论两者之间联系中的平凡且最初的一个环节.

注　敏锐的读者可能会对本节叙述上的不够精确而感到不舒服. 但我期望表达的首先是有趣的事.

如果不是特别感兴趣, 可以不必阅读本节剩余的部分.

给定一步转移概率矩阵 P, 则自然要做的一件事是按下述方式建立马氏链 Z 的典则模型. 以 $\mathcal{E}$ 表示由 E 的所有子集所构成的 σ-代数, 并定义

$$(\Omega, \mathcal{F}) := \prod_{n \in \mathbf{Z}^+} (E, \mathcal{E}).$$

特别地, Ω 的一个点 ω 是 E 中元素的一个序列:

$$\omega = (\omega_0, \omega_1, \cdots).$$

对于 $\omega \in \Omega$ 与 $n \in \mathbf{Z}^+$, 定义

$$Z_n(\omega) := \omega_n \in E.$$

则对于 $(E, \mathcal{E})$ 上的每一个概率测度 μ, 存在 $(\Omega, \mathcal{F})$ 上的唯一的一个概率测度 P^μ, 使得对于 $n \in \mathbf{N}$ 和 $i_0, i_1, \cdots, i_n \in E$, 有

$$(*) \qquad P^\mu[\omega : Z_0(\omega) = i_0, Z_1(\omega) = i_1, \cdots, Z_n(\omega) = i_n] = \mu_{i_0} p_{i_0 i_1} \cdots p_{i_{n-1} i_n}.$$

唯一性是易证的, 因为 $(*)$ 式左边括号 [　] 内关于 ω 的诸集合加上 $\emptyset$ 形成一个生成 $\mathcal{F}$ 的 π-系. 存在性也成立, 因为我们可取 P^μ 为 A4.3 节中所构造的非典则过程 $\widetilde{Z}$ 的 $\widetilde{P}^\mu$-分布:

$$P^\mu = \widetilde{P}^\mu \circ \widetilde{Z}^{-1}.$$

这里, 我们以 $\widetilde{Z}$ 表示映射:

$$\widetilde{Z} : \widetilde{\Omega} \to \Omega,$$

$$\widetilde{\omega} \mapsto (\widetilde{Z}_0(\widetilde{\omega}), \widetilde{Z}_1(\widetilde{\omega}), \cdots).$$

这一映射 $\widetilde{Z}$ 是 $\widetilde{\mathcal{F}}/\mathcal{F}$-可测的, 即

$$Z^{-1}(似应为 \widetilde{Z}^{-1}) : \mathcal{F} \to \widetilde{\mathcal{F}}.$$

如此获得的典则模型是非常令人满意的, 因为可测空间 $(\Omega, \mathcal{F})$ 同时携有所有测度 P^μ.

第 11 章 收 敛 定 理

11.1 图说明一切

图 11.1 的上部显示的是一个过程 X 的一条样本路径 $n \mapsto X_n(\omega)$, 其中 $X_n - X_{n-1}$ 代表你在第 n 盘中单位赌注的赢利. 图的下部则描绘了在可料的策略 C 之下你的总赢利过程 $Y := C \bullet X$, 其中 C 的操作如下所述:

取两个数 a 与 b, 满足 $a < b$.

重复以下步骤:

等待, 直至 X 低于 a;

持续下 (单位) 赌注, 直至 X 高于 b 然后停止下注.

直至无法进行 (即一直做下去!).

黑色圆点表示该处 $C = 1$, 而空心圆点表示该处 $C = 0$. 回想一下: C 在时刻 0 是没有定义的.

为了更正式些 (亦为了归纳地证明 C 是可料的), 我们定义

$$C_1 := I_{\{X_0 < a\}},$$

且对于 $n \geqslant 2$,

$$C_n := I_{\{C_{n-1}=1\}} I_{\{X_{n-1} \leqslant b\}} + I_{\{C_{n-1}=0\}} I_{\{X_{n-1} < a\}}.$$

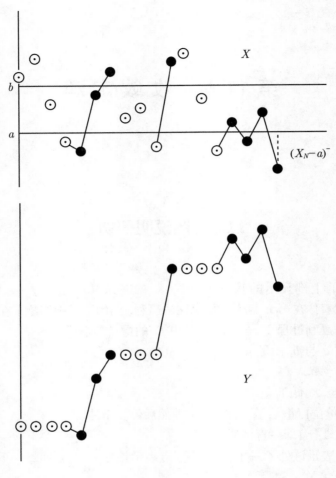

图 11.1

11.2 上 穿

我们定义到时刻 N 为止 $n \mapsto X_n(\omega)$ 上穿 $[a,b]$ 的次数 $U_N[a,b]$ 为如此的最大的 $k \in \mathbf{Z}^+$，即我们能找到

$$0 \leqslant s_1 < t_1 < s_2 < t_2 < \cdots < s_k < t_k \leqslant N,$$

且满足

$$X_{s_i}(\omega) < a, \quad X_{t_i}(\omega) > b \quad (1 \leqslant i \leqslant k).$$

基本不等式 $(Y_0(\omega) := 0)$

▶　(D) $\qquad\qquad Y_N(\omega) \geqslant (b-a)U_N[a,b](\omega) - [X_N(\omega)-a]^-$

从图上看是明显的: $[a,b]$ 的每一次上穿为 Y 的值至少增加 $(b-a)$, 同时 $[X_N(\omega)-a]^-$ 则过分强调了最后一个 (时间) 间隔的损失.

11.3　杜布上穿引理

▶　设 X 为一上鞅. 设 $U_N[a,b]$ 为到时刻 N 为止它上穿 $[a,b]$ 的次数, 则有

$$(b-a)EU_N[a,b] \leqslant E[(X_N-a)^-].$$

证明　过程 C 是可料、有界和非负的, 且 $Y = C \bullet X$. 所以 Y 是一个上鞅, 且 $E(Y_N) \leqslant 0$. 然后由 (11.2, D) 便得到结果.　　　　　　　　　　□

11.4　推　　论

▶　设 X 为一上鞅, 且在 $\mathcal{L}^1$ 中有界, 即

$$\sup_n E(|X_n|) < \infty.$$

设 $a, b \in \mathbf{R}$ 且 $a < b$, 并记 $U_\infty[a,b] := \uparrow\lim_N U_N[a,b]$. 则有

$$(b-a)EU_\infty[a,b] \leqslant |a| + \sup_n E(|X_n|) < \infty,$$

从而有

$$P(U_\infty[a,b] = \infty) = 0.$$

证明　由 (11.3), 对于 $N \in \mathbf{N}$, 我们有

$$(b-a)EU_N[a,b] \leqslant |a| + E(|X_N|) \leqslant |a| + \sup_n E(|X_n|).$$

再令 $N \uparrow \infty$, 使用 (MON) 便得结果.　　　　　　　　　　□

11.5 杜布"向前"收敛定理

▶▶▶ 设 X 为 $\mathcal{L}^1$ 中的一有界上鞅: $\sup_n E(|X_n|) < \infty$. 则 $X_\infty := \lim X_n$ 几乎必然存在且有限. 为确定起见, 我们定义 $X_\infty(\omega) := \limsup X_n(\omega), \forall \omega$, 从而 X_∞ 是 $\mathcal{F}_\infty$- 可测的, 且 $X_\infty = \lim X_n$, a.s..

证明 (杜布) 记 (注意 $[-\infty, \infty]$ 的使用)

$$\Lambda := \{\omega : X_n(\omega) \text{ 不收敛到 } [-\infty, \infty] \text{ 中的极限}\}$$
$$= \{\omega : \liminf X_n(\omega) < \limsup X_n(\omega)\}$$
$$= \bigcup_{\{a, b \in \mathbf{Q} : a < b\}} \{\omega : \liminf X_n(\omega) < a < b < \limsup X_n(\omega)\}$$
$$=: \bigcup \Lambda_{a,b} \text{ (比方说)},$$

但是,

$$\Lambda_{a,b} \subseteq \{\omega : U_\infty[a, b](\omega) = \infty\}.$$

从而, 由 (11.4) 可知 $P(\Lambda_{a,b}) = 0$. 由于 Λ 是诸集合 $\Lambda_{a,b}$ 的可列并, 故 $P(\Lambda) = 0$, 从而

$$X_\infty := \lim X_n \in [-\infty, \infty] \text{ 存在 (a.s.)}.$$

但由法都引理可知有

$$E(|X_\infty|) = E(\liminf |X_n|) \leqslant \liminf E(|X_n|)$$
$$\leqslant \sup E(|X_n|) < \infty.$$

从而得到

$$P(X_\infty \text{ 为有限}) = 1. \qquad \square$$

注 还有其他的关于离散参数情形的证明. 但是对于连续参数情形来说, 它们当中没有一种能具有如上述方法那样的概率意义和至关重要性.

11.6　告　　诫

正如我们在分支过程例子中曾见过的, 在 $\mathcal{L}^1$ 中未必有 $X_n \to X_\infty$.

11.7　推　　论

▶▶ 如果 X 是一个非负上鞅, 则 $X_\infty := \lim X_n$ 几乎必然存在.

　　证明　X 显然在 $\mathcal{L}^1$ 中是有界的, 这是因为

$$E(|X_n|) = E(X_n) \leqslant E(X_0).$$ □

第 12 章 $\mathcal{L}^2$ 中的有界鞅

12.0 引　　言

如果有可能, 则证明一个鞅 M 在 $\mathcal{L}^1$ 中有界的最简单的方法是证明它在 $\mathcal{L}^2$ 中有界, 即

(a) $$\sup_n \|M_n\|_2 < \infty,$$

或等价地,

$$\sup_n E(M_n^2) < \infty.$$

$\mathcal{L}^2$ 中的有界性通常较容易加以检验, 因为有毕达哥拉斯公式 (12.1 节中将给出证明):

$$E(M_n^2) = E(M_0^2) + \sum_{k=1}^{n} E[(M_k - M_{k-1})^2].$$

我们将看到, 对于独立随机变量和的研究 (经典理论的一个中心课题) 主要依赖于下面的定理 12.2, 该定理的两个部分都是用漂亮的鞅的方法证明的. 我们将证明三级数定理, 它确切地告诉我们一个独立随机变量和何时收敛. 我们还将证明有关 IID 随机变量序列的强大数定律和博雷尔 – 肯泰利引理的莱维推广.

12.1　$\mathcal{L}^2$ 中的鞅: 正交增量性

设 $M = (M_n : n \geqslant 0)$ 为 $\mathcal{L}^2$ 中的一个鞅, 即每个 M_n 都属于 $\mathcal{L}^2$, 从而有 $E(M_n^2) < \infty, \forall n$. 则对于 $s, t, u, v \in \mathbf{Z}^+$, 且 $s \leqslant t \leqslant u \leqslant v$, 我们知道有

$$E(M_v | \mathcal{F}_u) = M_u \quad (\text{a.s.}),$$

从而 $M_v - M_u$ 与 $\mathcal{L}^2(\mathcal{F}_u)$(见 9.5 节) 是正交的, 特别有

(a) $$\langle M_t - M_s, M_v - M_u \rangle = 0.$$

于是公式

$$M_n = M_0 + \sum_{k=1}^{n} (M_k - M_{k-1})$$

将 M_n 表示为一正交和, 故由毕达哥拉斯定理便得到

(b) $$E(M_n^2) = E(M_0^2) + \sum_{k=1}^{n} E[(M_k - M_{k-1})^2].$$

定理

▶　设 M 是一个鞅, 其中 $M_n \in \mathcal{L}^2, \forall n$. 则 M 在 $\mathcal{L}^2$ 中有界当且仅当

(c) $$\sum E[(M_k - M_{k-1})^2] < \infty;$$

而且若此条件满足, 则在 $\mathcal{L}^2$ 中有

$$M_n \to M_\infty \quad (\text{a.s.}).$$

证明　显然由 (b) 可知: 条件 (c) 等价于结论: M 在 $\mathcal{L}^2$ 中有界.

现假定 (c) 成立, 则 M 在 $\mathcal{L}^2$ 中有界, 且由范数的单调性 (见 6.7 节) 可知, M 在 $\mathcal{L}^1$ 中亦有界. 杜布收敛定理 11.5 表明: $M_\infty := \lim M_n$ 几乎必然存在. 毕达哥拉斯定理则蕴涵着

(d) $$E[(M_{n+r} - M_n)^2] = \sum_{k=n+1}^{n+r} E[(M_k - M_{k-1})^2].$$

令 $r \to \infty$ 并应用法都引理, 我们得到

(e) $$E[(M_\infty - M_n)^2] \leqslant \sum_{k \geqslant n+1} E[(M_k - M_{k-1})^2].$$

所以

(f) $$\lim_n E[(M_\infty - M_n)^2] = 0,$$

即在 $\mathcal{L}^2$ 中有 $M_n \to M_\infty$. 当然, 根据 (f) 我们还可以从 (d) 推出 (e) 式等号成立.

12.2 $\mathcal{L}^2$ 中的零均值独立随机变量之和

定理

▶▶ 假定 $(X_k : k \in \mathbf{N})$ 为一独立随机变量序列且对每个 k 有

$$E(X_k) = 0, \quad \sigma_k^2 := \mathrm{Var}(X_k) < \infty.$$

(a) $$(\sum \sigma_k^2 < \infty) 蕴涵着 (\sum X_k 几乎必然收敛).$$

(b) 若变量列 (X_k) 囿于某常数 $K \in [0, \infty)$, 即 $|X_k(\omega)| \leqslant K, \forall k, \forall \omega$, 则

$$(\sum X_k 几乎必然收敛) 蕴涵着 (\sum \sigma_k^2 < \infty).$$

注 当然, 柯尔莫哥洛夫 0-1 律蕴涵着

$$P(\sum X_k 收敛) = 0 \ 或 \ 1.$$

记号 我们定义

$$\mathcal{F}_n := \sigma(X_1, X_2, \cdots, X_n), \quad M_n := X_1 + X_2 + \cdots + X_n$$

(通常约定 $\mathcal{F}_0 := \{\emptyset, \Omega\}, M_0 := 0$). 我们也定义

$$A_n := \sum_{k=1}^n \sigma_k^2, \quad N_n := M_n^2 - A_n,$$

以及 $A_0 := 0, N_0 := 0$.

(a) 的证明　由 (10.4,a) 可知 M 是一个鞅, 而且

(*)
$$E[(M_k - M_{k-1})^2] = E(X_k^2) = \sigma_k^2,$$

从而, 由 (12.1, b) 有

$$E(M_n^2) = \sum_{k=1}^{n} \sigma_k^2 = A_n.$$

如果 $\sum \sigma_k^2 < \infty$, 则 M 在 $\mathcal{L}^2$ 中有界, 故 $\lim M_n$ 几乎必然存在.　　　□

(b) 的证明　我们可以将 (*) 式强化如下: 因为 X_k 与 $\mathcal{F}_{k-1}$ 独立, 故我们有 (a.s.)

$$E[(M_k - M_{k-1})^2 | \mathcal{F}_{k-1}] = E[X_k^2 | \mathcal{F}_{k-1}] = E(X_k^2) = \sigma_k^2.$$

现在应用常见的讨论: 因为 M_{k-1} 是 $\mathcal{F}_{k-1}$-可测的, 故

$$\sigma_k^2 = E(M_k^2 | \mathcal{F}_{k-1}) - 2M_{k-1}E(M_k | \mathcal{F}_{k-1}) + M_{k-1}^2$$
$$= E(M_k^2 | \mathcal{F}_{k-1}) - M_{k-1}^2 \quad \text{(a.s.)}.$$

但这一结果表明:

$$N \text{ 是一个鞅.}$$

现在设 $c \in (0, \infty)$ 并定义

$$T := \inf\{r : |M_r| > c\}.$$

我们知道 N^T 是一个鞅, 从而对于每个 n 有

$$EN_n^T = E[(M_n^T)^2] - EA_{T \wedge n} = 0.$$

但若 T 是有限的, 则 $|M_T - M_{T-1}| = |X_T| \leqslant K$, 由此可见对每一个 n 有 $|M_n^T| \leqslant K + c$, 从而得到

(**)
$$EA_{T \wedge n} \leqslant (K+c)^2, \quad \forall n.$$

然而, 因为 $\sum X_n$ 几乎必然收敛, 故 $\sum X_k$ 的部分和序列几乎必然有界, 从而这只可能有一种解释: 对于某个 c, 有 $P(T = \infty) > 0$. 再由 (**) 式便易得 $A_\infty := \sum \sigma_k^2 < \infty$.　　　□

附注　(b) 的证明表明: 如果 (X_n) 是一独立、零均值且一致地囿于某常数 K 的随机变量序列, 则

$$P\{\sum X_k \text{ 的部分和有界}\} > 0 \Rightarrow \sum X_k \text{ 几乎必然收敛.}$$

推广　12.11~12.16 节介绍了自然鞅形式下的定理 12.2 及其各种应用.

12.3 随机信号

假设 (a_n) 为一列实数而 (ε_n) 为一列 IID 的随机变量, 其中

$$P(\varepsilon_n = \pm 1) = \frac{1}{2}.$$

12.2 节的结果表明:

$$\sum \varepsilon_n a_n \text{ 收敛 (a.s.) 当且仅当 } \sum a_n^2 < \infty,$$

以及

$$\text{如果 } \sum a_n^2 = \infty, \text{则 } \sum \varepsilon_n a_n \text{ 作无限振荡 (a.s.).}$$

你们应该考虑一下如何验证第二个结论.

12.4 一个对称化技巧: 扩展样本空间

我们需要一个比 (12.2,b) 更强的结果.

引理

假定 (X_n) 为一独立随机变量序列, 且围于常数 $K \in [0, \infty)$:

$$|X_n(\omega)| \leqslant K, \quad \forall n, \forall \omega,$$

则

$$\left(\sum X_n \text{ 几乎必然收敛 } \right) \Rightarrow \left(\sum E(X_n) \text{ 收敛且 } \sum \text{Var}(X_n) < \infty \right).$$

证明　如果每个 X_n 的均值为零, 那么当然, 这就相当于 (12.2,b). 有一个很好的技巧, 它用一个 "对称版" 的且均值为 0 的 Z_n^* 去取代每一个 X_n, 并充分保持其结构.

设 $(\widetilde{\Omega}, \widetilde{\mathcal{F}}, \widetilde{P}, (\widetilde{X}_n : n \in \mathbf{N}))$ 为 $(\Omega, \mathcal{F}, P, (X_n : n \in \mathbf{N}))$ 的一个完全的复制, 定义

$$(\Omega^*, \mathcal{F}^*, P^*) := (\Omega, \mathcal{F}, P) \times (\widetilde{\Omega}, \widetilde{\mathcal{F}}, \widetilde{P}),$$

且对于 $\omega^* = (\omega, \widetilde{\omega}) \in \Omega^*$, 定义

$$X_n^*(\omega^*) := X_n(\omega), \quad \widetilde{X}_n^*(\omega^*) := \widetilde{X}_n(\widetilde{\omega}), \quad Z_n^*(\omega^*) := X_n^*(\omega^*) - \widetilde{X}_n^*(\omega^*).$$

我们将 X_n^* 视为 X_n 在更大的 "样本空间" $(\Omega^*, \mathcal{F}^*, P^*)$ 中的提升. 显然 (亦可应用独立性引理 1.6 以常见的方式加以证明), 联合变量族

$$(X_n^* : n \in \mathbf{N}) \cup (\widetilde{X}_n^* : n \in \mathbf{N})$$

为 $(\Omega^*, \mathcal{F}^*, P^*)$ 上的一个独立随机变量族, X_n^* 与 $\widetilde{X}_n^*$ 具有相同的 P^*-分布, 且与 X_n 的 P-分布相同, 即在 $(\mathbf{R}, \mathcal{B})$ 上有

$$P^* \circ (X_n^*)^{-1} = P \circ X_n^{-1}, \text{ 等等.}$$

现在我们有:

(a) $(Z_n^* : n \in \mathbf{N})$ 是 $(\Omega^*, \mathcal{F}^*, P^*)$ 上的一个零均值的独立随机变量序列, 满足 $|Z_n^*(\omega^*)| \leqslant 2K (\forall n, \forall \omega^*)$ 且

$$\mathrm{Var}(Z_n^*) = 2\sigma_n^2,$$

其中 $\sigma_n^2 := \mathrm{Var}(X_n)$.

设

$$G := \{\omega \in \Omega : \sum X_n(\omega) \text{ 收敛}\},$$

类似定义 $\widetilde{G}$. 由假定我们有 $P(G) = \widetilde{P}(\widetilde{G}) = 1$, 从而 $P^*(G \times \widetilde{G}) = 1$. 但是 $\sum Z_n^*(\omega^*)$ 在 $G \times \widetilde{G}$ 上收敛, 所以

(b) $$P^*(\sum Z_n^* \text{ 收敛}) = 1.$$

由 (a)、(b) 和 (12.2,b), 我们得到结论:

$$\sum \sigma_n^2 < \infty,$$

且现在由 (12.2,a) 可推得

(c) $$\sum [X_n - E(X_n)] \text{ 几乎必然收敛.}$$

这个和中的 (随机) 变量是零均值且相互独立的, 并有

$$E[\{X_n - E(X_n)\}^2] = \sigma_n^2.$$

因为 (c) 成立且由假定 $\sum X_n$ 几乎必然收敛, 故而 $\sum E(X_n)$ 收敛. □

注 在 18.6 节中有对于上述引理的另一个证明.

12.5 柯尔莫哥洛夫三级数定理

设 (X_n) 为一独立随机变量的序列. 则 $\sum X_n$ 几乎必然收敛当且仅当对于某个 (从而对于每个) $K > 0$, 下面三条性质成立:

(i) $\sum\limits_n P(|X_n| > K) < \infty$;

(ii) $\sum\limits_n E(X_n^K)$ 收敛;

(iii) $\sum\limits_n \mathrm{Var}(X_n^K) < \infty$.

其中

$$X_n^K(\omega) := \begin{cases} X_n(\omega), & \text{若 } |X_n(\omega)| \leqslant K, \\ 0, & \text{若 } |X_n(\omega)| > K. \end{cases}$$

"充分性" 的证明   假定对于某 $K > 0$, 性质 (i)~(iii) 成立, 则

$$\sum P(X_n \neq X_n^K) = \sum P(|X_n| > K) < \infty,$$

故由 (BC1) 有

$$P(X_n = X_n^K \text{ 对于所有的 (有限多个) } n \text{ 成立}) = 1.$$

所以很清楚, 我们只需要证明: $\sum X_n^K$ 几乎必然收敛; 而由于 (ii), 我们仅需要证明:

$$\sum Y_n^K \text{ 几乎必然收敛, 其中 } Y_n^K := X_n^K - E(X_n^K).$$

然而, 序列 $(Y_n^K : n \in \mathbf{N})$ 为零均值独立随机变量序列, 且

$$E[(Y_n^K)^2] = \mathrm{Var}(X_n^K).$$

由于 (iii), 再根据 (12.2,a) 便可推得要证的结果.   □

"必要性" 的证明   假定 $\sum X_n$ 几乎必然收敛, 而 $K \in (0, \infty)$ 为任意常数. 因为几乎必然有 $X_n \to 0$, 所以 $|X_n| > K$ 仅对有限多个 n 成立, 故由 (BC2) 可知 (i) 成立. 由于 $X_n = X_n^K$ 对所有的 (有限多个) n 成立 (a.s.), 我们知道有

$$\sum X_n^K \text{ 几乎必然收敛.}$$

再由引理 12.4 便完成了证明. □

———————————————————————————————

诸如三级数定理这样的结果, 当它们与克罗内克 (Kronecker) 引理 (见 12.7 节) 结合使用时, 将变得更为强有力.

12.6　蔡查罗 (Cesàro) 引理

假定 (b_n) 为一列严格正的实数, 且 $b_n \uparrow \infty, (v_n)$ 是一个收敛的实数列, $v_n \to v_\infty \in \mathbf{R}$, 则有

$$\frac{1}{b_n} \sum_{k=1}^{n} (b_k - b_{k-1}) v_k \to v_\infty \quad (n \to \infty),$$

其中 $b_0 := 0$.

证明　设 $\varepsilon > 0$, 选取 N 使得只要当 $k \geqslant N$, 就有

$$v_k > v_\infty - \varepsilon,$$

则有

$$\liminf_{n \to \infty} \frac{1}{b_n} \sum_{k=1}^{n} (b_k - b_{k-1}) v_k$$

$$\geqslant \liminf_{n \to \infty} \left\{ \frac{1}{b_n} \sum_{k=1}^{N} (b_k - b_{k-1}) v_k + \frac{b_n - b_N}{b_n} (v_\infty - \varepsilon) \right\}$$

$$\geqslant 0 + v_\infty - \varepsilon.$$

因为上式对每个 $\varepsilon > 0$ 都成立, 故我们有 $\liminf \geqslant v_\infty$. 类似可以证明 $\limsup \leqslant v_\infty$, 从而结果得证. □

12.7　克罗内克 (Kronecker) 引理

▶　再一次, 设 (b_n) 为一列严格正的实数且 $b_n \uparrow \infty$, (x_n) 为一实数列, 并定义

$$s_n := x_1 + x_2 + \cdots + x_n,$$

则有

$$\left(\sum \frac{x_n}{b_n} \text{收敛} \right) \Rightarrow \left(\frac{s_n}{b_n} \to 0 \right).$$

证明　设 $u_n := \sum_{k \leqslant n} (x_k/b_k)$, 则 $u_\infty := \lim u_n$ 存在. 又

$$u_n - u_{n-1} = x_n/b_n,$$

于是有

$$s_n = \sum_{k=1}^n b_k(u_k - u_{k-1}) = b_n u_n - \sum_{k=1}^n (b_k - b_{k-1}) u_{k-1}.$$

由蔡查罗引理可知

$$s_n/b_n \to u_\infty - u_\infty = 0. \qquad \square$$

12.8　方差约束下的强大数定律

引理

设 (W_n) 为一独立随机变量序列, 且

$$E(W_n) = 0, \quad \sum \frac{\mathrm{Var}(W_n)}{n^2} < \infty,$$

则有

$$n^{-1} \sum_{k \leqslant n} W_k \to 0, \quad \text{a.s..}$$

证明　由克罗内克引理可知, 只要能证明 $\sum(W_n/n)$ 几乎必然收敛就足够了, 但是这可从定理 12.2(a) 直接得出. $\qquad \square$

注　我们下面将看到, 由上述引理并利用一个截尾技巧, 我们能证得有关 IID 随机变量序列的一般的强大数定律.

12.9　柯尔莫哥洛夫截尾引理

假定 $X_1, X_2, \cdots$ 为 IID 的随机变量, 其中每一个都具有与 X 相同的分布, 而 $E(|X|) < \infty$. 记 $\mu := E(X)$. 定义

$$Y_n := \begin{cases} X_n, & \text{若 } |X_n| \leqslant n, \\ 0, & \text{若 } |X_n| > n, \end{cases}$$

则有:

(i) $E(Y_n) \to \mu$;

(ii) $P[\text{最终有 } Y_n = X_n] = 1$;

(iii) $\sum n^{-2} \mathrm{Var}(Y_n) < \infty$.

(i) 的证明　设

$$Z_n := \begin{cases} X, & \text{若 } |X| \leqslant n, \\ 0, & \text{若 } |X| > n, \end{cases}$$

则 Z_n 与 Y_n 同分布, 特别有 $E(Z_n) = E(Y_n)$. 但是, 当 $n \to \infty$ 时, 我们有

$$Z_n \to X, \quad |Z_n| \leqslant |X|,$$

所以, 由 (DOM), $E(Z_n) \to E(X) = \mu$. □

(ii) 的证明　我们有

$$\sum_{n=1}^{\infty} P(Y_n \neq X_n) = \sum P(|X_n| > n) = \sum P(|X| > n)$$

$$= E \sum_{n=1}^{\infty} I_{\{|X| > n\}} = E \sum_{1 \leqslant n < |X|} 1 \leqslant E(|X|) < \infty,$$

故由 (BC1) 可知, 结果 (ii) 成立. □

(iii) 的证明　我们有

$$\sum \frac{\mathrm{Var}(Y_n)}{n^2} \leqslant \sum \frac{E(Y_n^2)}{n^2} = \sum_n \frac{E(|X|^2; |X| \leqslant n)}{n^2} = E[|X|^2 f(|X|)].$$

其中, 对于 $0 < z < \infty$,

$$f(z) = \sum_{n \geqslant \max(1,z)} n^{-2} \leqslant 2 / \max(1, z).$$

这里我们利用了事实: 对于 $n \geqslant 1$,

$$\frac{1}{n^2} \leqslant \frac{2}{n(n+1)} = 2\left(\frac{1}{n} - \frac{1}{n+1}\right),$$

所以

$$\sum n^{-2}\mathrm{Var}(Y_n) \leqslant 2E(|X|) < \infty. \qquad \square$$

12.10 柯尔莫哥洛夫强大数定律 (SLLN)

▶▶ 设 $X_1, X_2, \cdots$ 为 IID 的随机变量, 且 $E(|X_k|) < \infty, \forall k$. 定义

$$S_n := X_1 + X_2 + \cdots + X_n,$$

则有 (记 $\mu := E(X_k), \forall k$)

$$n^{-1}S_n \to \mu \quad (\text{a.s.}).$$

证明 定义 Y_n 如同引理 12.9. 由该引理的性质 (ii), 我们仅需证明

$$n^{-1}\sum_{k \leqslant n} Y_k \to \mu, \quad \text{a.s.},$$

但是,

(a) $$n^{-1}\sum_{k \leqslant n} Y_k = n^{-1}\sum_{k \leqslant n} E(Y_k) + n^{-1}\sum_{k \leqslant n} W_k,$$

其中 $W_k := Y_k - E(Y_k)$. 而根据 (12.9,i) 和蔡查罗引理, (a) 式右端第一项趋于 μ; 根据引理 12.8 可知, 其第二项几乎必然收敛于 0. $\qquad \square$

注记 从哲学的层面看, 强大数定律是令人满意的, 因为它给出了 $E(X)$ 作为 "X 的多次 (独立的) 实现的平均值" 的一个精确的公式. 我们由练习 E4.6 可知: 如果 $E(|X|) = \infty$, 则有

$$\limsup |S_n|/n = \infty, \quad \text{a.s.}.$$

所以, 我们已经达到了 IID 情形下的最佳结果.

方法的讨论 尽管我们已经得到了一个好的结果, 但是不得不承认, 截尾技巧看起来有些 "特别": 它不具有那种纯数学方法的美感, 即一种合理感, 而这却

为鞅论方法和遍历论方法 (后者不属于本书的内容) 所拥有. 但是, 每一种方法都可被用来处理那些其他方法所难以应对的问题; 特别地, 经典的截尾方法将继续发挥其非常重要的作用.

————————————————

经过适当的规范化, 我们前面用以证明定理 12.2(它是本章到目前为止全部内容的基础) 的方法可以产生更多的结果.

12.11 杜 布 分 解

在下面的定理中, 陈述 "A 是一个可料的且在时刻 0 为零的过程" 当然意味着: $A_0 = 0$, 且 $A_n \in m\mathcal{F}_{n-1}(n \in \mathbf{N})$.

定理

▶▶ (a) 设 $(X_n : n \in \mathbf{Z}^+)$ 为一个适应的过程且 $X_n \in \mathcal{L}^1, \forall n$, 则 X 具有杜布分解:

(D) $$X = X_0 + M + A,$$

其中 M 为一个鞅且其在时刻 0 的值为零, A 为一个可料过程且在时刻 0 为零. 而且, 这一分解在模不可区分的意义下是唯一的, 即如果 $X = X_0 + \widetilde{M} + \widetilde{A}$ 是另一个类此的分解, 则有

$$P(M_n = \widetilde{M}_n, A_n = \widetilde{A}_n, \forall n) = 1.$$

▶ (b) X 是一个下鞅当且仅当过程 A 是一个增过程, 即满足

$$P(A_n \leqslant A_{n+1}, \forall n) = 1.$$

证明 如果 X 具有一个如 (D) 式那样的杜布分解, 则由于 M 是一个鞅而 A 是可料的, 我们有

$$E(X_n - X_{n-1}|\mathcal{F}_{n-1}) = E(M_n - M_{n-1}|\mathcal{F}_{n-1}) + E(A_n - A_{n-1}|\mathcal{F}_{n-1})$$
$$= 0 + (A_n - A_{n-1}) \quad \text{(a.s.)},$$

所以有

(c) $$A_n = \sum_{k=1}^{n} E(X_k - X_{k-1} | \mathcal{F}_{k-1}) \quad \text{(a.s.)}.$$

因此, 若我们按照 (c) 式来定义 A, 便能得到我们希望证明的 X 的分解. 有关 "下鞅" 的结果 (b) 因而也是显然的了. $\square$

附注 杜布 – 迈耶 (Doob-Meyer) 分解. 它将一个连续时间的下鞅表示为一个局部鞅与一个可料的增过程之和, 是一个深刻的结果, 它是随机积分理论的基石.

12.12 尖括号过程 $\langle M \rangle$

设 M 为 $\mathcal{L}^2$ 中的一个鞅且在时刻 0 为零. 则条件期望形式下的詹森不等式表明:

(a) M^2 是一个下鞅.

因此 M^2 有一个杜布分解 (本质上是唯一的):

(b) $$M^2 = N + A,$$

其中 N 是一个鞅而 A 是一个可料的增过程, N 与 A 两者都在时刻 0 为零. 定义 $A_\infty :=\uparrow \lim A_n$, a.s..

记号 过程 A 通常被记为 $\langle M \rangle$.

因为 $E(M_n^2) = E(A_n)$, 故可见有:

(c) M 在 $\mathcal{L}^2$ 中有界当且仅当 $E(A_\infty) < \infty$.

重要的是要注意:

▶ (d) $$A_n - A_{n-1} = E(M_n^2 - M_{n-1}^2 | \mathcal{F}_{n-1}) = E[(M_n - M_{n-1})^2 | \mathcal{F}_{n-1}].$$

12.13 $\langle M \rangle_\infty$ 有限时 M 相应的收敛性

仍设 M 为 $\mathcal{L}^2$ 中的一个鞅且在时刻 0 为零. 定义 $A := \langle M \rangle$. (更严格地说, 设 A 为 $\langle M \rangle$ 的 "一个版本".)

定理

▶　(a) 对于几乎每个满足 $A_\infty(\omega) < \infty$ 的 ω, 极限 $\lim\limits_n M_n(\omega)$ 存在.

▶　(b) 假定 M 的增量一致有界, 即对于某 $K \in \mathbf{R}$ 有

$$|M_n(\omega) - M_{n-1}(\omega)| \leqslant K, \quad \forall n, \forall \omega,$$

则对于几乎每个使得 $\lim\limits_n M_n(\omega)$ 存在的 ω, 有 $A_\infty(\omega) < \infty$.

　　附注　显然这是定理 12.2 的一个推广, 且是非常实质性的推广.

　　(a) 的证明　因为 A 是可料的, 故立即可以推知: 对于每个 $k \in \mathbf{N}$,

$$S(k) := \inf\{n \in \mathbf{Z}^+ : A_{n+1} > k\}$$

所定义的 $S(k)$ 为一停时. 而且, 停止的过程 $A^{S(k)}$ 是可料的, 这是因为对于 $B \in \mathcal{B}$ 和 $n \in \mathbf{N}$,

$$\{A_{n \wedge S(k)} \in B\} = F_1 \cup F_2,$$

其中:

$$F_1 := \bigcup_{r=0}^{n-1}\{S(k) = r; A_r \in B\} \in \mathcal{F}_{n-1},$$

$$F_2 := \{A_n \in B\} \cap \{S(k) \leqslant n-1\}^c \in \mathcal{F}_{n-1}.$$

因为

$$(M^{S(k)})^2 - A^{S(k)} = (M^2 - A)^{S(k)}$$

是一个鞅, 故而有 $\langle M^{S(k)}\rangle = A^{S(k)}$. 然而过程 $A^{S(k)}$ 是囿于 k 的, 所以由 (12.12,c) 可知, $M^{S(k)}$ 在 $\mathcal{L}^2$ 中有界且

(c)　　　　　　　　　　　　$\lim\limits_n M_{n \wedge S(k)}$ 几乎必然存在.

然而,

(d)　　　　　　　　　　　　$\{A_\infty < \infty\} = \bigcup_k\{S(k) = \infty\}.$

所以结合 (c) 与 (d) 便证得了结果 (a).　　　　　　　　　　　　　　□

　　(b) 的证明　假定

$$P(A_\infty = \infty, \sup_n |M_n| < \infty) > 0,$$

则对于某个 $c > 0$,

(e) $$P(T(c) = \infty, A_\infty = \infty) > 0,$$

其中 $T(c)$ 是停时:

$$T(c) := \inf\{r : |M_r| > c\}.$$

现在,

$$E(M_{T(c) \wedge n}^2 - A_{T(c) \wedge n}) = 0,$$

且 $M^{T(c)}$ 囿于 $c + K$. 因此,

(f) $$EA_{T(c) \wedge n} \leqslant (c + K)^2, \quad \forall n.$$

然而 (MON) 表明 (e) 与 (f) 是不相容的, 从而结果 (b) 得证. □

附注 在 (a) 的证明中, 我们得以利用可料性来保证跳跃 $A_{S(k)} - A_{S(k)-1}$ 为不相关的. 但对于跳跃 $M_{T(c)} - M_{T(c)-1}$ 来说我们无法这样做, 这也是为什么我们需要增量有界的假设.

12.14 一个有关 $\mathcal{L}^2$ 中鞅的平凡 "强大数定律"

设 M 为 $\mathcal{L}^2$ 中的一个鞅且在时刻 0 为零, 设 $A = \langle M \rangle$. 因为 $(1 + A)^{-1}$ 是一个有界的可料过程, 故

$$W_n := \sum_{1 \leqslant k \leqslant n} \frac{M_k - M_{k-1}}{1 + A_k} = ((1 + A)^{-1} \bullet M)_n$$

定义了一个鞅 W. 而且, 因为 $(1 + A_n)$ 是 $\mathcal{F}_{n-1}$-可测的, 故

$$E[(W_n - W_{n-1})^2 | \mathcal{F}_{n-1}] = (1 + A_n)^{-2}(A_n - A_{n-1})$$
$$\leqslant (1 + A_{n-1})^{-1} - (1 + A_n)^{-1}, \quad \text{a.s..}$$

可见 $\langle W \rangle_\infty \leqslant 1$, a.s., 从而 $\lim W_n$ 存在, a.s.. 由克罗内克引理便可得到:

▶▶ (a) 在 $\{A_\infty = \infty\}$ 上有 $M_n / A_n \to 0$, a.s..

12.15　博雷尔 – 肯泰利引理的莱维 (Lévy) 推广

定理

假定对于 $n \in \mathbf{N}, E_n \in \mathcal{F}_n$. 定义

$$Z_n := \sum_{1 \leqslant k \leqslant n} I_{E_k} = E_k(k \leqslant n) \text{ 发生的个数}.$$

定义 $\xi_k := P(E_k | \mathcal{F}_{k-1})$, 且 $Y_n := \sum_{1 \leqslant k \leqslant n} \xi_k$. 则几乎必然有

(a) $\qquad\qquad\qquad (Y_\infty < \infty) \Rightarrow (Z_\infty < \infty),$

(b) $\qquad\qquad\qquad (Y_\infty = \infty) \Rightarrow (Z_n / Y_n \to 1).$

附注　(i) 因为 $E\xi_k = P(E_k)$, 从而如果 $\sum P(E_k) < \infty$, 则有 $Y_\infty < \infty$,a.s., 由此便可推得 (BC1).

(ii) 设 $(E_n : n \in \mathbf{N})$ 为某概率空间 $(\Omega, \mathcal{F}, P)$ 上一列独立的事件, 定义 $\mathcal{F}_n = \sigma(E_1, E_2, \cdots, E_n)$, 则 $\xi_k = P(E_k)$,a.s., 从而由 (b) 便可推得 (BC2).

证明　设 M 为鞅 $Z - Y$, 则 $Z = M + Y$ 为下鞅 Z 的杜布分解. 从而有 (你们验证!)

$$A_n := \langle M \rangle_n = \sum_{k \leqslant n} \xi_k (1 - \xi_k) \leqslant Y_n, \quad \text{a.s.}.$$

如果 $Y_\infty < \infty$, 则 $A_\infty < \infty$ 且 $\lim M_n$ 存在, 从而 Z_∞ 是有限的. (此处我们省略了 "除了一个 P 零的 ω-集" 一句话.)

如果 $Y_\infty = \infty$ 且 $A_\infty < \infty$, 则 $\lim M_n$ 存在, 且显然有 $Z_n / Y_n \to 1$.

如果 $Y_\infty = \infty$ 且 $A_\infty = \infty$, 则 $M_n / A_n \to 0$, 从而更有 $M_n / Y_n \to 0$, 且 $Z_n / Y_n \to 1$.　$\qquad\square$

12.16 评　论

最后几节所表明的仅仅是, 当利用 $\langle M \rangle$ 来研究 M 时, 其方法能如何强有力. 就像我们从博雷尔 – 肯泰利引理推广得到条件版的定理 12.15, 你还可以用相同的方式获得条件版的三级数定理及其他. 但是一个全新的世界已经拉开了帷幕: 试参见, 例如, Neveu(1975) 的著作. 在连续时间场合, 情况将更加引人注目. 例如, 可参见 Rogers 和 Williams(1987) 的书.

第 13 章　一致可积性

我们已经见证了鞅论的许多漂亮的应用. 为了更加充分地获益, 我们需要比控制收敛定理 (DOM) 更好的工具. 特别地, 定理 13.7 给出了一个随机变量序列在 $\mathcal{L}^1$ 上收敛的必要且充分的条件. 必需的新概念是随机变量的一致可积 (UI) 族. 这个概念完美地联结着条件期望从而也联结着鞅的概念.

本章的附录包含一个为考查者和其他有关人士所喜爱的论题的讨论: 收敛的方式. 我们对于上穿引理的应用则意味着该论题对于本书的主要内容不具有重大的作用.

13.1　"绝对连续"性

引理

▶　(a) 假定 $X \in \mathcal{L}^1 = \mathcal{L}^1(\Omega, \mathcal{F}, P)$, 则任给 $\varepsilon > 0$, 存在一个 $\delta > 0$, 使得对于 $F \in \mathcal{F}$, 当 $P(F) < \delta$ 时有 $E(|X|; F) < \varepsilon$.

证明　如果结论不真, 则对于某 $\varepsilon_0 > 0$, 我们可以找到 $\mathcal{F}$ 中元素的一个序列 (F_n), 使得

$$P(F_n) < 2^{-n} \quad \text{且} \quad E(|X|; F_n) \geqslant \varepsilon_0.$$

设 $H := \limsup F_n$, 则 (BC1) 表明 $P(H) = 0$, 但是 "反向的" 法都引理 (5.4, b) 却表明

$$E(|X|; H) \geqslant \varepsilon_0.$$

这是矛盾的. □

推论

(b) 假定 $X \in \mathcal{L}^1$ 而 $\varepsilon > 0$, 则存在一个 $K \in [0, \infty)$, 使得

$$E(|X|; |X| > K) < \varepsilon.$$

证明 设 δ 如引理 (a) 中所设. 因为

$$KP(|X| > K) \leqslant E(|X|),$$

故我们可以选择 K, 使得 $P(|X| > K) < \delta$. $\qquad \square$

13.2 定义: 一致可积族

▶▶ 一个随机变量类 $\mathcal{C}$ 被称为一致可积 (UI) 的, 如果对任给 $\varepsilon > 0$, 存在 $K \in [0, \infty)$, 使得

$$E(|X|; |X| > K) < \varepsilon, \quad \forall X \in \mathcal{C}.$$

我们注意到, 对如此的一个类 $\mathcal{C}$, 我们有 (以 K_1 对应于 $\varepsilon = 1$): 对于每个 $X \in \mathcal{C}$,

$$E(|X|) = E(|X|; |X| > K_1) + E(|X|; |X| \leqslant K_1)$$
$$\leqslant 1 + K_1.$$

因此, 一个一致可积 (UI) 族在 $\mathcal{L}^1$ 中是有界的. $\mathcal{L}^1$ 中的有界族却未必是 UI 的.

例 取 $(\Omega, \mathcal{F}, P) = ([0,1], \mathcal{B}[0,1], \text{Leb})$, 设

$$E_n = (0, n^{-1}), \quad X_n = nI_{E_n},$$

则有 $E(|X_n|) = 1, \forall n$, 所以 (X_n) 在 $\mathcal{L}^1$ 中是有界的. 然而对于任何 $K > 0$, 我们有: 当 $n > K$ 时,

$$E(|X_n|; |X_n| > K) = nP(E_n) = 1.$$

所以, (X_n) 不是 UI 的. 这里, $X_n \to 0$, 但 $E(X_n) \not\to 0$.

13.3　一致可积性的两个简单的充分条件

▶　(a) 假定 $\mathcal{C}$ 是一个在 $\mathcal{L}^p$(某个 $p > 1$) 中有界的随机变量类, 即对于某 $A \in [0, \infty)$ 有

$$E(|X|^p) < A, \quad \forall X \in \mathcal{C},$$

则 $\mathcal{C}$ 是 UI 的.

证明　如果 $v \geqslant K > 0$, 则 $v \leqslant K^{1-p}v^p$(显然!). 所以, 对于 $K > 0$ 与 $X \in \mathcal{C}$, 我们有

$$E(|X|; |X| > K) \leqslant K^{1-p}E(|X|^p; |X| > K) \leqslant K^{1-p}A,$$

即可推得结果.　　　　　　　　　　　　　　　　　　　　　　　　　□

(b) 假定 $\mathcal{C}$ 是由受控于某个非负可积的随机变量 Y 的那些随机变量所构成的类, 即有

$$|X(\omega)| \leqslant Y(\omega), \quad \forall X \in \mathcal{C}, \quad \text{且 } E(Y) < \infty,$$

则 $\mathcal{C}$ 是 UI 的.

注　正是由于这一条性质, 才使得 (DOM) 能在我们的 $(\Omega, \mathcal{F}, P)$ 上起作用.

证明　显然, 对于 $K > 0$ 和 $X \in \mathcal{C}$, 有

$$E(|X|; |X| > K) \leqslant E(Y; Y > K).$$

接下来只需要将 (13.1,b) 应用于 Y 即可.　　　　　　　　　　　　□

13.4　条件期望的一致可积性

一致可积性与鞅论适应得这么好的一个主要原因见于下述定理. 在练习 E13.3 中还有它的一个重要的推广.

定理

▶▶ 设 $X \in \mathcal{L}^1$, 则类

$$\{E(X|\mathcal{G}) : \mathcal{G} \text{ 为 } \mathcal{F} \text{ 的一个子 } \sigma\text{-代数}\}$$

是一致可积的.

注 考虑到版本事宜, 对于问题中的类 $\mathcal{C}$ 的一个正式的描述应是, $Y \in \mathcal{C}$ 当且仅当对于 $\mathcal{F}$ 的某个子 σ-代数 $\mathcal{G}, Y$ 为 $E(X|\mathcal{G})$ 的一个版本.

证明 设 $\varepsilon > 0$ 为任意给定, 选择 $\delta > 0$, 使得对于 $F \in \mathcal{F}$, 由 $P(F) < \delta$ 可推出 $E(|X|; F) < \varepsilon$.

选择 K 以使得 $K^{-1}E(|X|) < \delta$.

现在设 $\mathcal{G}$ 为 $\mathcal{F}$ 的一个子 σ-代数并设 Y 为 $E(X|\mathcal{G})$ 的任一版本. 由詹森不等式可得

(a) $$|Y| \leqslant E(|X| | \mathcal{G}), \quad \text{a.s..}$$

所以 $E(|Y|) \leqslant E(|X|)$, 且

$$KP(|Y| > K) \leqslant E(|Y|) \leqslant E(|X|),$$

从而有

$$P(|Y| > K) < \delta.$$

但是 $\{|Y| > K\} \in \mathcal{G}$, 从而由 (a) 及条件期望的定义得到

$$E(|Y|; |Y| \geqslant K) \leqslant E(|X|; |Y| \geqslant K) < \varepsilon. \qquad \qquad \square$$

注 由此可见为什么我们需要更为精细的结果 (13.1, a) 而不仅仅是结果 (13.1,b), 尽管后者的证明较为简单.

13.5 依概率收敛

设 (X_n) 为一随机变量序列, X 为一随机变量. 我们称:

▶▶ $$X_n \to X \text{ 依概率},$$

如果对于每一个 $\varepsilon > 0$, 有

$$P(|X_n - X| > \varepsilon) \to 0, \quad \text{当 } n \to \infty.$$

引理

▶　如果 $X_n \to X$ 几乎必然, 则有

$$X_n \to X \text{ 依概率}.$$

证明　假定 $X_n \to X$, a.s., 且 $\varepsilon > 0$, 则由关于集合的反向法都引理 2.6(b),

$$0 = P(|X_n - X| > \varepsilon, \text{i.o.}) = P(\limsup\{|X_n - X| > \varepsilon\})$$
$$\geqslant \limsup P(|X_n - X| > \varepsilon),$$

结果得证.　　　　　　　　　　　　　　　　　　　　　　　　　　　□

注　正如我们已经提到过的, 在本章的附录中你会发现一个有关各种收敛方式间的关系的讨论.

13.6　有界收敛定理 (BDD) 的初等证明

我们重述有界收敛定理, 但却是在较弱的"依概率收敛"的假定之下, 而不是"几乎必然收敛".

定理 (BDD)

设 (X_n) 为一随机变量序列, 设 X 为一随机变量. 假定 $X_n \to X$ 依概率, 且对于某个 $K \in [0, \infty)$ 及每个 n 与 ω 我们有

$$|X_n(\omega)| \leqslant K,$$

则有

$$E(|X_n - X|) \to 0.$$

证明　我们先验证 $P(|X| \leqslant K) = 1$. 实际上, 对于 $k \in \mathbf{N}$,

$$P(|X| > K + k^{-1}) \leqslant P(|X - X_n| > k^{-1}), \quad \forall n,$$

所以有 $P(|X| > K + k^{-1}) = 0$. 因此

$$P(|X| > K) = P\left(\bigcup_k \{|X| > K + k^{-1}\}\right) = 0.$$

设 $\varepsilon > 0$ 为任意给定. 选取 n_0 使得当 $n \geqslant n_0$ 时有

$$P(|X_n - X| > \frac{1}{3}\varepsilon) < \frac{\varepsilon}{3K}.$$

则对于 $n \geqslant n_0$, 有

$$E(|X_n - X|) = E(|X_n - X|; |X_n - X| > \frac{1}{3}\varepsilon) + E(|X_n - X|; |X_n - X| \leqslant \frac{1}{3}\varepsilon)$$

$$\leqslant 2KP(|X_n - X| > \frac{1}{3}\varepsilon) + \frac{1}{3}\varepsilon \leqslant \varepsilon.$$

证毕. □

上述证明 (与魏尔斯特拉斯逼近定理的证明一样) 表明, 依概率收敛是一个自然的概念.

13.7 $\mathcal{L}^1$ 收敛的一个充要条件

定理

▶▶ 设 (X_n) 为 $\mathcal{L}^1$ 中的一个序列且 $X \in \mathcal{L}^1$, 则在 $\mathcal{L}^1$ 中有 $X_n \to X$(或等价地, $E(|X_n - X|) \to 0$) 当且仅当下面两个条件满足:

(i) $X_n \to X$ 依概率;

(ii) 序列 (X_n) 是一致可积 (UI) 的.

附注 当然, 定理的实用部分是其 "充分性" 部分. 因为该结果是 "最佳的", 故它肯定能改进 (DOM)(在我们的概率空间 $(\Omega, \mathcal{F}, P)$ 上). 而且, 由结果 13.3(b) 可知这是显然的.

"充分性" 的证明 假定条件 (i) 和 (ii) 满足. 对于 $K \in [0, \infty)$, 定义一个函数 $\varphi_K : \mathbf{R} \to [-K, K]$ 如下:

$$\varphi_K(x) := \begin{cases} K, & \text{若 } x > K, \\ x, & \text{若 } |x| \leqslant K, \\ -K, & \text{若 } x < -K. \end{cases}$$

设 $\varepsilon > 0$ 为任给. 由 (X_n) 序列的一致可积性和 (13.1,b), 我们可以选择 K 使得

$$E(|\varphi_K(X_n) - X_n|) < \frac{\varepsilon}{3}, \quad \forall n; \quad E(|\varphi_K(X) - X|) < \frac{\varepsilon}{3}.$$

但是, 由于 $|\varphi_K(x) - \varphi_K(y)| \leqslant |x-y|$, 可见 $\varphi_K(X_n) \to \varphi_K(X)$ 依概率; 且由 13.6 节中那种形式的 (BDD), 我们可以选择 n_0, 使得对于 $n \geqslant n_0$ 有

$$E(|\varphi_K(X_n) - \varphi_K(X)|) < \frac{\varepsilon}{3},$$

故再由三角形不等式便可推得, 对于 $n \geqslant n_0$, 有

$$E(|X_n - X|) < \varepsilon.$$

"充分性" 证毕. □

　　"必要性" 的证明　假定在 $\mathcal{L}^1$ 中 $X_n \to X$. 设 $\varepsilon > 0$ 为任意给定. 选择 N 使得

$$n \geqslant N \quad \Rightarrow \quad E(|X_n - X|) < \frac{\varepsilon}{2}.$$

由 (13.1,a), 我们可选择 $\delta > 0$ 使得只要 $P(F) < \delta$, 便有

$$E(|X_n|; F) < \varepsilon \quad (1 \leqslant n \leqslant N),$$

$$E(|X|; F) < \varepsilon/2.$$

　　因为 (X_n) 在 $\mathcal{L}^1$ 中有界, 我们可以选择 K 使得

$$K^{-1} \sup_r E(|X_r|) < \delta.$$

从而对于 $n \geqslant N$, 我们有 $P(|X_n| > K) < \delta$, 且

$$E(|X_n|; |X_n| > K) \leqslant E(|X|; |X_n| > K) + E(|X - X_n|) < \varepsilon.$$

即 (X_n) 为一致可积族.

　　又因为

$$\varepsilon P(|X_n - X| > \varepsilon) \leqslant E(|X_n - X|) = \|X_n - X\|_1,$$

故显然有 $X_n \to X$ 依概率. □

第 14 章 一致可积 (UI) 鞅

14.0 引　　言

本章的第一部分将考查当一致可积性与鞅性相结合时会产生什么情况. 除了诸如莱维的 "向上" 和 "向下" 定理等这样一些新的结果之外, 我们还将获得柯尔莫哥洛夫 0-1 律和强大数定律的新证明.

本章的第二部分 (始于 14.6 节) 关注杜布的下鞅不等式. 特别地, 这一结果蕴涵着: 对于 $p > 1$(注意不包含 $p = 1$), 一个在 $\mathcal{L}^p$ 中有界的鞅是受控于 $\mathcal{L}^p$ 中的一个元素的, 因而它既是几乎必然收敛的, 又在 $\mathcal{L}^p$ 中收敛. 下鞅不等式还用于证明有关乘积形式鞅的角谷定理, 对于指数界的图解以及对于重对数律的一个非常特殊的情形的证明.

然后我们证明了拉东 − 尼科迪姆定理, 并解释了它与似然比的关联性.

本章的附录涉及可选抽样, 对于连续参数理论和其他一些情况而言, 它是重要的论题.

14.1 一致可积鞅

设 M 为一个一致可积 (UI) 鞅, 即 M 是一个关于我们的设置 $(\Omega, \mathcal{F}, \{\mathcal{F}_n\}, P)$ 的鞅, 且 $(M_n : n \in \mathbf{Z}^+)$ 为一 UI 族.

因为 M 是 UI 的, 故 M 在 $\mathcal{L}^1$ 中是有界的 (由 (13.2)), 且 $M_\infty := \lim M_n$ 几乎必然存在. 还有, 由定理 13.7, 在 $\mathcal{L}^1$ 中有 $M_n \to M_\infty$:

$$E(|M_n - M_\infty|) \to 0.$$

我们现在证明: $M_n = E(M_\infty | \mathcal{F}_n)$, a.s.. 对 $F \in \mathcal{F}_n$ 及 $r \geqslant n$, 由鞅的性质有

$$(*) \qquad\qquad E(M_r; F) = E(M_n; F).$$

但是

$$|E(M_r; F) - E(M_\infty; F)| \leqslant E(|M_r - M_\infty|; F)$$
$$\leqslant E(|M_r - M_\infty|).$$

所以, 令 $(*)$ 式中 $r \to \infty$, 我们得到

$$E(M_\infty; F) = E(M_n; F).$$

我们已经证明了下面的结果:

定理

▶▶ 设 M 为一个 UI 鞅, 则

$$M_\infty := \lim M_n \text{ 存在 (a.s. 且在 } \mathcal{L}^1 \text{ 中)}.$$

而且, 对于每个 n, 有

$$M_n = E(M_\infty | \mathcal{F}_n) \text{ (a.s.)}.$$

对于 UI 的上鞅的平行推广亦可类似地加以证明.

14.2 　莱维的 "向上" 定理

▶ 设 $\xi \in \mathcal{L}^1(\Omega, \mathcal{F}, P)$, 并定义 $M_n := E(\xi | \mathcal{F}_n)$, a.s., 则 M 是一个 UI 鞅, 且有

$$M_n \to \eta := E(\xi | \mathcal{F}_\infty) \text{ (a.s. 且在 } \mathcal{L}^1 \text{中)}.$$

证明 由全期望公式可知 M 是一个鞅. 又由定理 13.4 可知 M 是 UI 的. 所以 $M_\infty := \lim M_n$(a.s. 且在 $\mathcal{L}^1$ 中) 存在, 从而仅需要证明: $M_\infty = \eta$, a.s., 其中 $\eta := E(\xi | \mathcal{F}_\infty)$.

不失一般性, 我们不妨假定 $\xi \geqslant 0$. 现在考虑 $(\Omega, \mathcal{F}_\infty)$ 上的测度 Q_1 和 Q_2, 其中

$$Q_1(F) := E(\eta; F), \quad Q_2(F) := E(M_\infty; F), \quad F \in \mathcal{F}_\infty.$$

如果 $F \in \mathcal{F}_n$, 则因为 $E(\eta|\mathcal{F}_n) = E(\xi|\mathcal{F}_n)$ (由全期望公式), 故

$$E(\eta; F) = E(M_n; F) = E(M_\infty; F),$$

其中第二个等式刚刚在 14.1 节中被证明. 因此 Q_1 和 Q_2 在 π-系 (也是代数!) $\bigcup \mathcal{F}_n$ 上是一致的, 从而它们在 $\mathcal{F}_\infty$ 上也是一致的.

η 和 M_∞ 都是 $\mathcal{F}_\infty$-可测的. 更准确地, 可通过定义 $M_\infty := \limsup M_n$ (对每个 ω) 而说明 M_∞ 是 $\mathcal{F}_\infty$-可测的. 因此,

$$F := \{\omega : \eta > M_\infty\} \in \mathcal{F}_\infty.$$

又因为 $Q_1(F) = Q_2(F)$, 故

$$E(\eta - M_\infty; \eta > M_\infty) = 0.$$

所以 $P(\eta > M_\infty) = 0$, 类似可证明 $P(M_\infty > \eta) = 0$. □

14.3　柯尔莫哥洛夫 0-1 律的鞅证明

回顾该结果:

定理

设 $X_1, X_2, \cdots$ 为一列独立的随机变量. 定义

$$\mathcal{T}_n := \sigma(X_{n+1}, X_{n+2}, \cdots), \quad \mathcal{T} := \bigcap_n \mathcal{T}_n.$$

如果 $F \in \mathcal{T}$, 则有 $P(F) = 0$ 或 1.

证明 定义 $\mathcal{F}_n := \sigma(X_1, X_2, \cdots, X_n)$. 设 $F \in \mathcal{T}$, 并记 $\eta := I_F$. 因为 $\eta \in b\mathcal{F}_\infty$, 故莱维向上定理表明

$$\eta = E(\eta|\mathcal{F}_\infty) = \lim E(\eta|\mathcal{F}_n), \quad \text{a.s.}.$$

然而, 对于每个 n, η 是 $\mathcal{T}_n$ 可测的. 所以 (见下面附注) 是与 $\mathcal{F}_n$ 独立的. 从而由 (9.7,k), 得

$$E(\eta|\mathcal{F}_n) = E(\eta) = P(F), \quad \text{a.s.}.$$

因此 $\eta = P(F)$, a.s.. 又因为 η 只可能取 0 或者 1, 故结论得证. □

　　附注　当然, 我们在以前的证明中部分地使用了刚才证明中的鞅的陈述, 这在某种程度上是一种"作弊".

14.4　莱维的"向下"定理

▶▶　假定 $(\Omega, \mathcal{F}, P)$ 为一概率空间, 而 $\{\mathcal{G}_{-n} : n \in \mathbf{N}\}$ 是一个 $\mathcal{F}$ 的子 σ- 代数的集合, 并满足

$$\mathcal{G}_{-\infty} := \bigcap_k \mathcal{G}_{-k} \subseteq \cdots \subseteq \mathcal{G}_{-(n+1)} \subseteq \mathcal{G}_{-n} \subseteq \cdots \subseteq \mathcal{G}_{-1}.$$

设 $\gamma \in \mathcal{L}^1(\Omega, \mathcal{F}, P)$ 并定义

$$M_{-n} := E(\gamma | \mathcal{G}_{-n}),$$

则

$$M_{-\infty} := \lim M_{-n} \text{存在}　(\text{a.s. 且在} \mathcal{L}^1 \text{中}),$$

且

(*)　　　　　　　　　　$$M_{-\infty} = E(\gamma | \mathcal{G}_{-\infty}),　\text{a.s..}$$

　　证明　正像对于杜布向前收敛定理的证明那样, 将上穿引理应用于鞅

$$(M_k, \mathcal{G}_k : -N \leqslant k \leqslant -1)$$

可以证明 $\lim M_{-n}$ 存在 (a.s.). 一致可积性的结果, 即定理 13.4, 则表明在 $\mathcal{L}^1$ 中 $\lim M_{-n}$ 存在.

　　(*) 式的结论 (如果你喜欢, 也可写成 $M_{-\infty} := \limsup M_{-n} \in m\mathcal{G}_{-\infty}$) 则可由以下熟悉的理由而证得, 即对于 $G \in \mathcal{G}_{-\infty} \subseteq \mathcal{G}_{-r}$, 有

$$E(\gamma; G) = E(M_{-r}; G).$$

再令 $r \to \infty$.　　　　　　　　　　　　　　　　　　　　　　　　□

14.5 强大数定律的鞅证明

回顾该结果 (但额外增加 $\mathcal{L}^1$ 收敛性):

定理

设 $X_1, X_2, \cdots$ 为 IID 的随机变量, 满足 $E(|X_k|) < \infty, \forall k$; 设 μ 为共同的均值 $E(X_n)$; 记

$$S_n := X_1 + X_2 + \cdots + X_n,$$

则

$$n^{-1} S_n \to \mu \quad \text{(a.s. 且在 } \mathcal{L}^1 \text{ 中)}.$$

证明 定义

$$\mathcal{G}_{-n} := \sigma(S_n, S_{n+1}, S_{n+2}, \cdots), \quad \mathcal{G}_{-\infty} := \bigcap_n \mathcal{G}_{-n},$$

我们由 9.11 节可知

$$E(X_1 | \mathcal{G}_{-n}) = n^{-1} S_n, \quad \text{a.s.},$$

所以 $L := \lim n^{-1} S_n$ 存在 (a.s. 且在 $\mathcal{L}^1$ 中). 为明确起见, 对于每个 ω 定义 $L := \limsup n^{-1} S_n$, 则对于每个 k,

$$L = \limsup \frac{X_{k+1} + \cdots + X_{k+n}}{n}.$$

所以 $L \in m\mathcal{T}_k$, 其中 $\mathcal{T}_k = \sigma(X_{k+1}, X_{k+2}, \cdots)$. 由柯尔莫哥洛夫 0-1 律, 存在某个 $c \in \mathbf{R}$, 使得 $P(L = c) = 1$. 但是,

$$c = E(L) = \lim E(n^{-1} S_n) = \mu. \qquad \square$$

练习 试解释我们如何能在 12.10 节就推导出 $\mathcal{L}^1$ 的收敛性.
(**提示** 回顾谢菲引理 5.10, 考虑如何利用它.)

附注 请参阅 Meyer(1966) 的书中有关本章到目前为止的结果的一些重要的推广和应用. 这些推广包括: 休伊特 — 萨维奇 (Hewitt-Savage)0-1 律, 有关可交换随机变量序列的 de Finetti 定理, 以及关于群上随机游动的有界、调和函数的 Choquet-Deny 定理.

14.6　杜布的下鞅不等式

定理

▶▶ (a) 设 Z 是一个非负下鞅, 则对于 $c > 0$, 有

$$cP(\sup_{k \leqslant n} Z_k \geqslant c) \leqslant E(Z_n; \sup_{k \leqslant n} Z_k \geqslant c) \leqslant E(Z_n).$$

证明　设 $F := \{\sup_{k \leqslant n} Z_k \geqslant c\}$, 则 F 可表示为一不交并:

$$F = F_0 \cup F_1 \cup \cdots \cup F_n,$$

其中:

$$F_0 := \{Z_0 \geqslant c\},$$

$$F_k := \{Z_0 < c\} \cap \{Z_1 < c\} \cap \cdots \cap \{Z_{k-1} < c\} \cap \{Z_k \geqslant c\}.$$

由于 $F_k \in \mathcal{F}_k$, 且在 F_k 上有 $Z \geqslant c$, 故

$$E(Z_n; F_k) \geqslant E(Z_k; F_k) \geqslant cP(F_k),$$

关于 k 求和便推得结果.　　　　　□

上述定理有效的主要原因在于下面的结果.

引理

▶ (b) 如果 M 是一个鞅, c 是一个凸函数, 且 $E|c(M_n)| < \infty, \forall n$, 则

$$c(M) \text{ 是一个下鞅.}$$

证明　应用 9.7 节表中条件版的詹森不等式.　　　　　□

柯尔莫哥洛夫不等式

▶ 设 $(X_n : n \in \mathbf{N})$ 是 $\mathcal{L}^2$ 中的一列独立且零均值的随机变量, 定义 $\sigma_k^2 := \mathrm{Var}(X_k)$, 记

$$S_n := X_1 + \cdots + X_n, \quad V_n := \mathrm{Var}(S_n) = \sum_{k=1}^{n} \sigma_k^2,$$

则对于 $c > 0$, 有

$$c^2 P\Big(\sup_{k \leqslant n} |S_k| \geqslant c\Big) \leqslant V_n.$$

证明 我们知道: 若置 $\mathcal{F}_n = \sigma(X_1, X_2, \cdots, X_n)$, 则 $S = (S_n)$ 是一个鞅. 从而对 S^2 应用下鞅不等式即可. □

注 柯尔莫哥洛夫不等式是对柯尔莫哥洛夫的三级数定理和强大数定律的原创性证明中的关键步骤.

14.7 重对数律: 特殊情形

下面让我们来看如何应用下鞅不等式, 并通过所谓指数界, 来证明柯尔莫哥洛夫重对数律 (见 A4.1 节) 的一个非常特殊的情形. (你们最好快速浏览一下这个证明, 尽管它并不是后文所必需的.)

定理

设 $(X_n : n \in \mathbf{N})$ 为 IID 的随机变量, 每个都服从均值为 0、方差为 1 的标准正态分布 $N(0,1)$; 定义

$$S_n := X_1 + X_2 + \cdots + X_n,$$

则几乎必然有

$$\limsup \frac{S_n}{(2n \log\log n)^{\frac{1}{2}}} = 1.$$

证明 在整个证明中, 我们将记

$$h(n) := (2n \log\log n)^{\frac{1}{2}} \quad (n \geqslant 3).$$

(这可被理解为: 当有必要时, 证明中出现的整数都将大于 e.)

步骤 1 一个指数界. 定义 $\mathcal{F}_n := \sigma(X_1, X_2, \cdots, X_n)$. 则 S 是一个关于 $\{\mathcal{F}_n\}$ 的鞅. 众所周知: 对于 $\theta \in \mathbf{R}, n \in \mathbf{N}$,

$$E\mathrm{e}^{\theta S_n} = \mathrm{e}^{\frac{1}{2}\theta^2 n} < \infty.$$

函数 $x \mapsto \mathrm{e}^{\theta x}$ 在 $\mathbf{R}$ 上是凸的, 所以,

$$\mathrm{e}^{\theta S_n} \text{ 是一个下鞅}.$$

且由下鞅不等式, 对于 $\theta > 0$, 有

▶
$$P\Big(\sup_{k \leqslant n} S_k \geqslant c\Big) = P\Big(\sup_{k \leqslant n} \mathrm{e}^{\theta S_k} \geqslant \mathrm{e}^{\theta c}\Big) \leqslant \mathrm{e}^{-\theta c} E(\mathrm{e}^{\theta S_n}).$$

这是在现代概率论中常用的一种指数界.

在我们的特殊情形中, 我们有

$$P\Big(\sup_{k \leqslant n} S_k \geqslant c\Big) \leqslant \mathrm{e}^{-\theta c} \mathrm{e}^{\frac{1}{2}\theta^2 n}.$$

且对于 $c > 0$, 选择最优的 θ, 即 c/n, 我们得到

(a)
$$P\Big(\sup_{k \leqslant n} S_k \geqslant c\Big) \leqslant \mathrm{e}^{-\frac{1}{2}c^2/n}.$$

步骤 2　获得一个上界. 设 K 是一个实数且 $K > 1$ (我们感兴趣的是 K 接近于 1 的情形), 选择 $c_n := Kh(K^{n-1})$, 则有

$$P\Big(\sup_{k \leqslant K^n} S_k \geqslant c_n\Big) \leqslant \exp[-c_n^2/(2K^n)] = (n-1)^{-K}(\log K)^{-K}.$$

从而博雷尔 – 肯泰利第一引理表明: 对于所有充分大的 n(所有的 $n \geqslant n_0(\omega)$) 及 $K^{n-1} \leqslant k \leqslant K^n$, 我们有 (几乎必然地)

$$S_k \leqslant \sup_{k \leqslant K^n} S_k \leqslant c_n = Kh(K^{n-1}) \leqslant Kh(k).$$

所以, 对于 $K > 1$, 有

$$\limsup_k h(k)^{-1} S_k \leqslant K \quad \text{(a.s.)}.$$

通过取一列单调下降收敛于 1 的 K 的值, 我们得到

$$\limsup_k h(k)^{-1} S_k \leqslant 1 \quad \text{(a.s.)}.$$

步骤 3　获得一个下界. 设 N 是一个整数, 且 $N > 1$ (我们感兴趣的是 N 非常大的情形); 设 $\varepsilon \in (0,1)$ (当然, 在我们感兴趣的场合 ε 总是很小); 为了印刷上更加方便, 我们将 S_r 记为 $S(r)$; 对于 $n \in \mathbf{N}$, 定义事件

$$F_n := \{S(N^{n+1}) - S(N^n) > (1-\varepsilon)h(N^{n+1} - N^n)\},$$

则 (见下面命题 14.8(b))

$$P(F_n) = 1 - \Phi(y) \geqslant (2\pi)^{-\frac{1}{2}}(y + y^{-1})^{-1} \exp(-y^2/2),$$

其中

$$y = (1-\varepsilon)\{2\log\log(N^{n+1} - N^n)\}^{\frac{1}{2}}.$$

因此, 忽略"对数项", $P(F_n)$ 大约等于 $(n\log N)^{-(1-\varepsilon)^2}$, 从而 $\sum P(F_n) = \infty$. 然而, 事件列 $F_n(n \in \mathbf{N})$ 显然是独立的, 所以 (BC2) 表明: 几乎必然地, 有无穷多个 F_n 发生. 因此, 对于无穷多个 n, 有

$$S(N^{n+1}) > (1-\varepsilon)h(N^{n+1} - N^n) + S(N^n).$$

但由步骤 2, 对于所有充分大的 n, 有

$$S(N^n) > -2h(N^n),$$

所以, 对于无穷多个 n, 我们有

$$S(N^{n+1}) > (1-\varepsilon)h(N^{n+1} - N^n) - 2h(N^n).$$

由此得到

$$\limsup_k h(k)^{-1} S_k \geqslant \limsup_n h(N^{n+1})^{-1} S(N^{n+1})$$
$$\geqslant (1-\varepsilon)(1 - N^{-1})^{\frac{1}{2}} - 2N^{-\frac{1}{2}}.$$

(你们应该验证"对数项的确消失了".) 其余是显然的. □

14.8 有关正态分布的一个标准估计

我们在前一节中部分地使用了下面的结果.

命题

假定 X 具有标准正态分布, 即对于 $x \in \mathbf{R}$, 有

$$P(X > x) = 1 - \varPhi(x) = \int_x^\infty \varphi(y)\mathrm{d}y,$$

其中

$$\varphi(y) := (2\pi)^{-\frac{1}{2}} \exp\left(-\frac{1}{2}y^2\right),$$

则对于 $x > 0$, 有

(a) $$P(X > x) \leqslant x^{-1} \varphi(x),$$

(b) $$P(X > x) \geqslant (x + x^{-1})^{-1} \varphi(x).$$

证明 设 $x > 0$. 因为 $\varphi'(y) = -y\varphi(y)$, 故

$$\varphi(x) = \int_x^\infty y\varphi(y)\mathrm{d}y \geqslant x \int_x^\infty \varphi(y)\mathrm{d}y,$$

由此给出 (a).

又因为 $(y^{-1}\varphi(y))' = -(1 + y^{-2})\varphi(y)$, 故

$$x^{-1}\varphi(x) = \int_x^\infty (1 + y^{-2})\varphi(y)\mathrm{d}y \leqslant (1 + x^{-2}) \int_x^\infty \varphi(y)\mathrm{d}y,$$

由此给出 (b). □

14.9 关于指数界的附注; 大偏差理论

获取指数界关系到非常强有力的大偏差理论 (参见 Varadhan(1984), Deuschel 和 Stroock(1989) 等著作), 其可应用的领域正日益增多. 参见 Ellis(1985) 的书.

你可以通过 Neveu(1975), Chow 和 Teicher(1978), Garsia(1985) 等著作去了解在非常具体的鞅的背景下的各种指数界.

大多数文献都是关于如何获取在最佳意义下的指数界的, 然而一些 "初等的" 结果 (诸如练习 E14.1 中的 Azuma-Hoeffding 不等式之类) 在众多的应用场合中也是非常有用的. 例如, 可参见 Bollobás(1987) 的书中其在组合数学中的应用.

14.10 赫尔德不等式的一个推论

为了理解我们进一步的意向, 请先看一下下一节中的杜布的 $\mathcal{L}^p$ 不等式的陈述.

引理

假定 X 与 Y 为非负的随机变量, 且对每一个 $c > 0$ 满足

$$cP(X \geqslant c) \leqslant E(Y; X \geqslant c),$$

则对于 $p > 1$ 且 $p^{-1} + q^{-1} = 1$, 我们有

$$\|X\|_p \leqslant q\|Y\|_p.$$

证明 显然, 我们有

$$(*) \qquad L := \int_{c=0}^{\infty} pc^{p-1} P(X \geqslant c) \mathrm{d}c \leqslant \int_{c=0}^{\infty} pc^{p-2} E(Y; X \geqslant c) \mathrm{d}c =: R.$$

利用有关非负可积函数的富比尼定理, 我们得到

$$L = \int_{c=0}^{\infty} \left(\int_{\Omega} I_{\{X \geqslant c\}}(\omega) P(\mathrm{d}\omega) \right) pc^{p-1} \mathrm{d}c$$
$$= \int_{\Omega} \left(\int_{c=0}^{X(\omega)} pc^{p-1} \mathrm{d}c \right) P(\mathrm{d}\omega) = E(X^p).$$

完全相似地, 我们可得到

$$R = E(qX^{p-1}Y).$$

再应用赫尔德不等式得到

$$(**) \qquad E(X^p) \leqslant E(qX^{p-1}Y) \leqslant q\|Y\|_p \|X^{p-1}\|_q.$$

假定 $\|Y\|_p < \infty$, 并假定此时还有 $\|X\|_p < \infty$, 则因为 $(p-1)q = p$, 故我们有

$$\|X^{p-1}\|_q = E(X^p)^{\frac{1}{q}},$$

从而 $(**)$ 式意味着 $\|X\|_p \leqslant q\|Y\|_p$. 对于一般的 X, 注意到 $X \wedge n$ 仍满足上面的假设, 故对于所有的 n 有 $\|X \wedge n\|_p \leqslant q\|Y\|_p$, 再应用 (MON) 便证得结果. □

14.11 杜布的 $\mathcal{L}^p$ 不等式

定理

▶▶ (a) 设 $p > 1$ 并假定 q 满足 $p^{-1} + q^{-1} = 1$, 设 Z 为一个在 $\mathcal{L}^p$ 中有界的非负下鞅, 并定义 (此为标准记号)

$$Z^* := \sup_{k \in \mathbf{Z}^+} Z_k,$$

则 $Z^* \in \mathcal{L}^p$, 而且实际上有

$$(*) \qquad\qquad \|Z^*\|_p \leqslant q \sup_r \|Z_r\|_p.$$

所以下鞅 Z 受控于 $\mathcal{L}^p$ 中的元素 Z^*. 当 $n \to \infty$ 时, $Z_\infty := \lim Z_n$ 存在 (a.s. 且 $\mathcal{L}^p$), 并有

$$\|Z_\infty\|_p = \sup_r \|Z_r\|_p = \uparrow \lim_r \|Z_r\|_p.$$

▶▶ (b) 如果 Z 形如 $|M|$, 其中 M 是一个在 $\mathcal{L}^p$ 中有界的鞅, 则 $M_\infty := \lim M_n$ 存在 (a.s. 且 $\mathcal{L}^p$), 且当然有 $Z_\infty = |M_\infty|$ (a.s.).

证明 对于 $n \in \mathbf{Z}^+$, 定义 $Z_n^* := \sup_{k \leqslant n} Z_k$, 由杜布的下鞅不等式 14.6(a) 及引理 14.10, 我们得到

$$\|Z_n^*\|_p \leqslant q\|Z_n\|_p \leqslant q \sup_r \|Z_r\|_p.$$

故由单调收敛定理 (即 (MON)) 便得到性质 (*). 又因为 $(-Z)$ 是一个在 $\mathcal{L}^p$ 中 (因而亦在 $\mathcal{L}^1$ 中) 有界的上鞅, 我们知道 $Z_\infty := \lim Z_n$ 存在 (a.s.). 然而

$$|Z_n - Z|^p \leqslant (2Z^*)^p \in \mathcal{L}^p \quad (\text{似应为 } \mathcal{L}^1 \text{——译者}),$$

所以 (DOM) 表明: $Z_n \to Z \ (\mathcal{L}^p)$. 詹森不等式则表明 $\|Z_r\|_p$ 关于 r 是非降的, 其余的一切皆容易证明. □

14.12 有关 "乘积" 鞅的角谷 (Kakutani) 定理

设 $X_1, X_2, \cdots$ 为非负、独立的随机变量, 每个的均值皆为 1; 定义 $M_0 := 1$, 而对于 $n \in \mathbf{N}$, 设

$$M_n := X_1 X_2 \cdots X_n,$$

则 M 是一个非负的鞅, 从而

$$M_\infty := \lim X_n \text{ 存在 (a.s.).}$$

下面五个命题是等价的:

(i) $E(M_\infty) = 1$.

(ii) $M_n \to M_\infty (\mathcal{L}^1)$.

(iii) M 是 UI 的.

(iv) $\prod a_n > 0$, 其中 $0 < a_n := E(X_n^{\frac{1}{2}}) \leqslant 1$.

(v) $\sum(1 - a_n) < \infty$.

如果上述五条中的某一条 (因而每一条) 不成立, 则有

$$P(M_\infty = 0) = 1.$$

附注 有关这一定理的重要性的一些解释会在 14.17 节中给出.

证明 从詹森不等式可推得 $a_n \leqslant 1$, 而 $a_n > 0$ 是显然的.

首先假定命题 (iv) 成立, 定义

(*)
$$N_n = \frac{X_1^{\frac{1}{2}}}{a_1} \frac{X_2^{\frac{1}{2}}}{a_2} \cdots \frac{X_n^{\frac{1}{2}}}{a_n},$$

则 N 是一个鞅, 其理由与 M 是鞅的理由相同, 参见 (10.4,b). 我们有

$$EN_n^2 = 1/(a_1 a_2 \cdots a_n)^2 \leqslant 1/(\prod a_n)^2 < \infty,$$

所以 N 在 $\mathcal{L}^2$ 中有界. 由杜布的 $\mathcal{L}^2$ 不等式, 有

$$E(\sup_n |M_n|) \leqslant E(\sup_n |N_n|^2) \leqslant 4 \sup_n E(|N_n^2|) < \infty,$$

从而 M 受控于 $M^* := \sup_n |M_n| \in \mathcal{L}^1$. 所以 M 是 UI 的, 且命题 (i)~(iii) 成立.

现考虑 $\prod a_n = 0$ 的情形. 定义 N 同于 (*) 式, 因为 N 是一个非负鞅, 故 $\lim N_n$ 存在 (a.s.). 但是因为 $\prod a_n = 0$, 故我们只能得出 $M_\infty = 0$, a.s..

由 4.3 节可知 (iv) 与 (v) 是等价的. 从而定理证毕. □

14.13 拉东 – 尼科迪姆 (Radon-Nikodým) 定理

鞅论为拉东 – 尼科迪姆定理提供了一个直观而且是 "构造性" 的证明. 我们受到了 Meyer(1966) 的著作的启发.

我们从一个特殊的情形开始.

定理

▶ (Ⅰ) 假定 $(\Omega, \mathcal{F}, P)$ 是一个概率空间, 其中 $\mathcal{F}$ 是可分的 (separable), 即有

$$\mathcal{F} = \sigma(F_n : n \in \mathbf{N}),$$

其中 (F_n) 是某个由 Ω 的子集所构成的序列. 又假定 Q 是 $(\Omega, \mathcal{F})$ 上的一个有限测度, 且它关于 P 是绝对连续的, 即满足:

(a) 对于 $F \in \mathcal{F}$, 有

$$P(F) = 0 \Rightarrow Q(F) = 0.$$

则存在一个 $X \in \mathcal{L}^1(\Omega, \mathcal{F}, P)$, 使得 $Q = XP$ (参见 5.14 节), 即有

$$Q(F) = \int_F X \mathrm{d}P = E(X; F), \quad \forall F \in \mathcal{F}.$$

变量 X 称为 Q 关于 P (在 $(\Omega, \mathcal{F})$ 上) 的拉东 − 尼科迪姆导数的一个版本, 两个如此的版本几乎必然相等. 我们记之为

$$\frac{\mathrm{d}Q}{\mathrm{d}P} = X \quad (在 \mathcal{F} 上, \text{a.s.}).$$

附注   我们所遇到的大多数 σ-代数都是可分的. (但由 $[0,1]$ 的勒贝格可测子集所构成的 σ-代数却不是.)

证明   记着 13.1 节 (a) 中的方法, 你可以证明性质 (a) 蕴涵着:

(b) 任给 $\varepsilon > 0$, 则存在着 $\delta > 0$, 使得对于 $F \in \mathcal{F}$,

$$P(F) < \delta \Rightarrow Q(F) < \varepsilon.$$

然后定义

$$\mathcal{F}_n := \sigma(F_1, F_2, \cdots, F_n),$$

则对于每个 $n, \mathcal{F}_n$ 由其 "原子"

$$A_{n,1}, \cdots, A_{n,r(n)}$$

的 $2^{r(n)}$ 个可能的并集所构成, 其中 $\mathcal{F}_n$ 的一个原子 A 是 $\mathcal{F}_n$ 的一个元素, 同时满足: $\emptyset$(也是 $\mathcal{F}_n$ 的一个元素) 是 A 的仅有的真子集. (每个原子都具有如下的形式:

$$H_1 \cap H_2 \cap \cdots \cap H_n,$$

其中每个 H_i 为 F_i 或者 F_i^c.)

定义函数 $X_n : \Omega \to [0, \infty)$ 如下: 如果 $\omega \in A_{n,k}$, 则

$$X_n(\omega) := \begin{cases} 0, & 若 P(A_{n,k}) = 0, \\ Q(A_{n,k})/P(A_{n,k}), & 若 P(A_{n,k}) > 0. \end{cases}$$

则 $X_n \in \mathcal{L}^1(\Omega, \mathcal{F}_n, P)$, 且

(c) $$E(X_n; F) = Q(F), \quad \forall F \in \mathcal{F}_n.$$

变量 X_n 是 $\mathrm{d}Q/\mathrm{d}P$ 在 $(\Omega, \mathcal{F}_n)$ 上的显式版本.

显然由 (c) 可知: $X = (X_n : n \in \mathbf{Z}^+)$ 是一个关于过滤 $(\mathcal{F}_n : n \in \mathbf{Z}^+)$ 的鞅, 而且由于这个鞅是非负的, 故

$$X_\infty := \lim X_n \ 存在 \quad (\text{a.s.}).$$

设 $\varepsilon > 0$, 选择 δ 如同 (a)(似应为 (b)——译者), 并设 $K \in (0, \infty)$ 满足

$$K^{-1}Q(\Omega) < \delta,$$

则

$$P(X_n > K) \leqslant K^{-1}E(X_n) = K^{-1}Q(\Omega) < \delta,$$

从而

$$E(X_n; X_n > K) = Q(X_n > K) < \varepsilon.$$

从而鞅 X 是 UI(一致可积) 的, 于是有

$$X_n \to X \quad (\text{在 } \mathcal{L}^1 \text{中}).$$

现在由 (c) 得到, 测度

$$F \mapsto E(X; F) \ 与 \ F \mapsto Q(F)$$

在 π-系 $\bigcup \mathcal{F}_n$ 上是相同的, 从而它们在 $\mathcal{F}$ 上也是相同的. 剩下要做的只有唯一性的证明, 而这现在对于我们来说只消按惯例去办即可. $\qquad\square$

附注 对于上述证明中的全部讨论的深入理解将揭示拉东 – 尼科迪姆导数与条件期望之间的紧密联系, 对此, 14.14 节将给出明确的结果. 下面是定理的另一部分:

(II) 第 I 部分中有关 $\mathcal{F}$ 可分的假设可以去掉.

一旦有了第 II 部分, 你就可以容易地将结果推广到 P 与 Q 都是 σ-有限测度的情形. 这只需要将 Ω 划分为一些二者在其上均为有限的集合即可.

对于定理第 II 部分的证明有点像那种 "抽象的废话" (基于 $\mathcal{L}^1$(或更严格地, L^1) 是一个度量空间的事实, 特别是度量空间中序列收敛性的作用). 你不妨将第 II 部分视为理所当然成立的, 并跳过本节剩下内容.

设 Sep 为由 $\mathcal{F}$ 的所有可分的子 σ-代数所构成的类. 则第 I 部分表明: 对于 $\mathcal{G} \in$ Sep, 存在着 $X_{\mathcal{G}} \in \mathcal{L}^1(\Omega, \mathcal{F}, P)$, 使得

$$\mathrm{d}Q/\mathrm{d}P = X_{\mathcal{G}};$$

或等价地,

$$E(X_{\mathcal{G}}; G) = Q(G), \quad G \in \mathcal{G}.$$

我们将证明: 存在着 $X \in \mathcal{L}^1(\Omega, \mathcal{F}, P)$, 使得

(d) $\qquad\qquad\qquad X_{\mathcal{G}} \to X \quad (\text{在 } \mathcal{L}^1 \text{中}).$

其含义为, 对于任给的 $\varepsilon > 0$, 存在着 $\mathcal{K} \in \mathrm{Sep}$, 使得: 如果 $\mathcal{K} \subseteq \mathcal{G} \in \mathrm{Sep}$, 则 $\|X_{\mathcal{G}} - X\|_1 < \varepsilon$.

首先我们注意到, 只要能证明以下结论就足够了:

(e) $\qquad\qquad\qquad (X_{\mathcal{G}} : \mathcal{G} \in \mathrm{Sep})$ 在 $\mathcal{L}^1$ 中为柯西的.

其含义为, 对于任给的 $\varepsilon > 0$, 存在着 $\mathcal{K} \in \mathrm{Sep}$, 使得: 如果 $\mathcal{K} \subseteq \mathcal{G}_i \in \mathrm{Sep}(i=1,2)$, 则有 $\|X_{\mathcal{G}_1} - X_{\mathcal{G}_2}\|_1 < \varepsilon$.

先证明 (e) 蕴涵着 (d) 假定 (e) 成立, 选择 $\mathcal{K}_n \in \mathrm{Sep}$, 使得: 如果 $\mathcal{K}_n \subseteq \mathcal{G}_i \in \mathrm{Sep}(i=1,2)$, 则有

$$\|X_{\mathcal{G}_1} - X_{\mathcal{G}_2}\|_1 < 2^{-(n+1)}.$$

令 $\mathcal{H}(n) = \sigma(\mathcal{K}_1, \mathcal{K}_2, \cdots, \mathcal{K}_n)$, 则 (见 (6.10, a) 的证明) 极限 $X := \lim X_{\mathcal{H}(n)}$ 存在 (a.s. 且在 $\mathcal{L}^1$ 中), 且有

$$\|X - X_{\mathcal{H}(n)}\|_1 \leqslant 2^{-n}.$$

为确定起见, 令 $X := \limsup X_{\mathcal{H}(n)}$. 对于任何 $\mathcal{G} \in \mathrm{Sep}$ 且满足 $\mathcal{G} \supseteq \mathcal{H}_n$, 我们有

$$\|X_{\mathcal{G}} - X_{\mathcal{H}(n)}\|_1 < 2^{-n}.$$

结果 (d) 因而成立. $\qquad\qquad\qquad\qquad\qquad\qquad\qquad\qquad\qquad\qquad\Box$

(e) 的证明 (e) 如果不真, 则 (为什么?!) 我们能找到 $\varepsilon_0 > 0$ 及 Sep 中元素的一个序列 $\mathcal{K}(0) \subseteq \mathcal{K}(1) \subseteq \cdots$, 使得

$$\|X_{\mathcal{K}(n)} - X_{\mathcal{K}(n+1)}\|_1 > \varepsilon_0, \quad \forall n.$$

然而, 容易看出 $(X_{\mathcal{K}(n)})$ 是一个关于过滤 $(\mathcal{K}(n))$ 的一致可积鞅, 所以 $X_{\mathcal{K}(n)}$ 在 $\mathcal{L}^1$ 中是收敛的. 这一矛盾表明 (e) 为真. $\qquad\qquad\qquad\qquad\Box$

定理第 II 部分的证明 我们仅需要证明: 对于满足 (d) 的 X 及 $F \in \mathcal{F}$, 我们有

$$E(X; F) = Q(F).$$

选取 $\mathcal{K}$ 使得 $\mathcal{K} \subseteq \mathcal{G} \in \mathrm{Sep}$, 且 $\|X_{\mathcal{G}} - X\|_1 < \varepsilon$. 则 $\sigma(\mathcal{K}, F) \in \mathrm{Sep}$, 其中 $\sigma(\mathcal{K}, F)$ 是由 $\mathcal{K}$ 所张成的并包含 F 的最小 σ-代数; 且由熟知的讨论可推出

$$|E(X; F) - Q(F)| = |E(X - X_{\sigma(\mathcal{K}, F)}; F)|$$

$$\leqslant \|X - X_{\sigma(\mathcal{K},F)}\|_1 < \varepsilon.$$

结论得证. □

14.14 拉东 – 尼科迪姆定理与条件期望

假定 $(\Omega, \mathcal{F}, P)$ 为一概率空间, $\mathcal{G}$ 为 $\mathcal{F}$ 的一个子 σ-代数. 设 X 为 $\mathcal{L}^1(\Omega, \mathcal{F}, P)$ 的一个非负元素, 则

$$Q(X) := E(X; G), \quad G \in \mathcal{G}$$

定义了 $(\Omega, \mathcal{G})$ 上的一个有限测度. 而且, 很清楚 Q 在 $\mathcal{G}$ 上关于 P 是绝对连续的, 从而由拉东 – 尼科迪姆定理, (一个版本的 ……)

$$Y := \mathrm{d}Q/\mathrm{d}P \ (在 \ (\Omega, \mathcal{G}) \ 上) \ 存在.$$

因为 Y 是 $\mathcal{G}$-可测的, 且

$$E(Y; G) = Q(G) = E(X; G), \quad G \in \mathcal{G},$$

所以 Y 是给定 $\mathcal{G}$ 时 X 的条件期望的一个版本:

$$Y = E(X|\mathcal{G}), \quad \text{a.s..}$$

附注 领会鞅收敛性、条件期望、拉东 – 尼科迪姆定理等相互之间紧密的内在联系的恰当场合, 是巴拿赫空间几何学.

14.15 似然比与等价测度

设 P 与 Q 为 $(\Omega, \mathcal{F})$ 上的概率测度且 Q 关于 P 是绝对连续的, 从而 $\mathrm{d}Q/\mathrm{d}P$ 在 $\mathcal{F}$ 上的一个版本 X 存在. 我们称 Y (似应为 X——译者注) 为给定 P 时 Q 的似然比 (的一个版本). 则 P 关于 Q 绝对连续当且仅当 $P(X > 0) = 1$, 且 X^{-1} 是 $\mathrm{d}P/\mathrm{d}Q$ 的一个版本. 当 P 与 Q 中的任何一个关于另外一个绝对连续时, 我们称 P 与 Q 为等价的. 注意这可使得下面的定义有意义:

$$\int_F \sqrt{\mathrm{d}P\mathrm{d}Q} := \int_F X^{\frac{1}{2}}\mathrm{d}P = \int_F (X^{-\frac{1}{2}})\mathrm{d}Q, \quad F \in \mathcal{F};$$

且我们可期望得到对于角谷所获结果的一个更充分的理解 ······

14.16　似然比与条件期望

设 $(\Omega, \mathcal{F}, P)$ 为一概率空间, Q 为 $(\Omega, \mathcal{F})$ 上的一个概率测度, 且它关于 P 是绝对连续的并具有密度 X. 设 $\mathcal{G}$ 为 $\mathcal{F}$ 的一个子 σ-代数. 什么样的 $\mathcal{G}$-可测函数 (模同版本) 在 $\mathcal{G}$ 上给出 $\mathrm{d}Q/\mathrm{d}P$? 当然, 它就是 $Y = E(X|\mathcal{G})$. 因为 (再次) 有

$$E(Y; G) = E(X; G) = Q(G), \quad 对于 \ G \in \mathcal{G},$$

其中 E 表示 P-期望, 所以, 如果 $\{\mathcal{F}_n\}$ 是 $(\Omega, \mathcal{F})$ 的一个过滤, 则似然比序列

$$(*) \qquad\qquad \mathrm{d}Q/\mathrm{d}P(在\mathcal{F}_n \ 上) = E(X|\mathcal{F}_n)$$

构成一个一致可积鞅. (当然, 这也是为什么拉东 – 尼科迪姆定理的鞅证明法一定能奏效!) 在这里以及下面两节中, 我们去掉了 "a.s." 的字样. 至于如 (*) 式这样的陈述成立的条件, 我们已经超出了.

14.17　再回到角谷定理; 似然比检验的相容性

设 $\Omega = \mathbf{R}^{\mathbf{N}}, X_n(\omega) = \omega_n$, 并定义 σ-代数:

$$\mathcal{F} = \sigma(X_k : k \in \mathbf{N}), \quad \mathcal{F}_n = \sigma(X_k : 1 \leqslant k \leqslant n).$$

假定对于每个 n, f_n 与 g_n 是 $\mathbf{R}$ 上的处处为正的概率密度函数, 且设 $r_n(x) := g_n(x)/f_n(x)$. 设 P(相应地, Q) 是 $(\Omega, \mathcal{F})$ 上使得诸变量 X_n 独立, 并使 X_n 具有概率密度函数 f_n(相应地, g_n) 的唯一的测度. 显然有 (但你必须证明之)

$$M_n := \mathrm{d}Q/\mathrm{d}P = Y_1 Y_2 \cdots Y_n \quad (在 \ \mathcal{F}_n \ 上),$$

其中 $Y_n = r_n(X_n)$. 注意变量 $(Y_n : n \in \mathbf{N})$ 在 P 下是独立的且每个具有 P-均值 1. 由众多熟悉的理由中的任何一个可知, M 是一个鞅.

因此, 如果 Q 在 $\mathcal{F}$ 上关于 P 是绝对连续的且在 $\mathcal{F}$ 上有 $\mathrm{d}Q/\mathrm{d}P = \xi$, 则 $M_n = E(\xi|\mathcal{F}_n)$, 且 M 是一致可积的. 反之, 如果 M 是一致可积的, 则 M_∞ 存在

(a.s., 关于 P) 且有

$$E(M_\infty | \mathcal{F}_n) = M_n, \quad \forall n.$$

但是此时概率测度

$$F \mapsto Q(F) \quad \text{与} \quad F \mapsto E(M_\infty; F)$$

在 π-系 $\bigcup \mathcal{F}_n$ 上是一致的从而在 $\mathcal{F}$ 上也一致, 由此得到在 $\mathcal{F}$ 上有 $M_\infty = \mathrm{d}Q/\mathrm{d}P$. 因此, Q 在 $\mathcal{F}$ 上关于 P 绝对连续当且仅当 M 是一致可积的.

角谷定理从而蕴涵着: Q 在 $\mathcal{F}$ 上与 P 等价当且仅当

$$\prod_n E(Y_n^{\frac{1}{2}}) = \prod_n \int_{\mathbf{R}} \sqrt{f_n(x) g_n(x)} \mathrm{d}x > 0,$$

或等价地, 当

$$(*) \qquad\qquad \sum_n \int_{\mathbf{R}} \left\{ \sqrt{f_n(x)} - \sqrt{g_n(x)} \right\}^2 \mathrm{d}x < \infty;$$

且此时 P 关于 Q 亦是绝对连续的.

现假定 X_n 为在 P 及 Q 之下的独立同分布的随机变量序列. 于是存在 $\mathbf{R}$ 上的概率密度函数 f 和 g, 我们有 $f_n = f$ 及 $g_n = g$ 对于所有 n 成立. 由 (*) 式显然有: Q 与 P 等价当且仅当 $f = g$ 几乎处处成立 (关于勒贝格测度), 在这种情况下 $Q = P$. 进而, 角谷定理还告诉我们: 如果 $Q \neq P$, 则 $M_n \to 0$ (a.s., 关于 P), 而这正是统计中似然比检验的相容性.

14.18 有关哈代 (Hardy) 空间的注记及其他 (快速阅读!)

在本章中我们已经看到在很多的情况下, 一致可积鞅是一种自然的模型. 对此, 本章的附录, 关于可选抽样定理的讨论, 将提供进一步的佐证.

然而对于一致可积鞅来说, 我们期待能够成立的事却并非总是能成立. 例如, 若 M 是一个 UI(一致可积) 的鞅而 C 是一个 (一致) 有界的可料过程, 则鞅 $C \bullet M$ 却不一定在 $\mathcal{L}^1$ 中有界.(即便如此, $C \bullet M$ 仍然是几乎必然收敛的!)

在更为先进的理论中的诸多场合, 人们使用有关在初刻为零的鞅 M 的 "哈代" 空间 $\mathcal{H}_0^1$ 这一概念. 它要求下列等价条件中的某一个 (因而也是每一个) 成立:

(a) $\qquad\qquad\qquad M^* := \sup |M_n| \in \mathcal{L}^1,$

(b) $$[M]_\infty^{\frac{1}{2}} \in \mathcal{L}^1,$$

其中 $[M]_n := \sum_{k=1}^n (M_k - M_{k-1})^2$ 而

$$[M]_\infty = \uparrow \lim M_n.$$

由著名的伯克霍尔德 – 戴维斯 – 冈迪 (Burkholder-Davis-Gundy) 定理的一个特殊情形, 存在绝对常数 c_p 与 $C_p (1 \leqslant p < \infty)$ 使得

(c) $$c_p \|[M]_\infty^{\frac{1}{2}}\|_p \leqslant \|M^*\|_p \leqslant C_p \|[M]_\infty^{\frac{1}{2}}\|_p \quad (1 \leqslant p < \infty).$$

空间 $\mathcal{H}_0^1$ 明显是夹在有界于 $\mathcal{L}^p(p > 1)$ 中的鞅空间的并和一致可积鞅空间两者之间的. 它的恰好是中间的那个空间的身份被证明是非常重要的. 它的名字则来源于其与复分析的重要联系.

对于 B-D-G 不等式或 (a) 与 (b) 的等价性的证明难到不宜在此处给出. 但我们却可以对 (b) 式与 $C \bullet M$ 问题之间的关联作快速一瞥. 首先, (b) 使得下面结果显然成立:

(d) 如果 $M \in \mathcal{H}_0^1$ 而 C 是一个有界可料过程, 则 $C \bullet M \in \mathcal{H}_0^1$, 而且我们还应看到, 从某种意义上说, 这一结果是 "最佳" 的.

假定有一个初刻取零值的鞅 M 和一个 (有界的) 可料过程 $\varepsilon = (\varepsilon_k : k \in \mathbf{N})$, 其中 ε_k 为 IID 的随机变量序列, 具有 $P(\varepsilon_k = \pm 1) = \frac{1}{2}$, 且 ε 与 M 是独立的. 我们将证明:

(e) $M \in \mathcal{H}_0^1$ 当 (也是仅当) $\varepsilon \bullet M$ 在 $\mathcal{L}^1$ 中有界.

如果给 M 加上下面的条件, 则我们在 "正则化" 方面将没有任何困难:

$$E|(\varepsilon \bullet M)|_n = EE\{|(\varepsilon \bullet M)_n||\sigma(M)\} \geqslant 3^{-\frac{1}{2}} E([M]_n^{\frac{1}{2}}).$$

然而上面最后的不等式是怎么来的? 设 $(a_k : k \in \mathbf{N})$ 为一列实数. 当 M 为已知时将 a_k 视为 $M_k - M_{k-1}$. 定义

$$X_k := a_k \varepsilon_k, \quad W_n := X_1 + \cdots + X_n, \quad v_n = E(W_n^2) = \sum_{k=1}^n a_k^2.$$

则有 (见 7.2 节)

$$E(W_n^4) = E\Big(\sum X_i^4 + 6 \sum_{i<j} \sum X_i^2 X_j^2\Big) = \sum_i a_i^4 + 6 \sum_{i<j} \sum a_i^2 a_j^2.$$

所以, 当然有 $E(W_n^4) \leqslant 3v_n^2$. 将此事实结合赫尔德不等式并依下面的形式:

$$v_n = E(W_n^2) \leqslant \|W^{\frac{2}{3}}\|_{\frac{3}{2}} \|W^{\frac{4}{3}}\|_3 = (E|W_n|)^{\frac{2}{3}} E(W_n^4)^{\frac{1}{3}},$$

便得到我们所需要的辛钦 (Khinchine) 不等式的特殊形式:

$$E(|W_n|) \geqslant 3^{-\frac{1}{2}} v_n^{\frac{1}{2}}.$$ □

关于本节所涉论题的更多的内容, 可参见 Chow 与 Teicher(1978), Dellacherie 与 Meyer(1980), Doob(1981), Durrett(1984) 等著作. 其中第一种易为本书读者所理解, 而其他的则属于更高级的著作.

第 15 章 应 用

15.0 引 言

本章的目的是展示如何将我们已建立的理论应用于现实世界中的问题的一些方法. 我们只考虑非常简单的例子, 但是以一种生动的方式与节奏!

在 15.1~15.2 节中, 我们讨论数理经济学中的著名结果: 布莱克 – 斯科尔斯 (Black-Scholes) 期权定价公式的一个平凡的情形. 该公式是为连续参数 (扩散) 股票价格模型而建立的. 参见, 例如, Karatzas 与 Schreve(1988) 的著作. 我们介绍了一个明显为离散化的模型, 其于文献中亦被多次研究过. 需要强调的是, 在离散的情形中, 其结果与概率没有任何关系, 这也是为什么我们的答案与基础的概率测度是完全独立的. 15.2 节中 "鞅测度" P 的使用不过是一种表示某些简单的代数与组合结构的工具. 但是在扩散的情形中, 其中代数与组合均不再有意义, 则鞅表示定理与卡梅隆 – 马丁 – 哥萨诺夫 (Cameron-Martin-Girsanov) 测度变换定理提供了基本的语言. 我想这对于我用 "鞅" 的方法来处理某些仅用小学代数就能解决的问题的做法也是一种肯定.

15.3~15.5 节给出随机控制中最优性的鞅表述的进一步发展, 对该问题最初的关注出现于 "练习题" 一章的 E10.2. 我们考虑的仅仅是个 "有趣的" 例子——"马比诺吉昂 (Mabinogion) 羊问题", 但它却是这样的一个例子: 它阐释了好几种可以有效地应用于其他内容的技巧.

在 15.6~15.9 节中, 我们考虑有关滤波的一些简单的问题: 只能作含噪观察的实时过程的估计问题. 这一课题在下列领域中具有重要的应用, 如工程 (去看看 IEEE 杂志!)、医药及经济. 我希望你们能进一步了解这一课题, 并深入到当滤波与随机控制理论结合在一起时所处理的那些重要课题中去. 参见, 例如, Davis 与 Vintner(1985) 及 Whittle(1990) 等著作.

15.10~15.12 节是有关当我们试图推广鞅的概念时所遇到的问题的一些初步思考.

15.1   一个平凡的鞅表示结果

设 S 表示两点集 $\{-1,1\}$, 以 Σ 表示由 S 的所有子集构成的类, 设 $p \in (0,1)$ 且设 μ 为 (S, Σ) 上的概率测度并满足

$$\mu(\{1\}) = p = 1 - \mu(\{-1\}).$$

设 $N \in \mathbf{N}$, 定义 $(\Omega, \mathcal{F}, P) = (S, \Sigma, \mu)^N$, 从而 Ω 中的一个典型元素形如:

$$\omega = (\omega_1, \omega_2, \cdots, \omega_N), \quad \omega_k \in \{-1, 1\}.$$

定义 $\varepsilon_k : \Omega \to \mathbf{R}$ 为 $\varepsilon_k(\omega) := \omega_k$, 从而 $(\varepsilon_1, \varepsilon_2, \cdots, \varepsilon_N)$ 为 IID 的随机变量, 每个具有分布律 μ. 对于 $0 \leqslant n \leqslant N$, 定义

$$Z_n := \sum_{k=1}^{n} (\varepsilon_k - 2p + 1),$$

$$\mathcal{F}_n := \sigma(Z_0, Z_1, \cdots, Z_n) = \sigma(\varepsilon_1, \varepsilon_2, \cdots, \varepsilon_n).$$

注意 $E(\varepsilon_k) = 1 \cdot p + (-1)(1-p) = 2p - 1$. 可见:

(a) $$Z = (Z_n : 0 \leqslant n \leqslant N)$$

是一个 (关于 $(\{\mathcal{F}_n : 0 \leqslant n \leqslant N\}, P)$ 的) 鞅.

引理

如果 $M = (M_n : 0 \leqslant n \leqslant N)$ 是一个 (关于 $(\{\mathcal{F}_n : 0 \leqslant n \leqslant N\}, P)$ 的) 鞅, 则存在唯一的一个可料过程 H, 使得

$$M = M_0 + H \bullet Z,$$

即

$$M_n = M_0 + \sum_{k=1}^{n} H_k(Z_k - Z_{k-1}).$$

附注 因为 $\mathcal{F}_0 = \{\emptyset, \Omega\}$, 故 M_0 在 Ω 上是常数, 它也是诸 $E(M_n)$ 公共的值.

证明 我们只需要将 H 明确地构造出来. 由于 M_n 是 $\mathcal{F}_n$-可测的, 故存在某函数 $f_n : \{-1, 1\}^n \to \mathbf{R}$, 使得

$$M_n(\omega) = f_n(\varepsilon_1(\omega), \cdots, \varepsilon_n(\omega)) = f_n(\omega_1, \cdots, \omega_n).$$

因为 M 是一个鞅, 故我们有

$$0 = E(M_n - M_{n-1}|\mathcal{F}_{n-1})(\omega)$$
$$= pf_n(\omega_1, \cdots, \omega_{n-1}, 1) + (1-p)f_n(\omega_1, \cdots, \omega_{n-1}, -1) - f_{n-1}(\omega_1, \cdots, \omega_{n-1}).$$

所以表达式

(b1)
$$\frac{f_n(\omega_1, \cdots, \omega_{n-1}, 1) - f_{n-1}(\omega_1, \cdots, \omega_{n-1})}{2(1-p)}$$

与

(b2)
$$\frac{f_{n-1}(\omega_1, \cdots, \omega_{n-1}) - f_n(\omega_1, \cdots, \omega_{n-1}, -1)}{2p}$$

相等; 且若我们定义 $H_n(\omega)$ 即为其共同之值, 则 H 显然是可料的, 而简单的代数运算则可验证 $M = M_0 + H \bullet Z$, 这正是我们要证的. 你们自己可以验证 H 的唯一性. □

15.2 期权定价; 离散时间的布莱克 – 斯科尔斯 (Black–Scholes) 公式

考虑一个具有两种 "证券" 的经济系统: 具有固定利率 r 的债券和其价值随机波动的股票. 设 N 为 $\mathbf{N}$ 的一个固定元素. 我们假定股票单位与债券单位的数量 (只数) 只在时点 $1, 2, \cdots, N$ 上才可能会 (突然) 改变. 对于 $n = 0, 1, \cdots, N$, 我们记:

$B_n = (1+r)^n B_0$ 为 1 单位债券于开时段 $(n, n+1)$ 内 (自始至终) 的价值,

S_n 为一单位股票于开时段 $(n, n+1)$ 内 (始终) 的价值.

假定你刚好从时刻 0 开始, 其时你拥有由 A_0 单位的股票与 V_0 单位的债券所构成的财富 x, 即

$$A_0 S_0 + V_0 B_0 = x.$$

在时刻 0 与 1 之间, 你用此投资于股票与债券, 以至于到时刻 1, 你拥有了 A_1 单位的股票与 V_1 单位的债券, 即有

$$A_1 S_0 + V_1 B_0 = x.$$

从而, (A_1, V_1) 便代表了你所拥有的作为你 "第一局博奕的资本" 的投资组合.

刚过时刻 $n-1$(其中 $n \geqslant 1$) 你拥有 A_{n-1} 单位的股票与 V_{n-1} 单位的债券, 其价值为

$$X_{n-1} = A_{n-1} S_{n-1} + V_{n-1} B_{n-1}.$$

通过将股票与债券进行互换, 你在时刻 $n-1$ 与 n 之间重新安排你的投资组合, 从而刚好到时刻 n 之前, 你的财富 (其值仍为 X_{n-1}, 因为我们假定交易费用为零) 被描述为

$$X_{n-1} = A_n S_{n-1} + V_n B_{n-1} \quad (n \geqslant 1).$$

而刚过时刻 n 你的财富则为

(a) $$X_n = A_n S_n + V_n B_n \quad (n \geqslant 0),$$

且你的财富的改变满足

(b) $$X_n - X_{n-1} = A_n(S_n - S_{n-1}) + V_n(B_n - B_{n-1}).$$

现在,

$$B_n - B_{n-1} = r B_{n-1},$$

且

$$S_n - S_{n-1} = R_n S_{n-1},$$

其中 R_n 为股票在时刻 n 的 (随机) 利率. 我们现在可将 (b) 改写为

$$X_n - X_{n-1} = r X_{n-1} + A_n S_{n-1}(R_n - r),$$

从而若我们记

(c) $$Y_n = (1+r)^{-n} X_n,$$

则有

(d) $$Y_n - Y_{n-1} = (1+r)^{-(n-1)} A_n S_{n-1}(R_n - r).$$

注意 (c) 表明 Y_n 为你在时刻 n 的财富的贴现值, 所以, 表达式 (d) 即为基本利息.

设 $\Omega, \mathcal{F}, \varepsilon_n(1 \leqslant n \leqslant N), Z_n(0 \leqslant n \leqslant N)$ 及 $\mathcal{F}_n(0 \leqslant n \leqslant N)$ 与 15.1 节中相同. 注意我们并未引进概率测度.

我们建立一个模型, 其中 R_n 只可能取 $(-1, \infty)$ 中的值 a 和 b, 其中

$$a < r < b,$$

我们取

(e)
$$R_n = \frac{a+b}{2} + \frac{b-a}{2}\varepsilon_n.$$

然而,

(f)
$$R_n - r = \frac{1}{2}(b-a)(\varepsilon_n - 2p + 1) = \frac{1}{2}(b-a)(Z_n - Z_{n-1}),$$

其中我们选择

(g)
$$p := \frac{r-a}{b-a}.$$

注意 (d) 与 (f) 共同展示出 Y 为关于 Z 的一个 "随机积分".

一个欧氏期权是于 0 时刚过后产生的一个合约, 它允许你在 N 时刻刚过后以价格 K 购买一单位的股票; K 是所谓的敲定价 (或执行价). 如果你拥有这样一份合约, 则在时刻 N 刚过之后, 若 $S_N > K$ 你则行权; 若 $S_N < K$ 你便不行权. 因此, 如此一份合约在时刻 N 的价值为 $(S_N - K)^+$. 为在时刻 0 购买此期权你应该付多少钱?

布莱克和斯科尔斯基于对冲策略的概念给出了对此问题的一个解答.

对于上述期权的一个具有初值 x 的对冲策略是一个投资组合管理方案 $\{(A_n, V_n) : 1 \leqslant n \leqslant N\}$, 其中过程 A 与 V 是关于 $\{\mathcal{F}_n\}$ 可料的, 而 X 满足 (a) 和 (b), 对于每个 ω 我们有:

(h1)
$$X_0(\omega) = x,$$

(h2)
$$X_n(\omega) \geqslant 0 \ (0 \leqslant n \leqslant N),$$

(h3)
$$X_N(\omega) = (S_N(\omega) - K)^+.$$

任何一个使用对冲策略的人将佐以恰当的投资组合管理, 避免出现破产, 并恰好在时刻 N 复制该期权的价值.

注 尽管布莱克与斯科尔斯坚持要求 $X_n(\omega) \geqslant 0, \forall n, \forall \omega$, 但他们 (及我们) 并未坚持要求过程 A 与 V 必须是正的. 对于某些 n, V 取负值意味着在以固定的利率 r 借款. A 取负值则相当于 "卖空" 式的股票, 但当你读完下面的定理后, 这一点将不再困扰你.

定理

一个具有初值 x 的对冲策略存在当且仅当

$$x = x_0 := E[(1+r)^{-N}(S_N - K)^+],$$

其中 E 为关于 15.1 节中的测度 P 的期望, 其中 p 同于 (g) 式. 存在唯一的以 x_0 为初值的对冲策略, 而且它不涉及卖空: A 是非负的.

基于这一结果, 我们可以说: x_0 是该期权在时刻 0 的唯一公平的价格.

证明　在对冲策略的定义中, 任何地方都没有提到有基础的概率测度. 但是由于有 "对于每个 ω" 的要求, 故我们只需要考虑 Ω 上的如此的测度: 对于它来说每个点 ω 具有正的质量. 当然, P 正是如此的一个测度.

现在假定存在一个其初值为 x 的对冲策略, 并以 A, V, X, Y 表示相应的诸过程. 由 (d) 与 (f),

$$Y = Y_0 + F \bullet Z,$$

其中 F 为可料过程:

$$F_n = (1+r)^{-(n-1)} A_n S_{n-1}.$$

当然, F 是有界的, 因为只有有限多个 (n, ω) 的组合. 由此 Y 是一个 P 测度下的鞅 (因为 Z 是的). 而且因为 $Y_0 = x, Y_N = (1+r)^{-N}(S_N - K)^+$ (由 (c)) 并由对冲策略的定义, 我们得到

$$x = x_0.$$

(我们并未用到性质: $X \geqslant 0$.)

现在我们重新考虑问题并定义

$$Y_n := E((1+r)^{-N}(S_N - K)^+ | \mathcal{F}_n),$$

则 Y 是一个鞅, 而且结合 (f) 与 15.1 节的鞅表示结果. 我们看出: 对于某个唯一的可料过程 A, (d) 式成立. 定义

$$X_n := (1+r)^n Y_n, \quad V_n := (X_n - A_n S_n)/B_n,$$

则 (a) 与 (b) 成立. 因为

$$X_0 = x \quad 且 \quad X_N = (S_N - K)^+,$$

所以剩下仅需要证明 A 不可能是负的. 由于有 (15.1, b1) 的明显的公式, 这归结为证明

$$E[(S_N - K)^+ | S_{n-1}, S_n = (1+b)S_{n-1}]$$

$$\geq E[(S_N - K)^+ | S_{n-1}, S_n = (1+a)S_{n-1}].$$

这从直观上看是明显成立的, 而且通过一个简单的二项式系数计算就可证明之.

15.3 马比诺吉昂 (Mabinogion) 羊问题

在非常古老的威尔士民间故事集《马比诺吉昂》(参见 Jones 和 Jones(1949) 的书) 中的故事 "艾佛克之子佩雷德" (Peredur ap Efrawg) 里, 有一群具有魔力的羊, 其中有黑羊, 还有白羊, 为了精确地刻画其行为, 我们略去了诗意的描述. 在每一时刻 $(1,2,3,\cdots)$, 一只羊 (从整群羊中随机选出的, 且与先前的选择独立) 会发出鸣叫. 如果这只鸣叫的羊是白色的, 则一只黑羊 (如果剩下还有的话) 会立即变成白色的; 如果鸣叫的羊是黑色的, 则一只白羊 (如果还有的话) 会立即变成黑色的. 此外, 羊群不会有新生或死亡发生.

受控系统

现假定该系统可由如下方式加以控制: 在刚过时刻 0 之后以及刚过每一个魔法变换时刻之时可从该系统中移走任意数量的白羊. (白羊可以有大量的机会被转移走.) 目标是使得最后所剩的黑羊数量的期望值达到最大.

考虑下例中的策略:

策略 A 在每一次决策时刻, 如果黑羊的数量比白羊多或者没有黑羊剩下, 则什么也不做; 否则立即减少白羊的数量使之比黑羊少一只.

策略 A 的价值函数 V 是函数:

$$V : \mathbf{Z}^+ \times \mathbf{Z}^+ \to [0, \infty),$$

其中对于 $\omega, b \in \mathbf{Z}^+, V(\omega, b)$ 表示如果一个人采用策略 A 且当时刻 0 时有 ω 只白羊和 b 只黑羊的情况下最后所剩黑羊的期望值. 则由下列事实可知 V 是唯一确定的:

(a1) $$V(0, b) = b.$$

(a2) $$V(\omega, b) = V(\omega - 1, b),$$

只要 $\omega \geq b$ 且 $\omega > 0$.

(a3) $$V(\omega, b) = \frac{\omega}{\omega + b} V(\omega + 1, b - 1) + \frac{b}{\omega + b} V(\omega - 1, b + 1),$$

只要 $\omega < b, b > 0$ 且 $\omega > 0$.

差不多是同义的反复: 设 W_n 与 B_n 分别表示在时刻 n 白羊与黑羊的数量, 如果我们采用策略 A, 则有 (无论 W_0 与 B_0 的初值为何):

(b) $V(W_n, B_n)$ 是一个关于 $\{(W_n, B_n) : n \geqslant 0\}$ 的自然过滤的鞅.

(c) 引理

下列命题对于 $\omega, b \in \mathbf{Z}^+$ 成立:

(c1) $V(\omega, b) \geqslant V(\omega - 1, b)$, 只要 $\omega > 0$.

(c2) $V(\omega, b) \geqslant \dfrac{\omega}{\omega + b} V(\omega + 1, b - 1) + \dfrac{b}{\omega + b} V(\omega - 1, b + 1)$, 只要 $\omega > 0$ 且 $b > 0$.

让我们先假定此引理为真 (其证明在下一节), 则对于无论何种策略,

(d) $V(W_n, B_n)$ 是一个上鞅.

$V(W_n, B_n)$ 收敛的事实意味着系统几乎必然结束于一个吸收状态: 其中所有羊的颜色是相同的. 因而 $V(W_\infty, B_\infty)$ 刚好是最后的黑羊的数量 (由 V 的定义可知). 又因为 $V(W_n, B_n)$ 是一个非负的上鞅, 故对于确定的 W_0, B_0, 我们有

$$EV(W_\infty, B_\infty) \leqslant V(W_0, B_0).$$

所以, 不管其初值为何, 采取任意策略时其最后的黑羊数量的期望值不会超过采取策略 A 时的最后黑羊数量的期望值. 因此,

$$策略 A 是最优的.$$

在 15.5 节我们将证明下面的结果:

$$V(k, k) - (2k + \frac{\pi}{4} - \sqrt{\pi k}) \to 0, \quad 当 k \to \infty 时.$$

由此, 如果我们以 10 000 只黑羊和 10 000 只白羊开始, 则我们将以大约 19 824 只黑羊的平均水平结束 (在多次运算之后).

当然, 上述讨论是有效的, 这是因为我们正确地猜测到了我们所基于的最优策略. 在这一主题范围内, 你往往需要做一些好的猜想. 然后你需要更加努力地去证明在如引理 (c) 及命题 (d) 那样的更加一般的条件下的结果. 你会发现如果为了我们的特殊问题现在就去证明这些结果, 在进一步阅读之前, 将是一个非常有趣的练习.

有关经济学中一个利用类似方法的问题, 参见 Davis 和 Norman(1990) 的著作.

15.4　引理 15.3(c) 的证明

为方便起见, 定义

(a) $$v_k := V(k,k).$$

一切都取决于下面的结果: 对于 $1 \leqslant c \leqslant k$,

(b1) $$V(k-c,k+c) = v_k + (2k-v_k)2^{-(2k-2)} \sum_{j=k}^{k+c-1} \binom{2k-1}{j},$$

(b2) $$V(k+1-c,k+c)$$
$$= v_k + (2k+1-v_k)\left\{2^{2k-1} + \frac{1}{2}\binom{2k}{k}\right\}^{-1}\left\{\sum_{j=k}^{k+c-1}\binom{2k}{j}\right\},$$

而这仅仅反映了 (15.3,a3) 再加上 "有界条件":

$$V(k,k) = v_k, \quad V(0,2k) = 2k,$$

(c) $$V(k+1,k) = v_k, \quad V(0,2k+1) = 2k+1.$$

现在, 由 (15.3,a2),

$$v_{k+1} = V(k+1,k+1) = V(k,k+1),$$

所以, 由 (b2) 并取 $c=1$, 我们得到

(d) $$v_{k+1} = \frac{1-p_k}{1+p_k}v_k + \frac{2p_k}{1+p_k}(2k+1),$$

其中 p_k 是将一枚均匀的硬币掷 $2k$ 次而得到 k 次正面与 k 次反面的概率:

(e) $$p_k = 2^{-2k}\binom{2k}{k}.$$

结果 (d) 是用归纳法证明结论的关键.

结果 (15.3,c1) 的证明　由 (15.3,a2), 当 $\omega \geqslant b$ 时结果 (15.3,c1) 自动成立. 所以, 我们仅需要证明当 $\omega < b$ 时该结果成立. 现设 $\omega < b$ 且 $\omega+b$ 为奇数, 则对于某 $c, 1 \leqslant c \leqslant k$, 有

$$(\omega,b) = (k+1-c,k+c).$$

而公式 (b) 表明只需要证明下面结果就足够了, 即对于 $1 \leqslant a \leqslant k$, 有

$$(2k+1-v_k) \left\{ 2^{2k-1} + \frac{1}{2} \binom{2k}{k} \right\}^{-1} \binom{2k}{k+a-1}$$

$$\geqslant (2k-v_k) 2^{-(2k-2)} \binom{2k-1}{k+a-1}.$$

又因为

$$\binom{2k}{k+a-1} \bigg/ \binom{2k}{k} \geqslant \binom{2k-1}{k+a-1} \bigg/ \binom{2k-1}{k},$$

故我们仅需要证明当 $a = 1$ 时的情形为真:

$$(2k+1-v_k) 2^{-(2k-1)} (1+p_k)^{-1} \binom{2k}{k}$$

$$\geqslant (2k-v_k) 2^{-(2k-2)} \binom{2k-1}{k},$$

而这归结为

$$\text{(f)} \qquad\qquad\qquad v_k \geqslant 2k - p_k^{-1}.$$

但由 (d), 且利用 p_k 是随 k 而递减的事实, 用归纳法便可证明性质 (f).

对于 $b+\omega$ 为偶数的情形的证明亦可类似得到.

结果 (15.3,c2) 的证明 由于有 (15.3,a3), 结果 (15.3,c2) 当 $\omega < b$ 时自动成立, 故我们仅需要证明当 $\omega \geqslant b$ 时它也成立. 与 (15.3,c1) 的证明中将 "一般的 a" 情形简化为 "边界情形 $a = 1$" 的方法类似, 容易验证: 只要能证明当 $(\omega, b) = (k+1, k+1)$(某 k) 时 (15.3,c2) 成立就足够了. 由公式 (b), 此问题可归结为证明

$$\{1 + (2k+1)p_k\} v_k \leqslant 2k(2k+1)p_k.$$

而由 (d) 式, 并利用 $(2k+1)p_k$ 随 k 而递增的事实, 以归纳法即可证明此式. □

15.5 (15.3,d) 中结果的证明

定义

$$\alpha_k := v_k - 2k - (p_k)^{-1} - \frac{1}{4}\pi,$$

则由 (15.4,d) 有

$$\alpha_{k+1} = (1-\rho_k)\alpha_k + \rho_k c_k,$$

其中

$$\rho_k := \frac{2p_k}{1+p_k}, \quad c_k := \frac{p_k - p_{k+1}}{2p_k^2 p_{k+1}} - \frac{\pi}{4}.$$

斯特林 (Stirling) 公式表明: 当 $k \to \infty$ 时, $c_k \to 0$, 从而对于给定的 $\varepsilon > 0$, 我们能找到 N, 使得当 $k \geqslant N$ 时有

$$|c_k| < \varepsilon.$$

由归纳法可以证明: 对于 $k \geqslant N$, 有

$$|\alpha_{k+1}| \leqslant (1-\rho_k)(1-\rho_{k-1}) \cdots (1-\rho_N)|\alpha_N| + \varepsilon.$$

但是由于 $\sum \rho_k = \infty$, 故我们有 $\prod(1-\rho_k) = 0$, 现在很清楚有 $\limsup |\alpha_{k+1}| \leqslant \varepsilon$, 从而 $\alpha_k \to 0$.

由精确版的斯特林公式:

$$n! = (2\pi n)^{\frac{1}{2}} \left(\frac{n}{e}\right)^n e^{\theta/(12n)}, \quad 0 < \theta = \theta(n) < 1,$$

我们有

$$p_k^{-1} = (\pi k)^{\frac{1}{2}} \left\{ 1 + O\left(\frac{1}{k}\right) \right\},$$

从而有

$$v_k - \left(2\pi + \frac{\pi}{4} - \sqrt{\pi k}\right) \to 0,$$

即得所证。 $\qquad\qquad\qquad\qquad\qquad\qquad\qquad\qquad\qquad\qquad\qquad\quad \Box$

我们将要快速地浏览一下滤波. 核心思想是将贝叶斯 (Bayes) 公式与一种递归性质结合起来, 其中对于后者我们将用两个例子来加以诠释.

15.6 条件概率的递归性

例 设 A, B, C 和 D 均为事件 ($\mathcal{F}$ 的元素) 且每个都有严格正的概率. 我们将 (例如)$A \cap B \cap C$ 记为 ABC. 我们还引进记号

$$\mathcal{C}_A(B) := P(B|A) = P(AB)/P(A)$$

以表示条件概率. 则我们所感兴趣的 "递归性" 可以表示为

$$\mathcal{C}_{ABC}(D) = \mathcal{C}_{AB}(D|C) := \frac{\mathcal{C}_{AB}(CD)}{\mathcal{C}_{AB}(C)}.$$

其意义为: "如果我们要求在给定 A, B 和 C(同时) 发生的条件下 D 的条件概率, 则我们可假定 A 和 B 发生, 然后去求给定 C 发生的条件下 D 的 $\mathcal{C}_{AB}$ 概率."

例 设 X, Y, Z 和 T 均为随机变量且 (X, Y, Z, T) 具有一个 $\mathbf{R}^4$ 上的严格正的联合 pdf(概率密度函数)$f_{X,Y,Z,T}$, 则对于 $B \in \mathcal{B}^4$,

$$P\{(X, Y, Z, T) \in B\} = \iiiint_B f_{X,Y,Z,T}(x, y, z, t)\mathrm{d}x\mathrm{d}y\mathrm{d}z\mathrm{d}t.$$

当然, (X, Y, Z) 具有一个 $\mathbf{R}^3$ 上的联合 pdf $f_{X,Y,Z}$, 其中

$$f_{X,Y,Z}(x, y, z) = \int_{\mathbf{R}} f_{X,Y,Z,T}(x, y, z, t)\mathrm{d}t.$$

公式

$$f_{T|X,Y,Z}(t|x, y, z) := \frac{f_{X,Y,Z,T}(x, y, z, t)}{f_{X,Y,Z}(x, y, z)}$$

定义了给定 X, Y, Z 时 T 的一个 ("正则的") 条件 pdf. 对于 $B \in \mathcal{B}$, 我们有 (都依赖于所标出的 ω)

$$\begin{aligned} P(T \in B|X, Y, Z)(\omega) &= E(I_B(T)|X, Y, Z)(\omega) \\ &= \int_B f_{T|X,Y,Z}(t|X(\omega), Y(\omega), Z(\omega))\mathrm{d}t. \end{aligned}$$

类似地,

$$f_{T,Z|X,Y}(t, z|x, y) = \frac{f_{X,Y,Z,T}(x, y, z, t)}{f_{X,Y}(x, y)}.$$

递归性质可以体现为

$$f_{T|X,Y,Z} = (f_{T|z})_{|X,Y} := \frac{f_{T,Z|X,Y}}{f_{Z|X,Y}}. \qquad \square$$

15.7 有关二元正态分布的贝叶斯 (Bayes) 公式

以一种现已很清楚的记号, 对于具有在 $\mathbf{R}^2$ 上的严格正的 pdf $f_{X,Y}$ 的随机变量 X, Y, 我们有

$$(*) \qquad f_{X|Y}(x|y) = \frac{f_{X,Y}(x,y)}{f_Y(y)} = \frac{f_X(x) f_{Y|X}(y|x)}{f_Y(y)}.$$

因此,

$$(**) \qquad f_{X|Y}(x|y) \propto f_X(x) f_{Y|X}(y|x) \quad (\propto: \text{正比于}),$$

其中 "比例常数" 依赖于 y, 同时也取决于如下事实:

$$\int_{\mathbf{R}} f_{X|Y}(x|y)\mathrm{d}x = 1.$$

下面引理的含义将在其证明中阐明.

引理

▶ (a) 假设 $\mu, a, b \in \mathbf{R}, U, W \in (0, \infty)$, X 与 Y 为随机变量且满足

$$\mathcal{L}(X) = N(\mu, U),$$
$$\mathcal{C}_X(Y) = N(a + bX, W).$$

则有

$$\mathcal{C}_Y(X) = N(\hat{X}, V),$$

其中数 $V \in (0, \infty)$ 且随机变量 $\hat{X}$ 如下确定:

$$\frac{1}{V} = \frac{1}{U} + \frac{b^2}{W}, \quad \frac{\hat{X}}{V} = \frac{\mu}{U} + \frac{b(Y-a)}{W}.$$

证明　X 的绝对分布 (相对于条件分布而言——译者) 是 $N(\mu, U)$, 所以

$$f_X(x) = (2\pi U)^{-\frac{1}{2}} \exp\left\{ -\frac{(x-\mu)^2}{2U} \right\}$$

给定 X 时 Y 的条件 pdf 是 $N(a + bX, W)$ 的密度, 从而有

$$f_{Y|X}(y|x) = (2\pi W)^{-\frac{1}{2}} \exp\left\{ -\frac{(y-a-bx)^2}{2W} \right\}.$$

从而由 (**) 式有

$$\log f_{X|Y}(x|y) = c_1(y) - \frac{(x-\mu)^2}{2U} - \frac{(y-a-bx)^2}{2W}$$
$$= c_2(y) - \frac{(x-\hat{x})^2}{2V},$$

其中 $1/V = 1/U + b^2/W$ 而 $\hat{x}/V = \mu/U + b(y-a)/V$. 结果得证. □

推论

(b) 沿用引理中的记号, 我们有

$$\|X - \hat{X}\|_2^2 = E\{(X - \hat{X})^2\} = V.$$

证明 因为 $\mathcal{C}_Y(X) = N(\hat{X}, V)$, 我们实际上有

$$E\{(X - \hat{X})^2 | Y\} = V \quad \text{(a.s.)}.$$ □

15.8 单个随机变量的含噪观察值

设 $X, \eta_1, \eta_2, \cdots$ 为独立的随机变量, 满足

$$\mathcal{L}(X) = N(0, \sigma^2), \quad \mathcal{L}(\eta_k) = N(0, 1).$$

设 (c_n) 为一列正的实数, 又设

$$Y_k = X + c_k \eta_k, \quad \mathcal{F}_n = \sigma(Y_1, Y_2, \cdots, Y_n).$$

我们将每个 Y_k 视为对于 X 的一个含噪观察值. 我们知道有

$$M_n := E(X | \mathcal{F}_n) \to M_\infty := E(X | \mathcal{F}_\infty) \quad \text{(a.s. 且在 } \mathcal{L}^2 \text{中)}.$$

在 (10.4,c) 中曾提过的一个有趣问题是: 何时有 $M_\infty = X$ (a.s.) 成立? 或者说, X 几乎必然 (a.s.) 等于一个 $\mathcal{F}_\infty$- 可测的随机变量吗?

让我们以 $\mathcal{C}_n$ 表示给定 $Y_1, Y_2, \cdots, Y_n$ 时的 "正则的条件分布", 我们有

$$\mathcal{C}_0(X) = N(0, \sigma^2).$$

假定下式为真:

$$\mathcal{C}_{n-1}(X) = N(\hat{X}_{n-1}, V_{n-1}),$$

其中 $\hat{X}_{n-1}$ 为 $Y_1, Y_2, \cdots, Y_{n-1}$ 的一个线性函数, 而 V_{n-1} 为 $(0, \infty)$ 中的一个常数. 则, 因为 $Y_n = X + c_n \eta_n$, 我们有

$$\mathcal{C}_{n-1}(Y_n | X) = N(X, c_n^2).$$

由关于二维正态分布的引理 15.7(a), 并令

$$\mu = \hat{X}_{n-1}, \quad U = V_{n-1}, \quad a = 0, \quad b = 1, \quad W = c_n^2,$$

我们得到

$$\mathcal{C}_{n-1}(X | Y_n) = N(\hat{X}_n, V_n),$$

其中

$$\frac{1}{V_n} = \frac{1}{V_{n-1}} + \frac{1}{c_n^2}, \quad \frac{\hat{X}_n}{V_n} = \frac{\hat{X}_{n-1}}{V_n} + \frac{Y_n}{c_n^2}.$$

但是 15.6 节中提出的递归性质表明

$$\mathcal{C}_n(X) = \mathcal{C}_{n-1}(X | Y_n).$$

所以, 我们实际上用归纳法证明了

$$\mathcal{C}_n(X) = N(\hat{X}_n, V_n), \quad \forall n.$$

当然,

$$M_n = \hat{X}_n, \quad \text{且} \ E\{(X - M_n)^2\} = V_n.$$

然而,

$$V_n = \left\{ \sigma^{-2} + \sum_{k=1}^{n} c_k^{-2} \right\}^{-1}.$$

我们的鞅是 $\mathcal{L}^2$ 有界的, 所以亦在 $\mathcal{L}^2$ 中收敛. 由此可见,

$$M_\infty = X \ (\text{a.s.}) \ \text{当且仅当} \ \sum c_k^{-2} = \infty.$$

15.9 卡尔曼 – 布西 (Kalman-Bucy) 滤波

有了前面三节中使用的计算方法, 我们可以立即导出著名的卡尔曼 – 布西滤波.

设 A, H, C, K 及 g 为实常数. 假定 $X_0, Y_0, \varepsilon_1, \varepsilon_2, \cdots, \eta_1, \eta_2, \cdots$ 为独立随机变量且满足

$$\mathcal{L}(\varepsilon_k) = \mathcal{L}(\eta_k) = N(0,1), \quad \mathcal{L}(X_0) = N(m, \sigma^2), \quad Y_0 = 0.$$

假定系统在时刻 n 的真实状态由 X_n 给出, 其中

(动态模型) $$X_n - X_{n-1} = AX_{n-1} + H\varepsilon_n + g.$$

然而过程 X 无法被直接观察到: 我们只能观察到过程 Y, 其中

(观察值) $$Y_n - Y_{n-1} = CX_n + K\eta_n.$$

正如在 15.8 节中那样, 我们制定归纳假设

$$\mathcal{C}_{n-1}(X_{n-1}) = N(\hat{X}_{n-1}, V_{n-1}),$$

其中 $\mathcal{C}_{n-1}$ 表示给定 $Y_1, Y_2, \cdots, Y_{n-1}$ 时正则的条件分布.

因为 $X_n = \alpha X_{n-1} + g + H\varepsilon_n$, 其中

$$\alpha := 1 + A,$$

我们有

$$\mathcal{C}_{n-1}(X_n) = N(\alpha \hat{X}_{n-1} + g, \alpha^2 V_{n-1} + H^2).$$

又因为 $Y_n = Y_{n-1} + CX_n + K\eta_n$, 故我们有

$$\mathcal{C}_{n-1}(Y_n | X_n) = N(Y_{n-1} + CX_n, K^2).$$

应用二元正态引理 15.7(a) 得到

$$\mathcal{C}_n(X_n) = \mathcal{C}_{n-1}(X_n | Y_n) = N(\hat{X}_n, V_n),$$

其中

(KB1) $$\frac{1}{V_n} = \frac{1}{\alpha^2 V_{n-1} + H^2} + \frac{C^2}{K^2},$$

$$(KB2) \qquad \frac{\hat{X}_n}{V_n} = \frac{\alpha \hat{X}_{n-1} + g}{\alpha^2 V_{n-1} + H^2} + \frac{C(Y_n - Y_{n-1})}{K^2}.$$

等式 (KB1) 表明 $V_n = f(V_{n-1})$. 考察作为 f 的图像的等轴双曲线后可知 $V_n \to V_\infty$, 其中 V_∞ 为 $V = f(V)$ 的正根.

如果希望用严格的方法来处理连续时间的 K-B 滤波, 你必须使用鞅和随机积分的技术. 参见, 例如, Rogers 和 Williams(1987) 的著作及其所提到的滤波与控制的参考文献. 为了解更多的有关离散时间情形的内容 (它们在实践中是非常重要的) 以及滤波如何与随机控制相联系, 请参考 Davis 和 Vintner(1985) 或者 Whittle(1990) 的著作.

15.10 套紧的马具 (harness)

鞅的概念很好地适应于依时间发展的过程是因为 (离散的) 时间自然地属于有序空间 $\mathbf{Z}^+$. 问题出来了: 鞅的性质能以某种自然的方式传递到参数空间为 (例如) $\mathbf{Z}^d$ 的过程上去吗?

我首先要解释 Williams(1973) 的书中所描述的一个产生于 $\mathbf{Z}(d = 1)$ 上的模型和 $\mathbf{Z}^2$ 上的模型的难点, 尽管我们在此并不讨论后一模型.

假定 $(X_n : n \in \mathbf{Z})$ 是一个过程, 满足: 每个 $X_n \in \mathcal{L}^1$ 且有 ("几乎必然" 的限制将被去掉)

$$(a) \qquad E(X_n | X_m : m \neq n) = \frac{1}{2}(X_{n-1} + X_{n+1}), \quad \forall n.$$

对于 $m \in \mathbf{Z}$, 定义

$$\mathcal{G}_m = \sigma(X_k : k \leqslant m), \quad \mathcal{H}_m = \sigma(X_r : r \geqslant m).$$

由全期望公式, 对于 $a, b \in \mathbf{Z}^+, a < b$ 且 $a < r < b$, 我们有

$$\begin{aligned} E(X_r | \mathcal{G}_a, \mathcal{H}_b) &= E(X_r | X_s : r \neq s | \mathcal{G}_a, \mathcal{H}_b) \\ &= \frac{1}{2}E(X_{r-1} | \mathcal{G}_a, \mathcal{H}_b) + \frac{1}{2}E(X_{r+1} | \mathcal{G}_a, \mathcal{H}_b), \end{aligned}$$

从而 $r \mapsto E(X_r | \mathcal{G}_a, \mathcal{H}_b)$ 为线性内插:

$$E(X_r | \mathcal{G}_a, \mathcal{H}_b) = \frac{b - r}{b - a}X_a + \frac{r - a}{b - a}X_b.$$

所以, 对于 $n \in \mathbf{Z}$ 及 $u \in \mathbf{N}$, 我们有 (a.s.)

$$E(X_n | \mathcal{G}_{n-u}, \mathcal{H}_{n+1}) = \frac{X_{n-u}}{u+1} + \frac{uX_{n+1}}{u+1}.$$

现在, 当 $u \uparrow \infty$ 时, σ-代数 $\sigma(\mathcal{G}_{n-u}, \mathcal{H}_{n+1})$ 是递降的. 由于有 4.12 节中的告诫, 我们最好不要下结论说它们递降至 $\sigma(\mathcal{G}_{-\infty}, \mathcal{H}_{n+1})$. 但无论如何, 由向下定理我们知道, 随机变量

$$L := \lim_{u \downarrow -\infty}(X_n / u) \text{ 存在 (a.s.)},$$

且有

$$E(X_n | \bigcap_u \sigma(\mathcal{G}_{n-u}, \mathcal{H}_{n+1})) = X_{n+1} - L.$$

所以, 由全期望公式得

(b) $$E(X_n | L, \mathcal{H}_{n+1}) = X_{n+1} - L,$$

由此我们得到了一种反向鞅的性质:

$$E(X_n - nL | L, \mathcal{H}_{n+1}) = X_{n+1} - (n+1)L.$$

进一步应用向下定理可以得到

(c) $$A := \lim_{n \uparrow \infty}(X_n - nL) \text{ 存在 (a.s.)},$$

而且

$$L = \lim_{u \uparrow \infty}(X_u / u).$$

利用导出 (b) 式的讨论, 但是从反向时间的角度, 我们现在得到

(d) $$E(X_{n+1} | L, \mathcal{G}_n) = X_n + L.$$

由 (b) 和 (d) 以及全期望公式得

$$E(X_n + L | X_{n+1}) = X_{n+1},$$
$$E(X_{n+1} | X_n + L) = X_n + L.$$

练习 E9.2 则表明 $X_{n+1} = X_n + L$. 因而有 (a.s.)

$$X_n = nL + A, \quad \forall n \in \mathbf{Z}.$$

这表明: X 的 (几乎) 所有的样本路径都是直线!

哈默斯利 (Hammersley) 在 1966 年的文献中提出: 任何类似于 (a) 式的性质应该被称为 harness(马具、挽具) 性[1], 而刚刚得到的那一类结果则表明: 每一个低维的 harness 都是一个紧身衣 (straitjacket, 又译为 "拘束衣")!

---

[1] 哈默斯利提议将多维参数鞅称为 harness. 详见 Hammersley(1966).——译者

15.11 解开的马具 1

(15.10,a) 之所以会排除有意义的模型的原因, 是由于它的表达是基于这样一个观念: 每个 X_n 是一个随机变量. 应该这样来说,

$$X_n : \Omega \to \mathbf{R},$$

然后仅要求差

$$(X_r - X_s : r, s \in \mathbf{Z})$$

为随机变量 (即为 $\mathcal{F}$-可测的), 而且对于 $n, k \in \mathbf{Z}, n \neq k$, 有

$$E(X_n - X_k | X_m - X_k : m \neq n) = \frac{1}{2}(X_{n-1} - X_k) + \frac{1}{2}(X_{n+1} - X_k).$$

我在 Williams(1973) 中称此模型为一个差 harness.

简单练习 假定 $(Y_n : n \in \mathbf{Z})$ 为 $\mathcal{L}^1$ 中的 IID 的随机变量. 设 X_0 为 Ω 上的任意函数, 并定义

$$X_n := \begin{cases} X_0 + \sum\limits_{k=1}^{n} Y_k, & n \geq 0, \\ X_0 - \sum\limits_{k=n+1}^{0} Y_k, & n < 0. \end{cases}$$

于是, $X_n - X_{n-1} = Y_n, \forall n$. 求证: X 是一个差 harness.

15.12 解开的马具 2

在维数 $d \geq 3$ 的情形, 我们不需要使用前一节描述的 "差 – 过程" 解开的方法. 对于 $d \geq 3$, 存在一个非平凡的模型 (与统计力学中的吉布斯 (Gibbs) 状态和量子场论皆有关), 使得每个 $X_n(n \in \mathbf{Z}^d)$ 是一个随机变量, 且对于 $n \in \mathbf{Z}^d$,

$$E(X_n | X_m : m \in \mathbf{Z}^d \setminus \{n\}) = (2d)^{-1} \sum_{u \in \mathcal{U}} X_{n+u},$$

其中 $\mathcal{U}$ 为 $\mathbf{Z}^d$ 中 $2d$ 个单位向量构成的集合. 参见 Williams(1973).

　　除了对于术语"martingale"(鞅) 和"harness"(马具) 所作的一些很有吸引力的语源学探讨之外, 哈默斯利 (1966) 的文献中包含了许多有关 harness 的重要观念, 并且预言了后来有关随机偏微分方程的工作. 此外, 还有许多有趣的有关各种 harness 的未解决的问题.

C部分
特 征 函 数

第 16 章 特征函数 (CF) 的基本性质

C 部分仅仅是初级的特征函数理论的一个最简明的叙述. 这一理论的精神与 B 部分的工作是非常不同的. 一方面, 特征函数理论是傅里叶 (Fourier) 积分理论的一部分, 因此在那本精彩的近著 Körner(1988) 中应该能找到它的归属; 也可以参阅神奇的 Dym 和 McKean(1972) 的书. 另一方面, 特征函数确实在概率和统计中都起到了至关重要的作用, 所以我必须用这数页的篇幅来讨论它们. 至于更详细的探讨, 可参阅 Chow 和 Teicher(1978) 的书或者 Lukacs(1970) 的书.

练习中提出了模拟拉普拉斯变换方法, 并充分发展了有关 $[0, 1]$ 上的分布的矩方法.

16.1 定 义

一个随机变量 X 的特征函数 (CF)$\varphi = \varphi_X$ 被定义为映射:

$$\varphi : \mathbf{R} \to \mathbf{C}$$

(注意: 其定义域为 $\mathbf{R}$ 而非 $\mathbf{C}$), 具体为

▶▶ $$\varphi(\theta) := E(\mathrm{e}^{\mathrm{i}\theta X}) = E\cos(\theta X) + \mathrm{i}E\sin(\theta X),$$

设 $F := F_X$ 为 X 的分布函数, 并以 $\mu := \mu_X$ 表示 X 的分布, 则有

$$\varphi(\theta) := \int_{\mathbf{R}} \mathrm{e}^{\mathrm{i}\theta x}\mathrm{d}F(x) := \int_{\mathbf{R}} \mathrm{e}^{\mathrm{i}\theta x}\mu(\mathrm{d}x),$$

所以 φ 是 μ 的傅里叶变换, 或者说它是 F 的傅里叶 – 斯蒂尔吉斯 (Stieltjes) 变换. (我们没有使用在傅里叶理论中有时会用到的因子 $(2\pi)^{-\frac{1}{2}}$.) 此外, 我们常把

φ 写作 φ_F 或 φ_μ.

16.2　基 本 性 质

设 $\varphi = \varphi_X$ 为随机变量 X 的特征函数, 则有:

▶ (a)　$\varphi(0) = 1$ (显然);

▶ (b)　$|\varphi(\theta)| \leqslant 1, \forall \theta$;

▶ (c)　$\theta \mapsto \varphi(\theta)$ 在 $\mathbf{R}$ 上连续;

(d)　$\varphi_{(-X)}(\theta) = \overline{\varphi_X(\theta)}, \forall \theta$;

(e)　$\varphi_{aX+b}(\theta) = \mathrm{e}^{\mathrm{i}b\theta}\varphi_X(a\theta)$.

你们能很容易地证明这些性质. (利用 (BDD) 可证明 (c).)

关于可微性的注记 (可略过)　标准分析 (见定理 A16.1) 表明: 如果 $n \in \mathbf{N}$ 且 $E(|X|^n) < \infty$, 则我们可以形式地微分 $\varphi(\theta) = E\mathrm{e}^{\mathrm{i}\theta X}$ n 次而得到

$$\varphi^{(n)}(\theta) = E[(\mathrm{i}X)^n \mathrm{e}^{\mathrm{i}\theta X}].$$

特别地, $\varphi^{(n)}(0) = \mathrm{i}^n E(X^n)$. 但是, 当 $E(|X|) = \infty$ 时 $\varphi'(0)$ 仍有可能存在.

我们很快会看到 φ 可能为 "帐篷函数", 即

$$\varphi(\theta) = (1 - |\theta|)I_{[-1,1]}(\theta),$$

所以 φ 不必在每一点都是可微的, 而且在 $[-1,1]$ 以外 φ 可以为 0.

16.3　特征函数的一些应用

下面是特征函数的一些应用:

- 用于证明中心极限定理 (CLT) 及类似的定理.

- 用于计算极限随机变量的分布.

- 证明三级数定理的 "必要性" 部分.

- 获取尾概率的估计 (经由鞍点近似法).

- 证明诸如此类的结果:

  如果 X 与 Y 独立, 且 $X+Y$ 服从正态分布, 则 X 与 Y 二者都服从正态分布.

本书仅讨论上述应用的前三种.

16.4 三个关键的结果

(a) 如果 X 与 Y 为独立的随机变量, 则有

$$\varphi_{X+Y}(\theta) = \varphi_X(\theta)\varphi_Y(\theta), \quad \forall \theta.$$

证明 这不过是 "独立性意味着相乘" 的又一次体现:

$$E\mathrm{e}^{\mathrm{i}\theta(X+Y)} = E\mathrm{e}^{\mathrm{i}\theta X}\mathrm{e}^{\mathrm{i}\theta Y} = E\mathrm{e}^{\mathrm{i}\theta X}E\mathrm{e}^{\mathrm{i}\theta Y}. \qquad \square$$

(b) F 可经由 φ 得到重建.

详细的陈述见 16.6 节.

(c) 分布函数的 "弱" 收敛完全对应于相应的特征函数的收敛.

详细的陈述见 18.1 节.

这些结果被应用于中心极限定理的证明的方式即如下文所示. 假定 $X_1, X_2, \cdots$ 为 IID 的随机变量, 其每一个的均值为 0, 方差为 1. 从 (a) 和 (16.2,e) 可知, 若 $S_n := X_1 + \cdots + X_n$, 则有

$$E\exp(\mathrm{i}\theta S_n/\sqrt{n}) = \varphi_X(\theta/\sqrt{n})^n.$$

我们将通过严格的估算得到

$$\varphi_X(\theta/\sqrt{n})^n = \left\{1 - \frac{1}{2}\theta^2/n + o(1/n)\right\}^n \to \exp\left(-\frac{1}{2}\theta^2\right), \quad \forall \theta.$$

因为 $\theta \mapsto \exp\left(-\frac{1}{2}\theta^2\right)$ 为标准正态分布的特征函数 (我们很快将看到这一点), 从而由 (b) 和 (c) 得到:

$S_n/\sqrt{n}$ 的分布弱收敛于标准正态分布 $N(0,1)$ 的分布函数 Φ.

在本例中, 这仅仅意味着

$$P(S_n/\sqrt{n} \leqslant x) \to \Phi(x), \quad x \in \mathbf{R}.$$

16.5　原　　子

涉及 (16.4,b) 与 (16.4,c), 其结果的齐一性都有可能因原子的存在而受到影响.

如果 $P(X = c) > 0$, 则我们称 X 的分布 μ 在 c 处有一个原子, 此时 X 的分布函数 F 在 c 处有一个不连续点:

$$\mu(\{c\}) = F(c) - F(c-) = P(X = c).$$

由于 μ 至多只能有 n 个其质量至少为 $1/n$ 的原子, 所以 μ 的原子的数量至多只有可数多个.

从而得到: 对于给定 $x \in \mathbf{R}$, 存在一个实数列 (y_n), 满足 $y_n \downarrow x$ 而且每个 y_n 都是 μ 的非原子 (或等价地都是 F 的连续点); 而且, 由 F 的右连续性, $F(y_n) \downarrow F(x)$.

16.6　莱维反演公式

这一定理赋予事实 "F 可由 φ 而重建" 以十分显明的形式. (试验证该定理的确蕴涵着: 如果 F 与 G 为分布函数且在 $\mathbf{R}$ 上满足 $\varphi_F = \varphi_G$, 则有 $F = G$.)

定理

▶　设 φ 为一个具有分布 μ 与分布函数 F 的随机变量 X 的特征函数, 则对于 $a < b$, 有

(a)
$$\lim_{T \uparrow \infty} \frac{1}{2\pi} \int_{-T}^{T} \frac{\mathrm{e}^{-\mathrm{i}\theta a} - \mathrm{e}^{-\mathrm{i}\theta b}}{\mathrm{i}\theta} \varphi(\theta) \mathrm{d}\theta$$
$$= \frac{1}{2}\mu(\{a\}) + \mu(a, b) + \frac{1}{2}\mu(\{b\})$$
$$= \frac{1}{2}[F(b) + F(b-)] - \frac{1}{2}[F(a) + F(a-)].$$

进而, 若 $\int_{\mathbf{R}} |\varphi(\theta)| \mathrm{d}\theta < \infty$, 则 X 具有连续的概率密度函数 f, 且

(b) $$f(x) = \frac{1}{2\pi} \int_{\mathbf{R}} \mathrm{e}^{-\mathrm{i}\theta x} \varphi(\theta) \mathrm{d}\theta.$$

如我们将要看到的, (b) 式与

(c) $$\varphi(\theta) = \int_{\mathbf{R}} \mathrm{e}^{\mathrm{i}\theta x} f(x) \mathrm{d}x$$

之间的 "对偶性" 将会得到利用.

本定理的证明在初读时可以略过.

定理的证明 对于 $u, v \in \mathbf{R}$ 且 $u \leqslant v$, 有

(d) $$|\mathrm{e}^{\mathrm{i}v} - \mathrm{e}^{\mathrm{i}u}| \leqslant |v - u|,$$

这可由图或下式来解释:

$$\left| \int_u^v \mathrm{i}\mathrm{e}^{\mathrm{i}t} \mathrm{d}t \right| \leqslant \int_u^v |\mathrm{i}\mathrm{e}^{\mathrm{i}t}| \mathrm{d}t = \int_u^v 1 \mathrm{d}t.$$

设 $a, b \in \mathbf{R}$, 且 $a < b$, 则由富比尼定理, 对于 $0 < T < \infty$, 有

(e) $$\frac{1}{2\pi} \int_{-T}^{T} \frac{\mathrm{e}^{-\mathrm{i}\theta a} - \mathrm{e}^{-\mathrm{i}\theta b}}{\mathrm{i}\theta} \varphi(\theta) \mathrm{d}\theta$$
$$= \frac{1}{2\pi} \int_{-T}^{T} \frac{\mathrm{e}^{-\mathrm{i}\theta a} - \mathrm{e}^{-\mathrm{i}\theta b}}{\mathrm{i}\theta} \Big(\int_{\mathbf{R}} \mathrm{e}^{\mathrm{i}\theta x} \mu(\mathrm{d}x) \Big) \mathrm{d}\theta$$
$$= \frac{1}{2\pi} \int_{\mathbf{R}} \Big\{ \int_{-T}^{T} \frac{\mathrm{e}^{\mathrm{i}\theta(x-a)} - \mathrm{e}^{\mathrm{i}\theta(x-b)}}{\mathrm{i}\theta} \mathrm{d}\theta \Big\} \mu(\mathrm{d}x),$$

前提是我们必须证明

$$C_T := \frac{1}{2\pi} \int_{\mathbf{R}} \Big\{ \int_{-T}^{T} \Big| \frac{\mathrm{e}^{\mathrm{i}\theta(x-a)} - \mathrm{e}^{\mathrm{i}\theta(x-b)}}{\mathrm{i}\theta} \Big| \mathrm{d}\theta \Big\} \mu(\mathrm{d}x) < \infty.$$

然而不等式 (d) 表明 $C_T \leqslant (b-a)T/\pi$, 所以 (e) 为真.

接下来, 我们可以利用余弦函数的偶函数性与正弦函数的奇函数性得到

(f) $$\frac{1}{2\pi} \int_{-T}^{T} \frac{\mathrm{e}^{\mathrm{i}\theta(x-a)} - \mathrm{e}^{\mathrm{i}\theta(x-b)}}{\mathrm{i}\theta} \mathrm{d}\theta$$
$$= \frac{\mathrm{sgn}(x-a)S(|x-a|T) - \mathrm{sgn}(x-b)S(|x-b|T)}{\pi},$$

其中, 如常见的,

$$\mathrm{sgn}(x) := \begin{cases} 1, & x > 0, \\ 0, & x = 0, \\ -1, & x < 0, \end{cases}$$

而

$$S(U) := \int_0^U \frac{\sin x}{x} \mathrm{d}x \quad (U > 0).$$

即便勒贝格积分 $\int_0^\infty x^{-1} \sin x \mathrm{d}x$ 不存在, 因为

$$\int_0^\infty \left(\frac{\sin x}{x}\right)^+ \mathrm{d}x = \int_0^\infty \left(\frac{\sin x}{x}\right)^- \mathrm{d}x = \infty.$$

我们也有 (见练习 E16.1)

$$\lim_{U\uparrow\infty} S(U) = \frac{\pi}{2}.$$

对于固定的 a 与 b, 表达式 (f) 关于 x 与 T 同时都是有界的; 而且, 当 $T \uparrow \infty$ 时, 表达式 (f) 收敛到

$$\begin{cases} 0, & \text{若 } x < a \text{ 或 } x > b, \\ \dfrac{1}{2}, & \text{若 } x = a \text{ 或 } x = b, \\ 1, & \text{若 } a < x < b, \end{cases}$$

故由有界收敛定理便得到结果 (a).

现假定 $\int_{\mathbf{R}} |\varphi(\theta)| \mathrm{d}\theta < \infty$, 我们可令结果 (a) 中的 $T \uparrow \infty$ 并利用 (DOM) 得到 (设 F 在 a 与 b 连续)

$$(g) \qquad F(b) - F(a) = \frac{1}{2\pi} \int_{\mathbf{R}} \frac{\mathrm{e}^{-\mathrm{i}\theta a} - \mathrm{e}^{-\mathrm{i}\theta b}}{\mathrm{i}\theta} \varphi(\theta) \mathrm{d}\theta.$$

然而, (DOM) 告诉我们, (g) 式的右端关于 a 和 b 是连续的, 而且 (为什么? !) 我们可以下结论: F 没有原子且 (g) 式对所有 a 与 $b(a < b)$ 成立.

现在我们有

$$(h) \qquad \frac{F(b) - F(a)}{b - a} = \frac{1}{2\pi} \int_{\mathbf{R}} \frac{\mathrm{e}^{-\mathrm{i}\theta a} - \mathrm{e}^{-\mathrm{i}\theta b}}{\mathrm{i}\theta(b - a)} \varphi(\theta) \mathrm{d}\theta.$$

但是由 (d), 有

$$\left| \frac{\mathrm{e}^{-\mathrm{i}\theta a} - \mathrm{e}^{-\mathrm{i}\theta b}}{\mathrm{i}\theta(b - a)} \right| \leqslant 1.$$

所以, 假设 "$\int_{\mathbf{R}} |\varphi(\theta)| \mathrm{d}\theta < \infty$" 容许我们使用 (DOM) 并在 (h) 中令 $b \to a$ 进而得到

$$F'(a) = f(a) := \frac{1}{2\pi} \int_{\mathbf{R}} \mathrm{e}^{-\mathrm{i}\theta a} \varphi(\theta) \mathrm{d}\theta,$$

最后, 由 (DOM) 可知 f 是连续的. □

16.7 表

	分布	pdf	支集	CF
1	$N(\mu, \sigma^2)$	$\dfrac{1}{\sigma\sqrt{2\pi}}\exp\left\{-\dfrac{(x-\mu)^2}{2\sigma^2}\right\}$	$\mathbf{R}$	$\exp\left(\mathrm{i}\mu\theta - \dfrac{1}{2}\sigma^2\theta^2\right)$
2	$U[0,1]$	1	$[0,1]$	$(\mathrm{e}^{\mathrm{i}\theta}-1)/(\mathrm{i}\theta)$
3	$U[-1,1]$	$\dfrac{1}{2}$	$[-1,1]$	$(\sin\theta)/\theta$
4	双指数	$\dfrac{1}{2}\mathrm{e}^{-|x|}$	$\mathbf{R}$	$1/(1+\theta^2)$
5	柯西	$\dfrac{1}{\pi(1+x^2)}$	$\mathbf{R}$	$\mathrm{e}^{-|\theta|}$
6	三角形	$1-|x|$	$[-1,1]$	$2\left(\dfrac{1-\cos\theta}{\theta^2}\right)$
7	阿农 (Anon)	$(1-\cos x)/(\pi x^2)$	$\mathbf{R}$	$(1-|\theta|)I_{[-1,1]}(\theta)$

  表中的第 4 和第 5 两行诠释了 (16.6,b) 式与 (16.6,c) 式之间的对偶性, 第 6 和第 7 行亦复如此. 本章的练习题中给出了有关表中结果证明的一些提示.

第 17 章 弱 收 敛 性

在本章中, 我们为 $(\mathbf{R}, \mathcal{B})$ 上的概率测度考虑适当的 "收敛" 的概念. 术语 "弱收敛" 是未尽如人意的: 该概念更接近于 "弱 $*$" 收敛 (对偶空间中的概念, 见 17.4 节——译者注) 而不是泛涵分析中所使用的 "弱" 收敛. 正式的纯数学的术语应该是 "狭义收敛". 然而, 概率学家们似乎决意要按他们自己的解释来使用 "弱收敛", 所以, 尽管不情愿, 在此我也只好服从他们.

我们将考察一个特殊情形: 在一个波兰空间 (Polish space, 即完备、可分的度量空间)S 上的弱收敛, 其中 $S = \mathbf{R}$; 而且我们将无所顾忌地使用 $\mathbf{R}$ 的特性. 至于一般的理论, 可参见 Billingsley(1968) 或者 Parthasarathy(1967) 的书, 或者, 为了精彩的有关其最新视界的叙述, 参见 Ethier 和 Kurtz(1986) 的书.

记号 我们以

$$\mathrm{Prob}(\mathbf{R})$$

表示 $\mathbf{R}$ 上的概率测度的空间, 而以

$$C_b(\mathbf{R})$$

表示 $\mathbf{R}$ 上的有界连续函数的空间.

17.1 "漂亮" 的定义

设 $(\mu_n : n \in \mathbf{N})$ 为 $\mathrm{Prob}(\mathbf{R})$ 中的一个序列且 $\mu \in \mathrm{Prob}(\mathbf{R})$. 我们称 μ_n 弱收敛于 μ 当 (且仅当)

(a) $$\mu_n(h) \to \mu(h), \quad \forall h \in C_b(\mathbf{R}),$$

并进而记之为

(b) $$\mu_n \overset{w}{\longrightarrow} \mu.$$

我们知道 Prob(**R**) 的元素通过下面的关系对应于分布函数:

$$\mu \leftrightarrow F, \quad \text{其中 } F(x) = \mu(-\infty, x].$$

分布函数的弱收敛定义为明显的方式:

(c) $$F_n \overset{w}{\longrightarrow} F \text{ 当且仅当 } \mu_n \overset{w}{\longrightarrow} \mu.$$

我们通常感兴趣的是 $F_n = F_{X_n}$ 的情形, 即 F_n 为某随机变量 X_n 的分布函数. 此时, 由 6.12 节, 对于 $h \in C_b(\mathbf{R})$, 我们有

$$\mu_n(h) = \int_{\mathbf{R}} h(x) \mathrm{d}F_n(x) = Eh(X_n).$$

注意: 即便诸 X_n 定义在不同的概率空间上, 陈述 $F_n \overset{w}{\longrightarrow} F$ 依然是有意义的.

然而, 如果 $X_n(n \in \mathbf{N})$ 与 X 为相同的概率空间 $(\varOmega, \mathcal{F}, P)$ 上的随机变量, 则有

(d) $$(X_n \to X, \mathrm{a.s.}) \Rightarrow (F_{X_n} \overset{w}{\longrightarrow} F_X).$$

而且甚至有

(e) $$(X_n \to X, \text{依概率}) \Rightarrow (F_{X_n} \overset{w}{\longrightarrow} F_X).$$

(d) 的证明 假定 $X_n \to X, \mathrm{a.s.}$, 且 μ_n 是 X_n 的分布, μ 是 X 的分布. 则对于 $h \in C_b(\mathbf{R})$, 我们有 $h(X_n) \to h(X), \mathrm{a.s.}$, 而且, 由 (BDD) 有

$$\mu_n(h) = E(X_n) \to E(X) = \mu(h). \qquad \square$$

练习 证明 (e).

17.2 一个 "实用" 的公式

例 原子是个讨厌的东西. 假定 $X_n = \dfrac{1}{n}, X = 0$. 设 μ_n 为 X_n 的分布, 故 μ_n 在 $\dfrac{1}{n}$ 具有单位质量, 又设 μ 为 X 的分布, 则对于 $h \in C_b(\mathbf{R})$, 有

$$\mu_n(h) = h(n^{-1}) \to h(0) = \mu(h),$$

从而 $\mu_n \overset{w}{\longrightarrow} \mu$. 然而,

$$F_n(0) = 0 \not\to F(0) = 1. \qquad \square$$

引理

(a) 设 (F_n) 为 $\mathbf{R}$ 上的一列分布函数, F 为 $\mathbf{R}$ 上的一个分布函数. 则 $F_n \overset{w}{\longrightarrow} F$ 当且仅当

$$\lim_n F_n(x) = F(x)$$

对于 F 的每个非原子 (即每个连续点) x 成立.

"必要性" 部分的证明　假定 $F_n \overset{w}{\longrightarrow} F$. 设 $x \in \mathbf{R}$, 并设 $\delta > 0$. 定义 $h \in C_b(\mathbf{R})$ 为

$$h(y) := \begin{cases} 1, & \text{如果 } y \leqslant x, \\ 1 - \delta^{-1}(y - x), & \text{如果 } x < y < x + \delta, \\ 0, & \text{如果 } y \geqslant x + \delta, \end{cases}$$

则 $\mu_n(h) \to \mu(h)$. 现在,

$$F_n(x) \leqslant \mu_n(h) \quad \text{且} \quad \mu(h) \leqslant F(x + \delta),$$

从而

$$\limsup_n F_n(x) \leqslant F(x + \delta).$$

然而 F 是右连续的, 所以我们可令 $\delta \downarrow 0$ 而得到

(b)
$$\limsup_n F_n(x) \leqslant F(x), \quad \forall x \in \mathbf{R}.$$

以类似的方式处理 $y \mapsto h(y + \delta)$, 我们得到: 对于 $x \in \mathbf{R}$ 及 $\delta > 0$, 有

$$\liminf_n F_n(x-) \geqslant F(x - \delta),$$

从而有

(c)
$$\liminf_n F_n(x-) \geqslant F(x-), \quad \forall x \in \mathbf{R}.$$

由不等式 (b) 和 (c) 便可提炼出要证的结果. □

到下一节, 作为一个漂亮的推论, 我们可以证得 "充分性" 部分.

17.3 斯科罗霍德表示

定理

假定 $(F_n : n \in \mathbf{N})$ 是 $\mathbf{R}$ 上的一列分布函数, F 是 $\mathbf{R}$ 上的一个分布函数且在 F 的每个连续点 x 上有 $F_n(x) \to F(x)$. 则存在一个概率空间 $(\Omega, \mathcal{F}, P)$ 及其上的随机变量序列 (X_n) 和随机变量 X, 使得

$$F_n = F_{X_n}, \quad F = F_X,$$

而且有

$$X_n \to X, \quad \text{a.s..}$$

这相当于 (17.1,d) 的一种 "逆" 命题.

证明 我们只需使用 3.12 节中的构造, 即取

$$(\Omega, \mathcal{F}, P) = ([0,1], \mathcal{B}[0,1], \text{Leb}).$$

定义

$$X^+(\omega) := \inf\{z : F(z) > \omega\}, \quad X^-(\omega) := \inf\{z : F(z) \geqslant \omega\}.$$

且类似可定义 X_n^+, X_n^-. 由 3.12 节可知 X^+ 和 X^- 具有分布函数 F 而且 $P(X^+ = X^-) = 1$.

固定 ω, 设 z 为 F 的非原子且满足 $z > X^+(\omega)$. 则 $F(z) > \omega$, 且对充分大的 n 有 $F_n(z) > \omega$, 从而 $X_n^+(\omega) \leqslant z$. 于是 $\limsup\limits_n X_n^+(\omega) \leqslant z$, 但是 (由于非原子是稠密的) 我们可以选择 $z \downarrow X^+(\omega)$, 于是有

$$\limsup X_n^+(\omega) \leqslant X^+(\omega),$$

由类似的讨论可得到

$$\liminf X_n^-(\omega) \geqslant X^-(\omega).$$

由于 $X_n^- \leqslant X_n^+$ 且 $P(X^+ = X^-) = 1$, 故而结果得证. □

17.4　Prob($\overline{\mathbf{R}}$) 的列紧性

在涉及非紧空间 $\mathbf{R}$ 时存在一个问题. 设 μ_n 为在 n 处的单位质量, 则不存在 (μ_n) 的子列在 Prob($\mathbf{R}$) 中弱收敛, 但在 Prob($\overline{\mathbf{R}}$) 中却有 $\mu_n \xrightarrow{w} \mu_\infty$, 其中 μ_∞ 为在 ∞ 处的单位质量. 这里 $\overline{\mathbf{R}}$ 是紧的可度量化空间 $[-\infty, \infty]$, Prob($\overline{\mathbf{R}}$) 的定义是明显的, 而且在 Prob($\overline{\mathbf{R}}$) 中 $\mu_n \xrightarrow{w} \mu_\infty$ 意味着

$$\mu_n(h) \to \mu_\infty(h), \quad \forall h \in C(\overline{\mathbf{R}}).$$

(在 $C(\overline{\mathbf{R}})$ 上我们不需要加下标 "b", 因为 $C(\overline{\mathbf{R}})$ 的元素是有界的.) 重要的是要时刻牢记, 虽然 $C(\overline{\mathbf{R}})$ 中的函数会趋向于其于 $+\infty$ 和 $-\infty$ 处的极限, 但 $C_b(\mathbf{R})$ 中的函数却不必如此. 空间 $C(\overline{\mathbf{R}})$ 是可分的 (它有一个可数的、稠密的子集). 但 $C_b(\mathbf{R})$ 却不是.

容我简单描述一下应该如何看待下一个议题. 这里我使用一些泛函分析的概念. 但是从下一段 (不是下一节) 开始, 我将采用初等的徒手处理方法. 由黎兹 (Riesz) 表示定理, $C(\overline{\mathbf{R}})$ 的对偶空间 $C(\overline{\mathbf{R}})^*$ 是 $(\overline{\mathbf{R}}, \mathcal{B}(\overline{\mathbf{R}}))$ 上的有界符号测度的空间. $C(\overline{\mathbf{R}})^*$ 的弱 * 拓扑是可度量化的 (因为 $C(\overline{\mathbf{R}})$ 是可分的), 而且在这一拓扑之下 $C(\overline{\mathbf{R}})^*$ 的单位球是紧的且包含 Prob($\overline{\mathbf{R}}$) 作为其一个闭子集. Prob($\overline{\mathbf{R}}$) 的弱 * 拓扑正好就是概率学家们的弱拓扑, 所以:

(a) Prob($\overline{\mathbf{R}}$) 是在我们的概率学家所说的弱拓扑之下的一个紧的、可度量化的空间.

作为结果 (a) 的徒手处理的替代物是下面的:

赫利 – 布雷 (Helly–Bray) 引理

(b) 设 (F_n) 为任一 $\mathbf{R}$ 上分布函数的序列. 则存在 $\mathbf{R}$ 上的一个右连续的、非降的函数 F (满足 $0 \leqslant F \leqslant 1$) 和一个子列 (n_i), 使得:

(*) $\lim_i F_{n_i}(x) = F(x)$ 对于 F 的每个连续点成立.

证明　我们明显使用了 "对角线原理".

取 $\mathbf{R}$ 的一个可数的稠密 (子) 集 C 并将它记为

$$C = \{c_1, c_2, c_3, \cdots\}.$$

因为 $(F_n(c_1) : n \in \mathbf{N})$ 为一个有界的数列, 故它含有一个收敛的子列 $(F_{n(1,j)}(c_1))$:

$$F_{n(1,j)}(c_1) \to H(c_1) \text{ (比方说)}, \quad \text{当 } j \to \infty \text{ 时.}$$

而对于此子列的某个子列, 我们又有

$$F_{n(2,j)}(c_2) \to H(c_2), \quad \text{当 } j \to \infty \text{ 时 }.$$

依此类推. 如果记 $n_i = n(i, i)$, 则我们有: 对于 C 中的每个 c,

$$H(c) := \lim F_{n_i}(c) \text{ 存在}.$$

显然, $0 \leqslant H \leqslant 1$, 而且 H 在 C 上是非降的, 对于 $x \in \mathbf{R}$, 定义

$$F(x) := \lim_{c \downarrow\downarrow x} H(c).$$

符号 "$\downarrow\downarrow$" 表示 c 是严格递降且通过 C 而趋于 x. (特别地, 对于 $c \in C, F(c)$ 不必等于 $H(c)$.)

正如你能验证的: F 是右连续的. 由 17.2 节与 17.3 节中的上极限的性质, 你还能独立验证 (*) 式成立——我可不想剥夺你于其中的乐趣.

17.5 紧 致 性

当然, 赫利 – 布雷引理 17.4(b) 中的函数 F 不必是分布函数. 它是一个分布函数的充要条件是

$$\lim_{x \downarrow\downarrow -\infty} F(x) = 0, \quad \lim_{x \uparrow\uparrow +\infty} F(x) = 1.$$

定义

▶▶　一个分布函数的序列 (F_n) 被称为是紧 (致) 的, 如果对于任给 $\varepsilon > 0$, 存在 $K > 0$, 使得

$$\mu_n[-K, K] = F_n(K) - F_n(-K-) > 1 - \varepsilon.$$

因此可以这样来理解: "紧致性阻止了质量被排挤到 $+\infty$ 或 $-\infty$."

引理

假定 (F_n) 为一列分布函数,

(a) 如果 $F_n \xrightarrow{w} F$, 其中 F 为某个分布函数, 则 (F_n) 是紧致的;

(b) 如果 (F_n) 是紧致的, 则存在其一子列 (F_{n_i}) 和一个分布函数 F, 使得 $F_{n_i} \xrightarrow{w} F$.

这是一个很容易的有关上极限的练习.

第 18 章　中心极限定理

中心极限定理 (Central Limit Theorem, CLT) 是数学的伟大成果之一. 这里, 我们将它作为莱维 (Lévy) 收敛定理的推论而导出, 后者叙述的是, 分布函数的弱收敛正好对应着特征函数的逐点收敛.

18.1　莱维收敛定理

▶▶▶ 设 (F_n) 为一列分布函数, 并以 φ_n 记 F_n 的特征函数. 假定:

$$g(\theta) := \lim \varphi_n(\theta) \text{ 对于所有 } \theta \in \mathbf{R} \text{ 存在},$$

且

$$g(\cdot) \text{在 } 0 \text{ 处连续},$$

则有 $g = \varphi_F$, 其中 F 为某分布函数, 且

$$F_n \xrightarrow{w} F.$$

证明　暂且先假设

(a) 　　　　　　　　　序列(F_n)是紧致的,

则据赫利 – 布雷的结果 17.5(b), 我们能找到一个子列 (F_{n_k}) 与一个分布函数 F, 使得

$$F_{n_k} \xrightarrow{w} F.$$

但对于 $\theta \in \mathbf{R}$, 我们有

$$\varphi_{n_k}(\theta) \to \varphi_F(\theta) \quad (\varphi_{n_k}: F_{n_k} \text{的特征函数})$$

(取 $h(x) = e^{i\theta x}$). 于是 $g = \varphi_F$.

现在我们用反证法. 假设 (F_n) 不弱收敛于 F, 则对于 F 的某连续点 x, 我们能找到一个子列, 不妨记为 $(\widetilde{F}_n)$, 和一个 $\eta(> 0)$, 使得

$$(*) \qquad\qquad |\widetilde{F}_n(x) - F(x)| \geqslant \eta, \quad \forall n.$$

但 $(\widetilde{F}_n)$ 是紧的, 所以我们能找到一个子列 $(\widetilde{F}_{n_j})$ 与一个分布函数 $\widetilde{F}$, 使得

$$\widetilde{F}_{n_j} \xrightarrow{w} \widetilde{F}.$$

然而因此有 $\widetilde{\varphi}_{n_j} \to \widetilde{\varphi}$, 从而 $\widetilde{\varphi} = \varphi_{\widetilde{F}} = g = \varphi_F$. 因为特征函数唯一地对应着分布函数, 故有 $\widetilde{F} = F$, 从而特别有 (注意 x 为 $\widetilde{F}$ 的一个非原子)

$$(**) \qquad\qquad \widetilde{F}_{n_j}(x) \to \widetilde{F}(x) = F(x).$$

(*) 式与 (**) 式之间的矛盾性便证明了结果成立.   □

现在我们必须证明 (a) 式.

(F_n) 的紧致性的证明 设 $\varepsilon > 0$ 为任意给定. 因为表达式

$$\varphi_n(\theta) + \varphi_n(-\theta) = \int_{\mathbf{R}} 2\cos(\theta x)\mathrm{d}F_n(x)$$

为实的, 故 $g(\theta) + g(-\theta)$ 亦为实的 (且显然有上界 2).

因为 g 在 0 点连续且在 0 点的值等于 1, 故我们可选取 $\delta > 0$ 使得

$$|1 - g(\theta)| < \frac{1}{4}\varepsilon \quad (\text{当 } |\theta| < \delta \text{ 时}).$$

现在我们有

$$0 < \delta^{-1} \int_0^{\delta} \{2 - g(\theta) - g(-\theta)\}\mathrm{d}\theta \leqslant \frac{1}{2}\varepsilon.$$

因为 $g = \lim \varphi_n$, 故关于有限区间 $[0, \delta]$ 的有界收敛定理表明: 存在 $n_0 \in \mathbf{N}$, 使得对于 $n \geqslant n_0$, 有

$$\delta^{-1} \int_0^{\delta} \{2 - \varphi_n(\theta) - \varphi_n(-\theta)\}\mathrm{d}\theta \leqslant \varepsilon.$$

然而,

$$\begin{aligned}
\delta^{-1} &\int_0^{\delta} \{2 - \varphi_n(\theta) - \varphi_n(-\theta)\}\mathrm{d}\theta \\
&= \delta^{-1} \int_{-\delta}^{\delta} \left\{ \int_{\mathbf{R}} (1 - e^{i\theta x})\mathrm{d}F_n(x) \right\}\mathrm{d}\theta \\
&= \int_{\mathbf{R}} \left\{ \delta^{-1} \int_{-\delta}^{\delta} (1 - e^{i\theta x})\mathrm{d}\theta \right\}\mathrm{d}F_n(x),
\end{aligned}$$

积分次序的可交换性系由下列事实所保证: 因为 $|1 - \mathrm{e}^{\mathrm{i}\theta x}| \leqslant 2$, 故关于绝对值的积分显然是有限的. 现在对于 $n \geqslant n_0$, 我们有

$$\varepsilon \geqslant 2 \int_{\mathbf{R}} \left(1 - \frac{\sin \delta x}{\delta x}\right) \mathrm{d}F_n \geqslant 2 \int_{|x| > 2\delta^{-1}} \left(1 - \frac{1}{|\delta x|}\right) \mathrm{d}F_n(x)$$

$$\geqslant \int_{|x| > 2\delta^{-1}} \mathrm{d}F_n = \mu_n\{x : |x| > 2\delta^{-1}\}.$$

由此显见序列 (F_n) 是紧致的. □

如果你现在重读 16.4 节, 你会意识到下一个任务将是去获取有关特征函数的 "泰勒 (展开)" 估计.

18.2　记号 o 与 O

回顾

$$f(t) = O(g(t)) \quad (\text{当 } t \to L \text{ 时}),$$

其意为

$$\limsup_{t \to L} |f(t)/g(t)| < \infty.$$

而

$$f(t) = o(g(t)) \quad (\text{当 } t \to L \text{ 时}),$$

则意味着

$$f(t)/g(t) \to 0 \quad (\text{当 } t \to L \text{ 时}).$$

18.3　一些重要的估计

对于 $n = 0, 1, 2, \cdots$ 和实数 x, 定义 "余项" 为

$$R_n(x) = \mathrm{e}^{\mathrm{i}x} - \sum_{k=0}^{n} \frac{(\mathrm{i}x)^k}{k!},$$

则

$$R_0(x) = \mathrm{e}^{\mathrm{i}x} - 1 = \int_0^x \mathrm{i}\mathrm{e}^{\mathrm{i}x}\mathrm{d}x,$$

且由此二表达式可知有

$$|R_0(x)| \leqslant \min(2, |x|).$$

因为

$$R_n(x) = \int_0^x \mathrm{i}R_{n-1}(y)\mathrm{d}y,$$

由归纳法我们可以得到

$$|R_n(x)| \leqslant \min\left(\frac{2|x|^n}{n!}, \frac{|x|^{n+1}}{(n+1)!}\right).$$

现在假定 X 是 $\mathcal{L}^2$ 中的一个零均值的随机变量:

$$E(X) = 0, \quad \sigma^2 := \mathrm{Var}(X) < \infty,$$

则以 φ 记 φ_X, 我们有

▶   (a) $\qquad \left|\varphi(\theta) - \left(1 - \frac{1}{2}\sigma^2\theta^2\right)\right| = |ER_2(\theta X)| \leqslant E|R_2(\theta X)|$

$$\leqslant \theta^2 E\left(|X|^2 \wedge \frac{|\theta||X|^3}{6}\right).$$

上面最后一项, 其中 $E(\cdot)$ 里面的部分是受控于可积随机变量 $|X|^2$ 的, 故当 $\theta \to 0$ 时它趋于 0. 所以, 由 (DOM), 我们有

▶▶ (b) $\qquad \varphi(\theta) = 1 - \frac{1}{2}\sigma^2\theta^2 + o(\theta^2) \quad$ (当 $\theta \to 0$ 时).

另外, 对于 $|z| < \frac{1}{2}$, 利用对数函数的主值, 有

$$\log(1+z) - z = \int_0^z \frac{(-w)}{1+w}\mathrm{d}w = -z^2\int_0^1 \frac{t\mathrm{d}t}{1+tz},$$

且由于 $|1+tz| \geqslant \frac{1}{2}$, 我们有

▶▶ (c) $\qquad |\log(1+z) - z| \leqslant |z|^2, \quad |z| \leqslant \frac{1}{2}.$

18.4　中心极限定理

▶▶▶ 设 (X_n) 为一 IID 的随机变量序列, 每个 X_n 与 X 同分布, 其中

$$E(X) = 0, \quad \sigma^2 := \mathrm{Var}(X) < \infty.$$

定义 $S_n := X_1 + \cdots + X_n$, 并置

$$G_n := \frac{S_n}{\sigma\sqrt{n}}.$$

则对于 $x \in \mathbf{R}$, 且当 $n \to \infty$ 时, 我们有

$$P(G_n \leqslant x) \to \Phi(x) = \frac{1}{\sqrt{2\pi}} \int_{-\infty}^{x} \exp\left(-\frac{1}{2}y^2\right) \mathrm{d}y.$$

证明　固定 $\theta \in \mathbf{R}$. 则利用 (18.3,b), 有

$$\varphi_{G_n}(\theta) = \varphi_{S_n}\left(\frac{\theta}{\sigma\sqrt{n}}\right) = \varphi\left(\frac{\theta}{\sigma\sqrt{n}}\right)^n$$

$$= \left\{1 - \frac{1}{2}\frac{\theta^2}{n} + o\left(\frac{\theta^2}{\sigma^2 n}\right)\right\}^n.$$

符号 "o" 此时指的是当 $n \to \infty$ 时的情形. 但是, 由 (18.3,c), 我们有: 当 $n \to \infty$ 时,

$$\log \varphi_{G_n}(\theta) = n \log\left\{1 - \frac{1}{2}\frac{\theta^2}{n} + o\left(\frac{\theta^2}{n}\right)\right\}$$

$$= n\left\{-\frac{1}{2}\frac{\theta^2}{n} + o\left(\frac{\theta^2}{n}\right)\right\} \to -\frac{1}{2}\theta^2.$$

所以 $\varphi_{G_n}(\theta) \to \exp\left(-\frac{1}{2}\theta^2\right)$. 又因为 $\theta \mapsto \exp\left(-\frac{1}{2}\theta^2\right)$ 是正态分布的特征函数, 故由定理 18.1 便证得结果.　　　　　　　　□

18.5　例

我们来看一个简单的例子, 它表明如何利用上述方法来处理一列独立但却不是 IID 的随机变量.

考虑 E4.3 的记录问题, 假定在某 $(\Omega, \mathcal{F}, P)$ 上, $E_1, E_2, \cdots$ 为独立的事件列, 且 $P(E_n) = \frac{1}{n}$, 定义

$$N_n = I_{E_1} + \cdots + I_{E_n}$$

为记录问题中 "到时刻 n 为止的记录的个数", 则

$$E(N_n) = \sum_{k \leqslant n} \frac{1}{k} = \log n + \gamma + o(1) \quad (\gamma\text{是欧拉 (Euler) 常数}),$$

$$\mathrm{Var}(N_n) = \sum_{k \leqslant n} \frac{1}{k}\left(1 - \frac{1}{k}\right) = \log n + \gamma - \frac{\pi^2}{6} + o(1).$$

设

$$G_n := \frac{N_n - \log n}{\sqrt{\log n}},$$

则有 $E(G_n) \to 0, \mathrm{Var}(G_n) \to 1$. 从而, 对于固定的 $\theta \in \mathbf{R}$, 有

$$\varphi_{G_n}(\theta) = \exp(-\mathrm{i}\theta\sqrt{\log n})\varphi_{N_n}\left(\frac{\theta}{\sqrt{\log n}}\right).$$

但是

$$\varphi_{N_n}(t) = \prod_{k=1}^{n} \varphi_{X_k}(t) = \prod_{k=1}^{n}\left\{1 - \frac{1}{k} + \frac{1}{k}\mathrm{e}^{\mathrm{i}t}\right\}.$$

由此可见, 当 $n \to \infty$ 时, 并记 $t := \theta/\sqrt{\log n}$, 有

$$\begin{aligned}
\varphi_{G_n}(\theta) &= -\mathrm{i}\theta\sqrt{\log n} + \sum_{k=1}^{n} \log\left\{1 + \frac{1}{k}(\mathrm{e}^{\mathrm{i}t} - 1)\right\} \\
&= -\mathrm{i}\theta\sqrt{\log n} + \sum_{k=1}^{n} \log\left\{1 + \frac{1}{k}\left[\mathrm{i}t - \frac{1}{2}t^2 + o(t^2)\right]\right\} \\
&= -\mathrm{i}\theta\sqrt{\log n} + \sum_{k=1}^{n} \frac{1}{k}\left[\mathrm{i}t - \frac{1}{2}t^2 + o(t^2)\right] + O\left(\sum_{k=1}^{n} \frac{t^2}{k^2}\right) \\
&= -\mathrm{i}\theta\sqrt{\log n} + \left[\mathrm{i}t - \frac{1}{2}t^2 + o(t^2)\right][\log n + O(1)] + t^2 O(1) \\
&= -\frac{1}{2}\theta^2 + o(1) \to -\frac{1}{2}\theta^2,
\end{aligned}$$

所以 $P(G_n \leqslant x) \to \Phi(x), x \in \mathbf{R}$. $\qquad\square$

参见 Hall 和 Heyde(1980) 的书中一些非常一般的极限定理.

18.6　引理 12.4 的特征函数法证明

引理 12.4 给出了三级数定理 12.5 的必要性部分. 它的陈述如下:

引理

假定 (X_n) 为一列独立的随机变量且囿于常数 $K \in [0, \infty)$, 即

$$|X_n(\omega)| \leqslant K, \quad \forall n, \forall \omega,$$

则

$$\sum X_n \text{ a.s. 收敛} \Longrightarrow \sum E(X_n) \text{ 收敛且 } \sum \text{Var}(X_n) < \infty.$$

12.4 节给出的证明比较复杂.

利用特征函数的证明　首先注意: 作为估计 (18.3,a) 的一个推论, 如果 Z 是一个随机变量且满足 (对于某个常数 K_1)

$$|Z| \leqslant K_1, \quad E(Z) = 0, \quad \sigma^2 := \text{Var}(Z) < \infty,$$

则对于 $|\theta| < K_1^{-1}$, 我们有

$$\begin{aligned}
|\varphi_Z(\theta)| &\leqslant 1 - \frac{1}{2}\sigma^2\theta^2 + \frac{1}{6}|\theta|^3 K_1 E(Z^2) \\
&\leqslant 1 - \frac{1}{2}\sigma^2\theta^2 + \frac{1}{6}\sigma^2\theta^2 = 1 - \frac{1}{3}\sigma^2\theta^2 \\
&\leqslant \exp\left(-\frac{1}{3}\sigma^2\theta^2\right).
\end{aligned}$$

现令 $Z_n := X_n - E(X_n)$, 则有

$$E(Z_n) = 0, \quad \text{Var}(Z_n) = \text{Var}(X_n),$$

$$|\varphi_{Z_n}(\theta)| = |\exp\{-\mathrm{i}\theta E(X_n)\}\varphi_{X_n}(\theta)| = |\varphi_{X_n}(\theta)|, \quad \text{且 } |Z_n| \leqslant 2K.$$

如果 $\sum \text{Var}(X_n) = \infty$, 则对于 $\theta < (2K)^{-1}$ 且 $0 < |\theta| < (2K)^{-1}$, 有

$$\prod |\varphi_{X_k}(\theta)| = \prod |\varphi_{Z_k}(\theta)| \leqslant \exp\left\{-\frac{1}{3}\theta^2 \sum \text{Var}(X_k)\right\} = 0.$$

然而, 若 $\sum X_k$ a.s. 收敛于 S, 则由 (DOM) 有

$$\prod_{k \leqslant n} \varphi_{X_k}(\theta) = E \exp(i\theta S_n) \to \varphi_S(\theta),$$

且 $\varphi_S(\theta)$ 关于 θ 是连续的并有 $\varphi_S(\theta) = 1$. 这是矛盾的.

所以, $\sum \text{Var}(X_n) = \sum \text{Var}(Z_n) < \infty$, 而且由于 $E(Z_n) = 0$, 定理 12.2(a) 表明

$$\sum Z_n \text{ a.s. 收敛},$$

故

$$\sum E(X_n) = \sum \{X_n - Z_n\}$$

a.s. 收敛, 而且由于它是确定性的和, 故它就是收敛的! 这最后部分的讨论在 12.4 节中也使用过. □

附　录

A1 章　第 1 章附录

A1.1　S^1 的一个不可测子集 A

本着巴拿赫与塔斯基的精神 (尽管这个相对平凡的例子肯定要早于他们的例子), 我们将使用选择公理来证明

(a)
$$S^1 = \bigcup_{q \in \mathbf{Q}} A_q,$$

其中诸 A_q 为互不相交的集合, 其中每一个可以通过从另外的任何一个经过旋转而得到. 如果集合 $A = A_0$ 具有一个 "长度", 则直观上看很明显结果 (a) 将迫使下式

$$2\pi = \infty \times A \text{ 的长度}$$

不可能成立.

为了构建集族 $(A_q : q \in \mathbf{Q})$, 如下进行: 将 S^1 视为 $\{\mathrm{e}^{\mathrm{i}\theta} : \theta \in \mathbf{R}\} \subseteq \mathbf{C}$, 在 S^1 上定义等价关系 $\sim$. 如果存在 $\mathbf{R}$ 中的 α 与 β 使得

$$z = \mathrm{e}^{\mathrm{i}\alpha}, \quad w = \mathrm{e}^{\mathrm{i}\beta}, \quad \alpha - \beta \in \mathbf{Q},$$

则记为 $z \sim w$. 运用选择公理产生一个集合 A, 使之刚好包含每个等价类的一个代表元. 定义

$$A_q = \mathrm{e}^{\mathrm{i}q} A = \{\mathrm{e}^{\mathrm{i}q} z : z \in A\},$$

则集族 $(A_q : q \in \mathbf{Q})$ 便具有我们预期的性质. (显然, 在上述讨论中亦可用 $\mathbf{Z}$ 来取代 $\mathbf{Q}$.)

我们无须给出本例全部严格的结论. 本附录的提示作用是充分严格的.

下面我们着手证明唯一性引理 1.6.

A1.2　d-系

设 S 为一集合, 而 $\mathcal{D}$ 为 S 的子集类. 我们称 $\mathcal{D}$ 为一 (S 上的)d-系, 如果满足:

(a)　$S \in \mathcal{D}$;

(b)　若 $A, B \in \mathcal{D}$ 且 $A \subseteq B$, 则有 $B \backslash A \in \mathcal{D}$;

(c)　若 $A_n \in \mathcal{D}$ 且 $A_n \uparrow A$, 则有 $A \in \mathcal{D}$.

回顾, $A_n \uparrow A$ 意为: $A_n \subseteq A_{n+1}(\forall n)$ 且 $\bigcup A_n = A$.

(d)　**命题**　S 的一个子集类 Σ 是一个 σ-代数当且仅当 Σ 同时是 π-系和 d-系.

证明　"必要性"部分是简单的, 所以我们仅证明"充分性"部分.

假定 Σ 同时是一个 π-系和一个 d-系, 并设 E, F 及 $E_n (n \in \mathbf{N}) \in \Sigma$. 则 $E^{\mathrm{c}} := S \backslash E \in \Sigma$, 且

$$E \cup F = S \backslash (E^{\mathrm{c}} \cap F^{\mathrm{c}}) \in \Sigma.$$

所以 $G_n := E_1 \cup \cdots \cup E_n \in \Sigma$, 且因为 $G_n \uparrow \bigcup E_k$, 可见有 $\bigcup E_k \in \Sigma$. 最后,

$$\bigcap E_k = \left(\bigcup E_k^{\mathrm{c}} \right)^{\mathrm{c}} \in \Sigma. \qquad \square$$

$d(\mathcal{C})$ **的定义:** 假定 $\mathcal{C}$ 为 S 的一个子集类, 我们定义 $d(\mathcal{C})$ 为所有包含 $\mathcal{C}$ 的 d-系的交. 显然, $d(\mathcal{C})$ 是一个 d-系, 且是包含 $\mathcal{C}$ 的最小的 d-系, 并显然有

$$d(\mathcal{C}) \subseteq \sigma(\mathcal{C}).$$

A1.3　邓肯 (Dynkin) 引理

▶▶　如果 $\mathcal{I}$ 是一个 π-系, 则有

$$d(\mathcal{I}) = \sigma(\mathcal{I}).$$

因此, 任何包含一个 π-系的 d-系必包含该 π-系所生成的 σ-代数.

证明 由于有命题 A1.2(d), 我们仅需要证明: $d(\mathcal{I})$ 是一个 π-系.

步骤 1 设 $\mathcal{D}_1 := \{B \in d(\mathcal{I}) : B \cap C \in d(\mathcal{I}), \forall C \in \mathcal{I}\}$. 因为 $\mathcal{I}$ 是一个 π-系, 故 $\mathcal{D}_1 \supseteq \mathcal{I}$. 容易验证 $\mathcal{D}_1$ 从 $d(\mathcal{I})$ 那儿继承了 d-系的结构. (因为显然 $S \in \mathcal{D}_1$. 其次, 如果 $B_1, B_2 \in \mathcal{D}_1$ 且 $B_1 \subseteq B_2$, 则对于 $\mathcal{I}$ 中的 C,

$$(B_2 \setminus B_1) \cap C = (B_2 \cap C) \setminus (B_1 \cap C).$$

因为 $(B_2 \cap C) \in d(\mathcal{I}), (B_1 \cap C) \in d(\mathcal{I})$, 且 $d(\mathcal{I})$ 是一个 d-系, 可见 $(B_2 \setminus B_1) \cap C \in d(\mathcal{I})$, 从而 $(B_2 \setminus B_1) \in \mathcal{D}_1$.) 最后, 如果 $B_n \in \mathcal{D}_1 (n \in \mathbf{N})$ 且 $B_n \uparrow B$, 则对于 $C \in \mathcal{I}$,

$$(B_n \cap C) \uparrow (B \cap C),$$

从而有 $B \cap C \in d(\mathcal{I})$ 而且 $B \in \mathcal{D}_1$.) 我们已经证明了 $\mathcal{D}_1$ 是一个包含 $\mathcal{I}$ 的 d-系, 所以有 (由其定义可知 $\mathcal{D}_1 \subseteq d(\mathcal{I})$)$\mathcal{D}_1 = d(\mathcal{I})$.

步骤 2 设 $\mathcal{D}_2 := \{A \in d(\mathcal{I}) : B \cap A \in d(\mathcal{I}), \forall B \in d(\mathcal{I})\}$. 步骤 1 表明: $\mathcal{D}_2$ 包含 $\mathcal{I}$. 但是正如同步骤 1, 我们也能证明 $\mathcal{D}_2$ 从 $d(\mathcal{I})$ 那儿继承了 d-系的结构, 因而有 $\mathcal{D}_2 = d(\mathcal{I})$. 而事实 $\mathcal{D}_2 = d(\mathcal{I})$ 正好表明 $d(\mathcal{I})$ 是一个 π-系. □

A1.4 唯一性引理 1.6 的证明

回顾重要的引理 1.6 的陈述:

设 S 为一个集合, $\mathcal{I}$ 为 S 上的一个 π-系且 $\Sigma := \sigma(\mathcal{I})$. 假定 μ_1 和 μ_2 为 (S, Σ) 上的两个测度, 满足 $\mu_1(S) = \mu_2(S) < \infty$, 且在 $\mathcal{I}$ 上有 $\mu_1 = \mu_2$. 则在 Σ 上有

$$\mu_1 = \mu_2.$$

证明 设

$$\mathcal{D} = \{F \in \Sigma : \mu_1(F) = \mu_2(F)\},$$

则 $\mathcal{D}$ 是 S 上的一个 d-系. (事实上: $S \in \mathcal{D}$ 是预先给定的. 如果 $A, B \in \mathcal{D}$, 则

$$(*) \qquad \mu_1(B \setminus A) = \mu_1(B) - \mu_1(A) = \mu_2(B) - \mu_2(A) = \mu_2(B \setminus A),$$

从而有 $B \setminus A \in \mathcal{D}$. 最后, 如果 $F_n \in \mathcal{D}$ 且 $F_n \uparrow F$, 则由引理 1.10(a) 有

$$\mu_1(F) = \uparrow \lim \mu_1(F_n) = \uparrow \lim \mu_2(F_n) = \mu_2(F).$$

所以, $F \in \mathcal{D}$.)

因为 $\mathcal{D}$ 是一个 d-系且根据假设有 $\mathcal{D} \supseteq \mathcal{I}$, 故邓肯引理表明 $\mathcal{D} \supseteq \sigma(\mathcal{I}) = \Sigma$. 结论得证. □

注 你们应该核实: 如果使用引理 1.10, 则将不再需要间接的论证 (这是显然的).

我们在条件 $\mu_1(S) = \mu_2(S) < \infty$ 中坚持加上有限性的原因, 是为了避免在 (*) 式中出现

$$\infty - \infty = \infty - \infty$$

这样的表达. 事实上, 如果去掉 "$< \infty$" 的条件, 则引理 1.6 将不成立——参见后面的 A1.10 节.

下面我们着手证明卡拉泰奥多里定理 1.7.

A1.5 λ-集: "代数" 情形

引理

设 $\mathcal{G}_0$ 为由 S 的子集所构成的一个代数, 并设

$$\lambda : \mathcal{G}_0 \to [0, \infty]$$

满足 $\lambda(\emptyset) = 0$. 称 $\mathcal{G}_0$ 的一个元素 L 为一个 λ-集. 如果 L 能 "正常地分解 $\mathcal{G}_0$ 的每一个元素", 即

$$\lambda(L \cap G) + \lambda(L^c \cap G) = \lambda(G), \quad \forall G \in \mathcal{G}_0,$$

则有: λ-集的集类 $\mathcal{L}_0$ 是一个代数, 且 λ 在 $\mathcal{L}_0$ 上是有限可加的. 进而, 对于互不相交的 $L_1, L_2, \cdots, L_n \in \mathcal{L}_0$ 及 $\mathcal{G}_0$ 中的 G, 有

$$\lambda\Big(\bigcup_{k=1}^n (L_k \cap G) \Big) = \sum_{k=1}^n \lambda(L_k \cap G).$$

证明 **步骤 1** 设 L_1 和 L_2 均为 λ-集, 并设 $L = L_1 \cap L_2$, 我们希望证明 L 也是一个 λ-集.

现在 $L^c \cap L_2 = L_2 \cap L_1^c$ 且 $L^c \cap L_2^c = L_2^c$. 所以, 由于 L_2 是一个 λ-集, 我们有 (对于任何 $G \in \mathcal{G}_0$)

$$\lambda(L^c \cap G) = \lambda(L_2 \cap L_1^c \cap G) + \lambda(L_2^c \cap G),$$

且当然有

$$\lambda(L_2^c \cap G) + \lambda(L_2 \cap G) = \lambda(G).$$

由于 L_1 是一个 λ-集, 有

$$\lambda(L_2 \cap L_1^c \cap G) + \lambda(L \cap G) = \lambda(L_2 \cap G).$$

将上述三式相加, 可见有

$$\lambda(L^c \cap G) + \lambda(L \cap G) = \lambda(G), \quad \forall G \in \mathcal{G}_0.$$

所以, L 的确是一个 λ-集.

步骤 2 由于显然 S 是一个 λ-集, 且一个 λ-集的补集是一个 λ-集, 因此我们得到: $\mathcal{L}_0$ 是一个代数.

步骤 3 如果 L_1 与 L_2 为不相交的 λ-集而 $G \in \mathcal{G}_0$, 则

$$(L_1 \cup L_2) \cap L_1 = L_1, \quad (L_1 \cup L_2) \cap L_1^c = L_2.$$

因为 L_1 为 λ-集, 所以

$$\lambda((L_1 \cup L_2) \cap G) = \lambda(L_1 \cap G) + \lambda(L_2 \cap G).$$

至此, 证明轻松完成. □

A1.6 外 测 度

设 $\mathcal{G}$ 为一个 S 的子集的 σ-代数. 映射

$$\lambda : \mathcal{G} \to [0, \infty]$$

被称为 $(S, \mathcal{G})$ 上的一个外测度, 如果:

(a) $\lambda(\emptyset) = 0$;

(b) λ 是递增的: 对于 $G_1, G_2 \in \mathcal{G}$ 且 $G_1 \subseteq G_2$, 有

$$\lambda(G_1) \leqslant \lambda(G_2);$$

(c)　λ 是次可列可加的: 若 (G_k) 为任何一列 $\mathcal{G}$ 中的元素, 则有

$$\lambda\Big(\bigcup_k G_k\Big) \leqslant \sum_k \lambda(G_k).$$

A1.7　卡拉泰奥多里引理

►►　设 λ 为可测空间 $(S, \mathcal{G})$ 上的一个外测度. 则 $\mathcal{G}$ 中的 λ-集构成一个 σ-代数 $\mathcal{L}$, 且在 $\mathcal{L}$ 上 λ 是可列可加的, 从而 $(S, \mathcal{L}, \lambda)$ 为一个测度空间.

证明　由于有引理 A1.5, 故我们仅需要证明: 如果 (L_k) 为 $\mathcal{L}$ 中一列不相交的集合, 则 $L := \bigcup_k L_k \in \mathcal{L}$ 且有

(a)　$$\lambda(L) = \sum_k \lambda(L_k).$$

由 λ 的次可加性, 对于 $G \in \mathcal{G}$, 我们有

(b)　$$\lambda(G) \leqslant \lambda(L \cap G) + \lambda(L^c \cap G).$$

现设 $M_n := \bigcup_{k \leqslant n} L_k$, 引理 A1.5 告诉我们 $M_n \in \mathcal{L}$, 从而有

$$\lambda(G) = \lambda(M_n \cap G) + \lambda(M_n^c \cap G).$$

然而 $M_n^c \supseteq L^c$, 从而

(c)　$$\lambda(G) \geqslant \lambda(M_n \cap G) + \lambda(L^c \cap G).$$

而引理 A1.5 则容许我们将 (c) 改写为

$$\lambda(G) \geqslant \sum_{k \leqslant n} \lambda(L_k \cap G) + \lambda(L^c \cap G),$$

从而有

(d)　$$\lambda(G) \geqslant \sum_k \lambda(L_k \cap G) + \lambda(L^c \cap G)$$
$$\geqslant \lambda(L \cap G) + \lambda(L^c \cap G).$$

其中在最后一步使用了 λ 的次可列可加性. 通过对比 (d) 与 (b) 式可见, 在整个 (d) 与 (b) 式中应该成立等号, 从而有 $L \in \mathcal{L}$; 再取 $G = L$ 便得到结果 (a).　　□

A1.8 卡拉泰奥多里定理的证明

回顾, 我们需要证明下述定理:

设 S 为一集合, Σ_0 为 S 上的一个代数, 并设

$$\Sigma := \sigma(\Sigma_0).$$

如果 μ_0 是一个可列可加的映射 $\mu_0 : \Sigma_0 \to [0, \infty]$, 则存在 (S, Σ) 上的一个测度 μ, 使得在 Σ_0 上有

$$\mu = \mu_0.$$

证明 **步骤 1** 设 $\mathcal{G}$ 为由 S 的全部子集所构成的 σ-代数. 对于 $G \in \mathcal{G}$, 定义

$$\lambda(G) := \inf \sum_n \mu_0(F_n),$$

其中的 inf 系对 Σ_0 中所有满足 $G \subseteq \bigcup_n F_n$ 的序列 (F_n) 取下确界. 我们将证明:

(a) $\qquad\qquad\qquad\qquad \lambda$ 是 $(S, \mathcal{G})$ 上的一个外测度.

事实 $\lambda(\emptyset) = 0$ 且 λ 为递增的是显而易见的. 假定 (G_n) 为 $\mathcal{G}$ 中的一个序列, 满足每个 $\lambda(G_n)$ 为有限的. 设 $\varepsilon > 0$ 为任意给定, 对于每个 n, 选择一个 Σ_0 的元素的序列 $(F_{n,k} : k \in \mathbf{N})$, 使得

$$G_n \subseteq \bigcup_k F_{n,k}, \quad \sum_k \mu_0(F_{n,k}) < \lambda(G_n) + \varepsilon 2^{-n},$$

则 $G := \bigcup G_n \subseteq \bigcup_n \bigcup_k F_{n,k}$, 从而

$$\lambda(G) \leqslant \sum_n \sum_k \mu_0(F_{n,k}) < \sum_n \lambda(G_n) + \varepsilon.$$

由于 ε 是任意的, 故我们已经证明了结果 (a).

步骤 2 由卡拉泰奥多里引理 A1.7, λ 是 $(S, \mathcal{L})$ 上的测度, 其中 $\mathcal{L}$ 是 $\mathcal{G}$ 中的 λ-集构成的 σ-代数. 我们只需要证明:

(b) $\qquad\qquad\qquad\qquad \Sigma_0 \subseteq \mathcal{L}$, 且在 Σ_0 上有 $\lambda = \mu_0$.

因为由此有 $\Sigma := \sigma(\Sigma_0) \subseteq \mathcal{L}$, 且我们可将 μ 定义为 λ 在 (S, Σ) 上的限制.

步骤 3　证明在 Σ_0 上有 $\lambda = \mu_0$.

设 $F \in \Sigma_0$, 则显然 $\lambda(F) \leqslant \mu_0(F)$. 现假定 $F \subseteq \bigcup_n F_n$, 其中 $F_n \in \Sigma_0$. 如常, 我们可以定义一个互不相交的集合的序列:

$$E_1 := F_1, \quad E_n = F_n \cap \left(\bigcup_{k<n} F_k\right)^{\mathrm{c}},$$

使得 $E_n \subseteq F_n$ 且 $\bigcup E_n = \bigcup F_n \supseteq F$. 则有 (利用 μ_0 在 Σ_0 上的可列可加性)

$$\mu_0(F) = \mu_0\left(\bigcup (F \cap E_n)\right) = \sum \mu_0(F \cap E_n),$$

所以

$$\mu_0(F) \leqslant \sum \mu_0(E_n) \leqslant \sum \mu_0(F_n),$$

从而 $\lambda(F) \geqslant \mu_0(F)$. 步骤 3 完成.

步骤 4　证明 $\Sigma_0 \subseteq \mathcal{L}$.

设 $E \in \Sigma_0$ 且 $G \in \mathcal{G}$, 则存在 Σ_0 中的一个序列 (F_n), 使得 $G \subseteq \bigcup_n F_n$, 且

$$\sum_n \mu_0(F_n) \leqslant \lambda(G) + \varepsilon.$$

由 λ 的定义, 且因为 $E \cap G \subseteq \bigcup (E \cap F_n)$ 及 $E^{\mathrm{c}} \cap G \subseteq \bigcup (E^{\mathrm{c}} \cap F_n)$, 有

$$\sum_n \mu_0(F_n) = \sum_n \mu_0(E \cap F_n) + \sum_n \mu_0(E^{\mathrm{c}} \cap F_n)$$

$$\geqslant \lambda(E \cap G) + \lambda(E^{\mathrm{c}} \cap G),$$

所以, 由 ε 的任意性便得到

$$\lambda(G) \geqslant \lambda(E \cap G) + \lambda(E^{\mathrm{c}} \cap G).$$

然而 λ 具有次可加性, 即

$$\lambda(G) \leqslant \lambda(E \cap G) + \lambda(E^{\mathrm{c}} \cap G),$$

至此可见 E 的确是一个 λ-集. □

A1.9　$((0,1], \mathcal{B}(0,1])$ 上勒贝格测度存在性的证明

回顾 1.8 节中的设置: 设 $S = (0,1]$. 对于 $F \subseteq S$, 我们称 $F \in \Sigma_0$, 如果它可以被写成一个有限并:

(*) $\qquad\qquad F = (a_1, b_1] \cup \cdots \cup (a_r, b_r],$

其中 $r \in \mathbf{N}, 0 \leqslant a_1 \leqslant b_1 \leqslant \cdots \leqslant a_r \leqslant b_r \leqslant 1$. 则 (正如你们应该确信的)$\Sigma_0$ 是 $(0,1]$ 上的一个代数且

$$\Sigma := \sigma(\Sigma_0) = \mathcal{B}(0,1].$$

(我们记之为 $\mathcal{B}(0,1]$ 而非 $\mathcal{B}((0,1])$.) 对于形如 (*) 式的 F, 设

$$\mu_0(F) = \sum_{k \leqslant r} (b_k - a_k).$$

当然, 一个集合 F 可能有不同的形如 (*) 式那种有限不交并的表达式, 例如

$$(0,1] = \left(0, \frac{1}{2}\right] \cup \left(\frac{1}{2}, 1\right].$$

然而, 易见 μ_0 在 Σ_0 上的定义是无歧义的, 且 μ_0 在 Σ_0 上具有有限可加性. 这通过图来看是明显的, 你也可以考虑 (或不考虑) 如何将直观的讨论变为正式的证明.

关键的事情是要证明 μ_0 在 Σ_0 上是可列可加的. 所以, 假定 (F_n) 是 Σ_0 中一列不交的元素且其并 F 仍在 Σ_0 中. 我们知道, 如果 $G_n = \bigcup_{k=1}^{n} F_k$, 则有

$$\mu_0(G_n) = \sum_{k=1}^{n} \mu_0(F_k) \quad 且 \quad G_n \uparrow F.$$

为了证明 μ_0 是可列可加的, 则只要能证明 $\mu_0(G_n) \uparrow \mu_0(F)$ 就足够了, 因为随之即有

$$\mu_0(F) = \uparrow \lim \mu_0(G_n) = \uparrow \lim_n \sum_{k=1}^{n} \mu_0(F_k) = \sum \mu_0(F_k).$$

设 $H_n = F \setminus G_n$, 则 $H_n \in \Sigma_0$ 且 $H_n \downarrow \emptyset$. 我们只需要证明:

$$\mu_0(H_n) \downarrow 0.$$

因为随后即有

$$\mu_0(G_n) = \mu_0(F) - \mu_0(H_n) \uparrow \mu_0(F).$$

易见, 我们需要证明的结论的另一种 (也是最后一种) 改写应为如下所述:

(a) 如果 (H_n) 是 Σ_0 中元素的一个递减的序列, 且对于某 $\varepsilon > 0$ 有

$$\mu_0(H_n) \geqslant 2\varepsilon, \quad \forall n,$$

则有 $\bigcap_k H_k \neq \emptyset$.

(a) 的证明　由 Σ_0 的定义明显可见, 对于每个 $k \in \mathbf{N}$, 我们可以选择 $J_k \in \Sigma_0$, 使得 (其中 $\overline{J}_k$ 表示 J_k 的闭包)

$$\overline{J}_k \subseteq H_k \quad \text{且} \quad \mu_0(H_k \setminus J_k) \leqslant \varepsilon 2^{-k}.$$

然而 (注意到 $H_n \downarrow$)

$$\mu_0\Big(H_n \setminus \bigcap_{k \leqslant n} J_k\Big) \leqslant \mu_0\Big(\bigcup_{k \leqslant n}(H_k \setminus J_k)\Big) \leqslant \sum_{k \leqslant n} \varepsilon 2^{-k} < \varepsilon.$$

因为 $\mu_0(H_n) > 2\varepsilon, \forall n$, 所以由此可见对每个 n,

$$\mu_0\Big(\bigcap_{k \leqslant n} J_k\Big) > \varepsilon.$$

所以 $\bigcap_{k \leqslant n} J_k$ 是非空的. 进而, 对于每个 n,

$$K_n := \bigcap_{k \leqslant n} \overline{J}_k \quad \text{非空},$$

并由海涅 - 博雷尔 (Heine-Borel) 定理得出

(b) $$\bigcap \overline{J}_k \neq \emptyset \quad (\text{由此}, \bigcap H_k \neq \emptyset).$$

因为若 (b) 不成立, 则 $((\overline{J}_k)^c : k \in \mathbf{N})$ 将给出 $[0,1]$ 的一个由开集所组成的覆盖, 且没有有限的子覆盖. 或者, 我们也可如下直接讨论. 对于每一个 n, 在非空集 K_n 中选取一点 x_n. 由于每个 x_n 属于闭集 $\overline{J}_1$, 我们可以找到一个子列 (n_q) 及 $\overline{J}_1$ 中一点 x, 使得 $x_{n_q} \to x$. 然而, 对于每个 $k, x_{n_q} \in \overline{J}_k$ 对于全部但是有限多个 q 成立, 且因为 $\overline{J}_k$ 是紧的, 故这就得到 $x \in \overline{J}_k$. 从而 $x \in \bigcap_k \overline{J}_k$, 即性质 (b) 成立. $\square$

　　由于 μ_0 在 Σ_0 上是可列可加的且 $\mu_0(0,1] < \infty$, 故由此便推出 μ_0 可唯一地扩张为 $((0,1], \mathcal{B}(0,1])$ 上的测度 μ. 这就是 $((0,1], \mathcal{B}(0,1])$ 上的勒贝格测度 Leb.

　　μ-零集会产生一个严格大于 $\mathcal{B}(0,1]$ 的 σ-代数, 即由 $(0,1]$ 的勒贝格可测子集构成的 σ-代数. 参见 A1.11 节.

A1.10　扩张不唯一之例

取 (S, Σ_0) 与 A1.9 节中的相同, 假定对于 $F \in \Sigma_0$,

(a) $$\nu_0(F) := \begin{cases} 0, & \text{若 } F = \emptyset, \\ \infty, & \text{若 } F \neq \emptyset, \end{cases}$$

则 ν_0 的卡拉泰奥多里扩张即为 (a) 式在 Σ 上的显而易见的扩展. 然而, 另一种扩张 $\widetilde{\nu}$ 可如下给出:

$$\widetilde{\nu}(F) = F \text{ 中元素的个数}.$$

A1.11　测度空间的完备化

实际上 (除了有关黎曼积分的一段 "旁白" 而外), 在本书中我们并不需要完备化.

假定 (S, Σ, μ) 为一个测度空间, 定义 S 的一个子集类 $\mathcal{N}$ 如下:

$$N \in \mathcal{N} \text{ 当且仅当 } \exists Z \in \Sigma \text{ 使得 } N \subseteq Z \text{ 且 } \mu(Z) = 0.$$

有时候, 能将 "$\mathcal{N}$ 中的 N 是 μ-可测的且 $\mu(N) = 0$" 这种概念精确化是一种哲学上的满足. 它是按如下步骤来操作的: 对于 S 的任意子集 F, 我们称

$$F \in \Sigma^*,$$

如果 $\exists E, G \in \Sigma$, 使得 $E \subseteq F \subseteq G$ 且 $\mu(G \setminus E) = 0$. 极易证明: Σ^* 是 S 上的一个 σ-代数, 而且实际上有 $\Sigma^* = \sigma(\Sigma, \mathcal{N})$. 利用明显易懂的记号, 对于 $F \in \Sigma^*$, 我们定义

$$\mu^*(F) = \mu(E) = \mu(G).$$

容易验证 μ^* 的定义是无歧义的. 进而, 可以毫无悬念地证明: (S, Σ^*, μ^*) 是一个测度空间, 即 (S, Σ, μ) 的完备化.

对于部分高级的概率论理论来说, 有必要将基本概率空间 $(\Omega, \mathcal{F}, P)$ 完备化. 但对于其他部分的概率论, 例如当 S 为一拓扑空间, $\Sigma = \mathcal{B}(S)$, 而我们希望考虑 (S, Σ) 上的几种不同的测度, 则坚持搞完备化便不再有什么意义了.

如果我们以 $([0,1], \mathcal{B}[0,1], \text{Leb})$ 为例, 则 $\mathcal{B}[0,1]^*$ 是由所谓 $[0,1]$ 的勒贝格可测集构成的 σ-代数. 因而, 比如说, 一个函数 $f : [0,1] \to [0,1]$ 是勒贝格可测的, 如果其关于每一个博雷尔集的逆象是勒贝格可测的; 然而一个勒贝格可测集的逆象却未必是勒贝格可测的.

A1.12 贝尔 (Baire) 范畴定理

在 1.11 节中, 我们考察了 $S := [0,1]$ 的一个子集 H, 满足:

(i) $H = \bigcap_k G_k$, 其中 (G_k) 为 S 的一列开子集;

(ii) $H \supseteq V$, 其中 $V = \mathbf{Q} \cap S$.

如果 H 是可数的, 即 $H = \{h_r : r \in \mathbf{N}\}$, 则我们将有

(a)
$$S = H \cup H^c = \left(\bigcup_r \{h_r\}\right) \cup \left(\bigcup G_k^c\right).$$

这将 S 表示为一闭集的可列并:

(b)
$$S = \bigcup_n F_n,$$

其中没有任何一个 F_n 包含一个开区间. (因为对于每个 $k, V \subseteq G_k, G_k^c \subseteq V^c$, 从而 G_k^c 仅包含 S 中的无理点.)

然而, 贝尔范畴定理陈述道:

如果一个完备的度量空间 S 可以表示为一列可数个闭集的并:

$$S = \bigcup F_n,$$

则必有某个 F_n 包含一个开球.

因此, 集合 H 必为不可数的.

贝尔范畴定理在泛函分析中有重要的应用, 在概率论中也有一些突出的应用!

贝尔范畴定理的证明 用反证法, 假设没有任何 F_n 包含一个开球. 因为 F_1^c 为 S 的一个非空的开子集, 故我们能找到 S 中的 x_1 及 $\varepsilon_1 > 0$ 使得

$$B(x_1, \varepsilon_1) \subseteq F_1^c,$$

其中 $B(x_1, \varepsilon_1)$ 表示半径为 ε_1、中心为 x_1 的开球. 由于 F_2 不含有开球, 所以开集

$$U_2 := B(x_1, 2^{-1}\varepsilon_1) \cap F_2^c$$

是非空的, 而且我们能找到 U_2 中的 x_2 及 $\varepsilon_2 > 0$ 使得

$$B(x_2, \varepsilon_2) \subseteq U_2, \quad \varepsilon_2 < 2^{-1}\varepsilon_1.$$

依此递归, 我们可以选择 S 中的序列 (x_n) 和 $(0,\infty)$ 中的序列 (ε_n), 使得 $\varepsilon_{n+1} < 2^{-1}\varepsilon_n$, 且

$$B(x_{n+1},\varepsilon_{n+1}) \subseteq U_{n+1} := B(x_{n+1}, 2^{-1}\varepsilon_n) \cap F_{n+1}^{c}.$$

因为 $d(x_n, x_{n+1}) < 2^{-1}\varepsilon_n$, 故很明显由三角形定律可知 (x_n) 是柯西序列, 从而 $x := \lim x_n$ 存在, 且

$$x \in \bigcap B(x_n, \varepsilon_n) \subseteq \bigcap F_n^{c}.$$

但这与事实 $\bigcup F_n = S$ 矛盾. $\qquad\square$

A3 章　第 3 章附录

A3.1　单调类定理 3.14 的证明

回顾定理的表述:

▶ 设 $\mathcal{H}$ 是一个由从集合 S 映入 $\mathbf{R}$ 的有界函数所构成的类, 并满足下列条件:

(i) $\mathcal{H}$ 是 $\mathbf{R}$ 上的一个向量空间;

(ii) 常数函数 1 是 $\mathcal{H}$ 的一个元素;

(iii) 如果 (f_n) 是 $\mathcal{H}$ 中的一个非负函数的序列且满足: $f_n \uparrow f$, 其中 f 是 S 上的一个有界函数, 则 $f \in \mathcal{H}$.

那么, 如果 $\mathcal{H}$ 包含某 π-系 $\mathcal{I}$ 中每个集合的示性函数, 则 $\mathcal{H}$ 包含 S 上的每个有界的 $\sigma(\mathcal{I})$-可测函数.

证明　设 $\mathcal{D}$ 为 S 中满足 $I_F \in \mathcal{H}$ 的集合 F 构成之类. 则从 (i)~(iii) 立即可得: $\mathcal{D}$ 是一个 d-系. 因为 $\mathcal{D}$ 包含 π-系 $\mathcal{I}$, 故 $\mathcal{D}$ 包含 $\sigma(\mathcal{I})$.

假定 f 是一个 $\sigma(\mathcal{I})$-可测函数并满足: 对于 $\mathbf{N}$ 中的某 K, 有

$$0 \leqslant f(s) \leqslant K, \quad \forall s \in S.$$

对于 $n \in \mathbf{N}$, 定义

$$f_n(s) = \sum_{i=0}^{K2^n} i 2^{-n} I_{A(n,i)},$$

其中

$$A(n,i) := \{s : i2^{-n} \leqslant f(s) < (i+1)2^{-n}\}.$$

因为 f 是 $\sigma(\mathcal{I})$-可测的, 故每个 $A(n,i) \in \sigma(\mathcal{I})$, 从而 $I_{A(n,i)} \in \mathcal{H}$. 因为 $\mathcal{H}$ 是一个向量空间, 故每个 $f_n \in \mathcal{H}$. 但是 $0 \leqslant f_n \uparrow f$, 从而 $f \in \mathcal{H}$.

如果 $f \in b\sigma(\mathcal{I})$, 我们可以将它表示为 $f = f^+ - f^-$, 其中 $f^+ = \max(f,0)$, 而 $f^- = \max(-f,0)$. 则 $f^+, f^- \in b\sigma(\mathcal{I})$ 且 $f^+, f^- \geqslant 0$, 从而由上面所得结果我们有

$f^+, f^- \in \mathcal{H}.$ □

A3.2 关于生成的 σ-代数的讨论

现在遇到了这样一种情形: 当我们在更加抽象的形式下讨论时, 事情实际上更易于理解. 所以, 假定:

Ω 与 S 均为集合, 而 $Y : \Omega \to S$;

Σ 是 S 上的一个 σ-代数;

$X : \Omega \to \mathbf{R}.$

因为 Y^{-1} 保持所有的集合运算, 故

$$Y^{-1}\Sigma := \{Y^{-1}B : B \in \Sigma\}$$

是 Ω 上的一个 σ-代数, 而且由于它同时也是 Ω 上的使得 Y 为 $\mathcal{Y}/\Sigma$ 可测 (即 $Y^{-1} : \Sigma \to \mathcal{Y}$) 的最小 σ-代数 $\mathcal{Y}$, 故我们称之为 $\sigma(Y)$:

$$\sigma(Y) = Y^{-1}\Sigma.$$

引理

(a) X 是 $\sigma(Y)$-可测的当且仅当

$$X = f(Y),$$

其中 f 为一个由 S 到 $\mathbf{R}$ 的 Σ-可测函数.

注 引理的充分性部分正好是复合函数可测性引理.

必要性的证明 只要证明下述结论就足够了:

(b) $X \in b\sigma(Y)$ 当且仅当 $\exists f \in b\Sigma$, 使得: $X = f(Y)$. (否则, 可以考虑, 例如 $\arctan X$.)

尽管我们确实不需要用单调类定理来证明 (b), 但我们还是使用它为好.

为此我们定义 $\mathcal{H}$ 为 Ω 上的所有有界函数 X 所构成的类, 满足: 对于某 $f \in b\Sigma, X = f(Y)$. 令 $\mathcal{I} = \sigma(Y)$, 注意, 如果 $F \in \mathcal{I}$, 则对于某 $B \in \Sigma, F = Y^{-1}B$, 从而

$$I_F(\omega) = I_B(Y(\omega)).$$

于是 $I_F \in \mathcal{H}$. 显然, $\mathcal{H}$ 是一个包含常数 (函数) 的向量空间.

最后, 假定 (X_n) 为一列 $\mathcal{H}$ 中的元素且满足: 对于某正的实常数 K, 有

$$0 \leqslant X_n \uparrow X \leqslant K.$$

对于每个 n, 有某 $f_n \in b\Sigma$ 使得 $X_n = f_n(Y)$. 定义 $f := \limsup f_n$, 则 $f \in b\Sigma$, 且 $X = f(Y)$. □

在实践中, 你必须特别重视引理 (a) 的含义.

诚然, 结论 (3.13,b) 是当 $(S, \Sigma) = (\mathbf{R}, \mathcal{B})$ 时的一个特殊情形.

(3.13,c) 的讨论 假定 $Y_k : \Omega \to \mathbf{R}, 1 \leqslant k \leqslant n$, 我们可以定义一个映射 $Y : \Omega \to \mathbf{R}^n$ 为

$$Y(\omega) := (Y_1(\omega), \cdots, Y_n(\omega)) \in \mathbf{R}^n.$$

在 (3.13,d) 及其后的告诫中提到的问题出现在这里是因为, 在我们能应用引理 (a) 证明 (3.13,c) 之前, 我们需要证明

$$\sigma(Y_1, \cdots, Y_n) := \sigma(Y_k^{-1} \mathcal{B}(\mathbf{R}) : 1 \leqslant k \leqslant n) = Y^{-1} \mathcal{B}(\mathbf{R}^n) =: \sigma(Y).$$

(这相当于要证明乘积 σ-代数 $\prod_{1 \leqslant k \leqslant n} \mathcal{B}(\mathbf{R})$ 与 $\mathcal{B}(\mathbf{R}^n)$ 是相同的. 见 8.5 节.) 现在 $Y_k = \gamma_k \circ Y$, 其中 γ_k 是 (连续的, 因而也是博雷尔的)$\mathbf{R}^n$ 上的 "第 k 个坐标" 映射, 所以 Y_k 是 $\sigma(Y)$-可测的. 另一方面, $\mathbf{R}^n$ 的每一个开子集是一个关于开矩形 $G_1 \times \cdots \times G_n$ 的可列并, 其中每个 G_k 是 $\mathbf{R}$ 的一个子区间, 而且因为

$$\{Y \in G_1 \times \cdots \times G_n\} = \cap \{Y_k \in G_k\} \in \sigma(Y_1, \cdots, Y_n).$$

故事情已经解决了. □

我想现在你们已经能够理解为什么我们需要一个附录和为什么我们要跳过 (3.13,d) 的讨论.

A4 章 第 4 章附录

本附录给出斯特拉森 (Strassen) 重对数律的表述. A4.3 节处理一个完全不同的有关构造一个马氏链的严格模型的课题.

A4.1 柯尔莫哥洛夫重对数律

定理

设 $X_1, X_2, \cdots$ 为 IID 的随机变量, 其中每一个的均值为 0, 方差为 1; 设 $S_n := X_1 + X_2 + \cdots + X_n$, 则有 (a.s.)

$$\limsup \frac{S_n}{\sqrt{2n \log \log n}} = +1, \quad \liminf \frac{S_n}{\sqrt{2n \log \log n}} = -1.$$

这一结果已经给出了对于 n 充分大时的部分和的行为的非常精细的刻画. 参见 14.7 节对于 X_i 服从正态分布的情形的证明.

A4.2 斯特拉森 (Strassen) 重对数律

斯特拉森定律是对柯尔莫哥洛夫的结果的惊人拓展.

设 (X_n) 与 (S_n) 同于前一节. 对于每个 ω, 设 $[0, \infty)$ 上的映射 $t \mapsto S_t(\omega)$ 为 $\mathbf{Z}^+$ 上的映射 $n \mapsto S_n(\omega)$ 的线性内插, 即

$$S_t(\omega) := (t - n) S_{n+1}(\omega) + (n + 1 - t) S_n(\omega), \quad t \in [n, n+1].$$

考虑到柯尔莫哥洛夫的结果, 我们定义

$$Z_n(t,\omega) := \frac{S_{nt}(\omega)}{\sqrt{2n \log \log n}}, \quad t \in [0,1],$$

所以 $[0,1]$ 上的映射 $t \mapsto Z_n(t,\omega)$ 是直到时刻 n 的随机游动 S 的变尺度版本. 我们称一个函数 $t \mapsto f(t,\omega)$ 属于集合 $K(\omega)$ (由相应于 ω 的路径的极限形态构成之集), 如果存在 N 中的一个序列 $n_1(\omega), n_2(\omega), \cdots$ 使得关于 $t \in [0,1]$ 一致地有

$$Z_n(t,\omega)(似应为 Z_{n_i}(t,\omega)——译者) \to f(t,\omega).$$

现在设 K 由 $C[0,1]$ 中的这样一些函数 f 所构成, 它们可以被表示为勒贝格积分的形式:

$$f(t) = \int_0^t h(s) \mathrm{d}s, \quad 其中 \int_0^1 h(s)^2 \mathrm{d}s \leqslant 1.$$

斯特拉森定理

$$P[K(\omega) = K] = 1.$$

因此, (几乎) 所有的路径 (轨道) 具有相同的极限形态 (形状). 辛钦 (Khinchine) 定律正好是斯特拉森定律的推论, 因为有 (作为练习!)

$$\sup\{f(1) : f \in K\} = 1, \quad \inf\{f(1) : f \in K\} = -1.$$

然而, K 的唯一满足 $f(1) = 1$ 的元素是函数 $f(t) = t$. 所以, 当整条路径 (改变尺度后的) 看起来像一条斜率为 1 的直线的时候, 那就是 n 充分大时的 S 发生了.

几乎每一条路径 (在其如 Z 的变尺度形式下) 将无穷多次看起来像是函数 t 而且无穷多次像是函数 $-t$, 等等.

参考资料　关于斯特拉森定律的一个具有高度激励性的和经典的证明, 参见 Freedman(1971) 的著作. 关于布朗运动的一个基于强有力的大偏差理论的证明, 参见 Strook(1984) 的书.

A4.3　一个马氏链模型

设 E 为一个可数集; 设 μ 为 $(E, \mathcal{E})$ 上的一个概率测度, 其中 $\mathcal{E}$ 表示由 E 的所有子集构成的类; 又设 P 表示一个如 4.8 节中那样的 $E \times E$ 随机矩阵.

为了一些稍后会明白的原因我们将符号稍加以复杂化, 我们希望构造一个概率空间 $(\widetilde{\Omega}, \widetilde{\mathcal{F}}, \widetilde{P}^\mu)$ 及其上的一个取值于 E 的随机过程 $(\widetilde{Z}_n : n \in \mathbf{Z}^+)$, 使得对于 $n \in \mathbf{Z}^+$ 及 $i_0, i_1, \cdots, i_n \in E$, 我们有

$$\widetilde{P}^\mu(\widetilde{Z}_0 = i_0; \cdots; \widetilde{Z}_n = i_n) = \mu_{i_0} p_{i_0 i_1} \cdots p_{i_{n-1} i_n}.$$

办法是构造 $(\widetilde{\Omega}, \widetilde{\mathcal{F}}, \widetilde{P}^\mu)$ 上独立的且取值于 E 的随机变量:

$$(\widetilde{Z}_0; \widetilde{Y}(i,n) : i \in E; n \in \mathbf{N}),$$

其中 $\widetilde{Z}_0$ 具有分布律 μ 而且

$$\widetilde{P}^\mu(\widetilde{Y}(i,n) = j) = p(i,j) \quad (i,j \in E).$$

显然, 我们可以利用 4.6 节中的结构来做到这些.

然后对于 $\widetilde{\omega} \in \widetilde{\Omega}$ 及 $n \in \mathbf{N}$, 我们定义

$$\widetilde{Z}_n(\widetilde{\omega}) := \widetilde{Y}(\widetilde{Z}_{n-1}(\widetilde{\omega}), n).$$

这就是我们所要的!

A5 章 第 5 章附录

我们的任务是证明单调收敛定理 5.3. 我们需要一个初等的准备性结果.

A5.1 双重单调阵列

命题 设

$$(y_n^{(r)} : r \in \mathbf{N}, n \in \mathbf{N})$$

为一个 $[0, \infty]$ 中的数的阵列, 且是双重单调的: 对于固定的 $r, y_n^{(r)} \uparrow$ 当 $n \uparrow$, 所以 $y^{(r)} :=\uparrow \lim_n y_n^{(r)}$ 存在; 对于固定的 $n, y_n^{(r)} \uparrow$ 当 $r \uparrow$, 所以 $y_n :=\uparrow \lim_r y_n^{(r)}$ 存在. 则有

$$y^{(\infty)} :=\uparrow \lim_r y^{(r)} =\uparrow \lim_n y_n =: y_\infty.$$

证明 这几乎是一个平凡的结果. 通过将每个 $(y_n^{(r)})$ 替换为 $\arctan y_n^{(r)}$, 我们可以假定: $y^{(\cdot)}$ 是一致有界的.

设 $\varepsilon > 0$ 为任意给定, 选择 n_0 使得 $y_{n_0} > y_\infty - \frac{1}{2}\varepsilon$, 然后选择 r_0 使得 $y_{n_0}^{(r_0)} > y_{n_0} - \frac{1}{2}\varepsilon$, 则有

$$y^{(\infty)} \geqslant y^{(r_0)} \geqslant y_{n_0}^{(r_0)} > y_\infty - \varepsilon,$$

从而有 $y^{(\infty)} \geqslant y_\infty$. 类似可证明 $y_\infty \geqslant y^{(\infty)}$. □

A5.2　引理 1.10(a) 的关键应用

这里, 我们要应用基本的测度的单调性性质. 在此, 请重读 5.1 节的内容.

引理

(a) 假定 $A \in \Sigma$, 以及 $h_n \in SF^+$, 而且 $h_n \uparrow I_A$, 则有

$$\mu_0(h_n) \uparrow \mu(A).$$

证明　由 (5.1,e), $\mu_0(h_n) \leqslant \mu(A)$, 所以我们仅需要证明

$$\liminf \mu_0(h_n) \geqslant \mu(A).$$

设 $\varepsilon > 0$, 并定义 $A_n := \{s \in A : h_n(s) > 1 - \varepsilon\}$, 则 $A_n \uparrow A$. 所以, 由引理 1.10(a) 有 $\mu(A_n) \uparrow \mu(A)$. 但是,

$$(1 - \varepsilon) I_{A_n} \leqslant h_n,$$

所以由 (5.1,e) 有 $(1 - \varepsilon)\mu(A_n) \leqslant \mu_0(h_n)$, 从而有

$$\liminf \mu_0(h_n) \geqslant (1 - \varepsilon)\mu(A).$$

因为这对每个 ε 都成立, 故结果得证.　　　　　　　　□

引理

(b) 假定 $f \in SF^+$, 以及 $g_n \in SF^+$ 且 $g_n \uparrow f$, 则有

$$\mu_0(g_n) \uparrow \mu_0(f).$$

证明　我们可将 f 表示为一有限和: $f = \sum a_k I_{A_k}$, 其中 A_k 是互不相交的且每个 $a_k > 0$, 则有

$$a_k^{-1} I_{A_k} g_n \uparrow I_{A_k} \quad (n \uparrow \infty).$$

故由引理 (a) 便证得结果.　　　　　　　　□

A5.3　"积分的唯一性"

引理

(a) 假定 $f \in (m\Sigma)^+$ 且我们有两个 SF^+ 中元素的序列 $(f^{(r)})$ 与 (f_n), 满足

$$f^{(r)} \uparrow f, \quad f_n \uparrow f,$$

则有

$$\uparrow \lim \mu_0(f^{(r)}) = \uparrow \lim \mu_0(f_n).$$

证明　设 $f_n^{(r)} := f^{(r)} \wedge f_n$, 则当 $r \uparrow \infty$ 时有 $f_n^{(r)} \uparrow f_n$, 而当 $n \uparrow \infty$ 时有 $f_n^{(r)} \uparrow f^{(r)}$. 所以, 由引理 A5.2(b), 有

$$\mu_0(f_n^{(r)}) \uparrow \mu_0(f_n), \quad \text{当 } r \uparrow \infty;$$
$$\mu_0(f_n^{(r)}) \uparrow \mu_0(f^{(r)}), \quad \text{当 } n \uparrow \infty.$$

再由命题 A5.1 便得到结果.　　　　　　　　　　　　　　　　　　　　□

回顾在 5.2 节中, 对于 $f \in (m\Sigma)^+$, 我们定义

$$\mu(f) := \sup\{\mu_0(h) : h \in SF^+; h \leqslant f\} \leqslant \infty.$$

由 $\mu(f)$ 的定义, 我们可以选择 SF^+ 中的一个序列 h_n, 满足 $h_n \leqslant f$ 而且 $\mu_0(h_n) \uparrow \mu(f)$. 让我们再选择一个 SF^+ 中元素的序列 (g_n), 满足 $g_n \uparrow f$. (我们可以利用 5.3 节中的 "阶梯函数" 来做到这一点.) 现在设

$$f_n := \max(g_n, h_1, h_2, \cdots, h_n),$$

则 $f_n \in SF^+, f_n \leqslant f$, 且因 $f_n \geqslant g_n$, 故 $f_n \uparrow f$. 因为 $f_n \leqslant f, \mu_0(f_n) \leqslant \mu(f)$, 且因 $f_n \geqslant h_n$, 故有

$$\mu_0(f_n) \uparrow \mu(f).$$

结合这一事实与引理 (a), 我们得出下一个结果 (引理 (a) 将我们的特殊序列改为任意序列):

引理

(b) 设 $f \in (m\Sigma)^+, (f_n)$ 为 SF^+ 中的任意序列并满足 $f_n \uparrow f$, 则有

$$\mu(f_n) = \mu_0(f_n) \uparrow \mu(f).$$

A5.4　单调收敛定理的证明

回顾定理的陈述: 设 (f_n) 为 $(m\Sigma)^+$ 中元素的一个序列, 且满足 $f_n \uparrow f$, 则有

$$\mu(f_n) \uparrow \mu(f)$$

证明　设 $\alpha^{(r)}$ 为 5.3 节中定义的第 r 个阶梯函数. 现设 $f_n^{(r)} := \alpha^{(r)}(f_n), f^{(r)} := \alpha^{(r)}(f)$. 因为 $\alpha^{(r)}$ 为左连续, 所以当 $n \to \infty$ 时有 $f_n^{(r)} \uparrow f^{(r)}$. 因为 $\alpha^{(r)}(x) \uparrow x, \forall x$, 所以当 $r \uparrow \infty$ 时 $f_n^{(r)} \uparrow f_n$. 由引理 A5.2(b), 当 $n \uparrow \infty$ 时有 $\mu(f_n^{(r)}) \uparrow \mu(f^{(r)})$; 而由引理 A5.3(b), 当 $r \uparrow \infty$ 时, 有 $\mu(f_n^{(r)}) \uparrow \mu(f_n)$. 又由引理 A5.3(b) 我们知道 $\mu(f^{(r)}) \uparrow \mu(f)$. 从而由命题 A5.1 便可推得结果. □

A9 章　第 9 章附录

本章专门讨论关于"无穷乘积"定理 8.6 的证明. 可以在 9.10 节之后来阅读它. 它大致是这么一种难度: 即便是一个敏锐而且已经读过前面所有附录的学生, 也应该在老师的指导下来研读它.

A9.1　无穷乘积: 把事情说清楚

设 $(\varLambda_n : n \in \mathbf{N})$ 为 $(\mathbf{R}, \mathcal{B})$ 上的一列概率测度; 设

$$\varOmega := \prod_{n \in \mathbf{N}} \mathbf{R},$$

所以 $\varOmega$ 的一个典型元素 ω 是一个 $\mathbf{R}$ 中元素的序列 $\omega = (\omega_n : n \in \mathbf{N})$; 定义 $X_n(\omega) := \omega_n$, 且令

$$\mathcal{F}_n := \sigma(X_1, X_2, \cdots, X_n),$$

则 $\mathcal{F}_n$ 的典型元素 F_n 具有形式:

(a) $$F_n = G_n \times \prod_{k > n} \mathbf{R}, \quad G_n \in \prod_{1 \leqslant k \leqslant n} \mathcal{B}.$$

富比尼定理表明, 在代数 (不是 σ-代数)

$$\mathcal{F}^- = \cup \mathcal{F}_n$$

上我们可以毫不含糊地利用 (a) 定义一个映射 $P^- : \mathcal{F}^- \to [0,1]$ 如下:

(b) $$P^-(F_n) = (\varLambda_1 \times \cdots \times \varLambda_n)(G_n),$$

且 P^- 在代数 $\mathcal{F}^-$ 上是有限可加的.

然而, 对于每个固定的 n,

(c) $(\Omega, \mathcal{F}_n, P^-)$ 是一个真实的概率空间, 且利用 (a) 与 (b) 可将它表示为 $\prod_{1 \leqslant k \leqslant n} (\mathbf{R}, \mathcal{B}, \Lambda_k)$. 进而, $X_1, X_2, \cdots, X_n$ 是 $(\Omega, \mathcal{F}_n, P^-)$ 上的独立的随机变量.

我们要证明:

(d) P^- 在 $\mathcal{F}^-$ 上是可列可加的.

(如果使用卡拉泰奥多里定理 1.7, 这是显然的.) 然而从我们关于勒贝格测度存在性的证明 (见 (A1.9,a)) 可知, 只要证明下述结论就足够了:

(e) 如果 (H_r) 是 $\mathcal{F}^-$ 中集合的一个序列, 满足: $H_r \supseteq H_{r+1}, \forall r$, 且如果对于某 $\varepsilon > 0, P^-(H_r) \geqslant \varepsilon$ 对每个 r 成立, 则有 $\bigcap H_r \neq \emptyset$.

A9.2　(A9.1, e) 的证明

步骤 1　对于每个 r, 存在着某 $n(r)$ 使得 $H_r \in \mathcal{F}_{n(r)}$, 从而

$$I_{H_r}(\omega) = h_r(\omega_1, \omega_2, \cdots, \omega_{n(r)}) \quad (\text{对于某个 } h_r \in b\mathcal{B}^{n(r)}).$$

(注意有 $X_k(\omega) = \omega_k$, 并请再看一下 A3.2 节.)

步骤 2　我们有

(a0) $$E^- h_r(X_1, X_2, \cdots, X_{n(r)}) \geqslant \varepsilon, \quad \forall r.$$

因为 (a0) 式的左端恰好就是 $P^-(H_r)$. 如果我们局限在概率空间 $(\Omega, \mathcal{F}_{n(r)}, P^-)$ 内考虑问题, 则从 9.10 节可知

$$\gamma_r(\omega) := g_r(\omega_1) := E^- h_r(\omega_1, X_2, X_3, \cdots, X_{n(r)})$$

是给定 $\mathcal{F}_1$ 条件下 I_{H_r} 的条件期望的一个显式版本, 而且

$$\varepsilon \leqslant P^-(H_r) = E^-(\gamma_r) = \Lambda_1(g_r).$$

因为 $0 \leqslant g_r \leqslant 1$, 所以

$$\varepsilon \leqslant \Lambda_1(g_r) \leqslant 1\Lambda_1\{g_r \geqslant \varepsilon 2^{-1}\} + \varepsilon 2^{-1} \Lambda_1\{g_r \leqslant \varepsilon 2^{-1}\}$$
$$\leqslant \Lambda_1\{g_r \geqslant \varepsilon 2^{-1}\} + \varepsilon 2^{-1}.$$

由此得

$$\Lambda_1\{g_r \geqslant \varepsilon 2^{-1}\} \geqslant 2^{-1}\varepsilon.$$

步骤 3 然而, 因为 $H_r \supseteq H_{r+1}$, 我们有 (在某个 $(\Omega, \mathcal{F}_m, P^-)$ 中考虑, 其中 H_r 与 H_{r+1} 都属于 $\mathcal{F}_m$)

$$g_r(\omega_1) \geqslant g_{r+1}(\omega_1) \quad (\text{对于每个 } \omega_1 \in \mathbf{R}).$$

通过在 $(\mathbf{R}, \mathcal{B}, \Lambda_1)$ 上探讨, 我们有

$$\Lambda_1\{g_r \geqslant \varepsilon 2^{-1}\} \geqslant \varepsilon 2^{-1}, \quad \forall r,$$

而且 $g_r \downarrow$, 所以

$$\{g_r \geqslant \varepsilon 2^{-1}\} \downarrow;$$

又据有关测度上连续性的引理 1.10(b), 我们有

$$\Lambda_1\{\omega_1 : g_r(\omega_1) \geqslant \varepsilon 2^{-1}, \ \forall r\} \geqslant \varepsilon 2^{-1},$$

所以, 存在 $\mathbf{R}$ 中的 ω_1^* (比方说) 使得

(a1) $$\qquad\qquad E^- h_r(\omega_1^*, X_2, \cdots, X_{n(r)}) \geqslant \varepsilon 2^{-1}, \quad \forall r.$$

步骤 4 我们重复应用步骤 2 与步骤 3 于下面的情形:

$$(X_1, X_2, \cdots) \text{ 被 } (X_2, X_3, \cdots) \text{ 所取代};$$

h_r 被 $h_r(\omega_1^*)$ 所取代, 其中

$$(h_r(\omega_1^*))(\omega_2, \omega_3, \cdots) := h_r(\omega_1^*, \omega_2, \omega_3, \cdots).$$

我们会发现存在 $\mathbf{R}$ 中的 ω_2^*, 使得

(a2) $$\qquad\qquad E^- h_r(\omega_1^*, \omega_2^*, X_3, \cdots, X_{n(r)}) \geqslant \varepsilon 2^{-2}, \quad \forall r.$$

依此递推, 我们会得到一个序列:

$$\omega^* = (\omega_n^* : n \in \mathbf{N}),$$

且具有性质:

$$E^- h_r(\omega_1^*, \omega_2^*, \cdots, \omega_{n(r)}^*) \geqslant \varepsilon 2^{-n(r)}, \quad \forall r.$$

然而,

$$h_r(\omega_1^*, \omega_2^*, \cdots, \omega_{n(r)}^*) = I_{H_r}(\omega^*),$$

它只能是 0 或者 1. 结论只能是: $\omega^* \in H_r, \forall r$. 而这正是我们需要证明的如此的一个 ω^* 的存在性. $\qquad\qquad\qquad\qquad\qquad\qquad\qquad\qquad\qquad\qquad\qquad$ □

A13 章　第 13 章附录

本章用于讨论收敛的方式, 很多人认为这部分内容对于培养学生的个性思维是有益的, 当然也容易出考题.

A13.1　收敛的方式: 定义

设 $(X_n : n \in \mathbf{N})$ 为一列随机变量, X 为一个随机变量, 都定义于概率空间 $(\Omega, \mathcal{F}, P)$. 下面将几种我们所知的 (收敛) 定义集中陈述.

几乎必然收敛

我们称 X_n 几乎必然收敛于X, 如果

$$P(X_n \to X) = 1.$$

依概率收敛

我们称 X_n 依概率收敛于X, 如果对于每个 $\varepsilon > 0$,

$$P(|X_n - X| > \varepsilon) \to 0 \quad (\text{当 } n \to \infty).$$

$\mathcal{L}^p$ 收敛 $(p \geqslant 1)$

我们称 X_n 在 $\mathcal{L}^p$ 中收敛于 X, 如果每个 $X_n \in \mathcal{L}^p, X \in \mathcal{L}^p$, 而且

$$\|X_n - X\|_p \to 0 \quad (\text{当 } n \to \infty).$$

或等价地,

$$E(|X_n - X|^p) \to 0 \quad (当\ n \to \infty).$$

A13.2　收敛的方式: 相互间关系

容我陈述相关事实:

依概率收敛是上述诸种收敛方式中最弱的.

因此:

(a)　$(X_n \to X, \text{a.s.}) \Rightarrow (X_n \to X\ 依概率)$,

(b)　对于 $p \geqslant 1$,

$$(X_n \to X 在 \mathcal{L}^p\ 中) \Rightarrow (X_n \to X\ 依概率).$$

在我们的三种收敛中的任何两种之间不存在其他有效的收敛方式. 然而, 当然对于 $r \geqslant p \geqslant 1$, 我们有

(c)　　　　　　　$(X_n \to X 在\ \mathcal{L}^r 中) \Rightarrow (X_n \to X 在\ \mathcal{L}^p 中).$

如果我们已知 "依概率收敛得以快速的进行", 即有

(d)　　　　　$\sum_n P(|X_n - X| > \varepsilon) < \infty, \quad \forall \varepsilon > 0,$

则 (BC1)(博雷尔 – 肯泰利第一引理) 允许我们推出结论:

$$X_n \to X, \quad \text{a.s.}$$

性质 (d) 蕴涵着 "几乎必然收敛" 这一事实也被用来证明下面的结论:

(e)　X_n 依概率收敛于 X 当且仅当 (X_n) 的每一个子列包含一个进一步的子列, 且后一子列是几乎必然收敛于 X 的.

其他有用的结果就只有:

(f)　对于 $p \geqslant 1, X_n$ 在 $\mathcal{L}^p$ 中收敛于 X 当且仅当下二陈述成立:

(i) X_n 依概率收敛于 X;

(ii) 随机变量族 $(|X_n|^p : n \geqslant 1)$ 是一致可积的.

获取对上述事实的理解的途径只有一个, 那就是你们亲自证明它们. EA13 中的练习题提供了以备你们之需的提示.

A14 章　第 14 章附录

我们操作于一个过滤的空间 $(\Omega, \mathcal{F}, \{\mathcal{F}_n : n \in \mathbf{Z}^+\}, P)$.

本章介绍 σ-代数 $\mathcal{F}_T$, 其中 T 是一个停时. 基本的观念是: $\mathcal{F}_T$ 代表了我们的观察者在 (或者也可以说刚过, 如果你愿意的话) 时刻 T 所能获得的信息. 而可选抽样定理则表明: 如果 X 是一个一致可积的上鞅, 而 S 与 T 都为停时且满足 $S \leqslant T$, 则我们可将上鞅的性质自然地推广为

$$E(X_T | \mathcal{F}_S) \leqslant X_S, \quad \text{a.s..}$$

A14.1　σ-代数 $\mathcal{F}_T (T$ 为一停时$)$

回顾　一个映射 $T : \Omega \to \mathbf{Z}^+ \cup \{\infty\}$ 被称为一个停时, 如果

$$\{T \leqslant n\} \in \mathcal{F}_n, \quad n \in \mathbf{Z}^+ \cup \{\infty\},$$

或等价地, 如果

$$\{T = n\} \in \mathcal{F}_n, \quad n \in \mathbf{Z}^+ \cup \{\infty\}.$$

在上述每一种陈述中, "$n = \infty$" 的情形是在结果对于 $\mathbf{Z}^+$ 中的每一个 n 都有效的前提下自动得出的.

设 T 为一停时. 对于 $F \subseteq \Omega$, 我们称 $F \in \mathcal{F}_T$, 如果有

▶▶
$$F \cap \{T \leqslant n\} \in \mathcal{F}_n, \quad n \in \mathbf{Z}^+ \cup \{\infty\},$$

或等价地, 如果有

$$F \cap \{T = n\} \in \mathcal{F}_n, \quad n \in \mathbf{Z}^+ \cup \{\infty\}.$$

如果 $T \equiv n$, 则有 $\mathcal{F}_T = \mathcal{F}_n$; 如果 $T \equiv \infty$, 则有 $\mathcal{F}_T = \mathcal{F}_\infty$; 又对于每个 T, 有 $\mathcal{F}_T \subseteq \mathcal{F}_\infty$.

你们可以容易地验证: $\mathcal{F}_T$ 是一个 σ-代数. 还可以验证: 如果 S 为另一个停时, 则

$$\mathcal{F}_{S \wedge T} \subseteq \mathcal{F}_T \subseteq \mathcal{F}_{S \vee T}.$$

提示 如果 $F \in \mathcal{F}_{S \wedge T}$, 则有

$$F \cap \{T = n\} = \bigcup_{k \leqslant n} F \cap \{S \wedge T = k\}. \qquad \square$$

另一个需要验证的细节: 如果 X 是一个适应的过程而 T 是一个停时, 则 $X_T \in m\mathcal{F}_T$. 这里, 假定 X_∞ 是按照某种方式被定义为满足: X_∞ 是 $\mathcal{F}_\infty$ 可测的.

证明 对于 $B \in \mathcal{B}$, 有

$$\{X_T \in B\} \cap \{T = n\} = \{X_n \in B\} \cap \{T = n\} \in \mathcal{F}_n. \qquad \square$$

A14.2 可选抽样定理 (OST) 的一个特例

引理

设 X 为一上鞅, T 为一停时且满足: 对于某 $N \in \mathbf{N}$ 有 $T(\omega) \leqslant N, \forall \omega$. 则 $X_T \in \mathcal{L}^1(\Omega, \mathcal{F}_T, P)$ 且

$$E(X_N | \mathcal{F}_T) \leqslant X_T.$$

证明 设 $F \in \mathcal{F}_T$, 则

$$E(X_N; F) = \sum_{n \leqslant N} E(X_N; F \cap \{T = n\})$$

$$\leqslant \sum_{n \leqslant N} E(X_n; F \cap \{T = n\}) = E(X_T; F).$$

(当然, 事实 $|X_T| \leqslant |X_1| + \cdots + |X_N|$ 保证了结果 $E(|X_T|) < \infty$ 成立.)

A14.3 杜布关于一致可积鞅的可选抽样定理

▶▶ 设 M 为一个一致可积鞅, 则对于任意停时 T, 有

$$E(M_\infty|\mathcal{F}_T) = M_T, \quad \text{a.s..}$$

推论 1(一个新的可选停止定理!)

如果 M 是一个一致可积鞅, 而 T 是一个停时, 则有 $E(|M_T|) < \infty$ 且 $E(M_T) = E(M_0)$.

推论 2

如果 M 是一个一致可积鞅, 而 S 与 T 都为停时且满足 $S \leqslant T$, 则有

$$E(M_T|\mathcal{F}_S) = M_S, \quad \text{a.s..}$$

定理的证明 由定理 14.1 和引理 A14.2, 对于 $k \in \mathbf{N}$, 我们有

$$E(M_\infty|\mathcal{F}_k) = M_k, \quad \text{a.s.,}$$
$$E(M_k|\mathcal{F}_{T \wedge k}) = M_{T \wedge k}, \quad \text{a.s..}$$

所以, 由全期望公式得到

$$(*) \qquad E(M_\infty|\mathcal{F}_{T \wedge k}) = M_{T \wedge k}, \quad \text{a.s..}$$

如果 $F \in \mathcal{F}_T$, 则有 (试加以验证!)

$$F \cap \{T \leqslant k\} \in \mathcal{F}_{T \wedge k}.$$

故由 (*) 式, 有

$$(**) \qquad E(M_\infty; F \cap \{T \leqslant k\}) = E(M_{T \wedge k}; F \cap \{T \leqslant k\}) = E(M_T; F \cap \{T \leqslant k\}).$$

我们可以 (且确实) 只关注 $M_\infty \geqslant 0$ 的情形, 此时对所有 n 有 $M_n = E(M_\infty|\mathcal{F}_n) \geqslant 0$. 然后, 令 (**) 式中的 $k \uparrow \infty$ 并利用 (MON), 我们得到

$$E(M_\infty; F \cap \{T < \infty\}) = E(M_T; F \cap \{T < \infty\}).$$

又因为, 事实

$$E(M_\infty; F \cap \{T = \infty\}) = E(M_T; F \cap \{T = \infty\})$$

只是同义的反复, 所以得到

$$E(M_\infty; F) = E(M_T; F). \qquad \square$$

现在由全期望公式便可得到推论 2, 再由推论 2 则可得到推论 1.

A14.4 关于一致可积下鞅的结果

一个一致可积的下鞅 X 具有杜布分解:

$$X = X_0 + M + A,$$

其中 (**练习**: 解释为什么!)$E(A_\infty) < \infty$ 且 M 是一致可积的. 所以, 如果 T 是一个停时, 则几乎必然有

$$\begin{aligned}
E(X_\infty | \mathcal{F}_T) &= X_0 + E(M_\infty | \mathcal{F}_T) + E(A_\infty | \mathcal{F}_T) \\
&= X_0 + M_T + E(A_\infty | \mathcal{F}_T) \\
&\geqslant X_0 + M_T + E(A_T | \mathcal{F}_T) \\
&= X_T.
\end{aligned}$$

A16 章　第 16 章附录

A16.1　积分号下的微分法

在陈述有关本论题的定理之前, 我们应考查一下 16.3 节中我们所需的应用类型. 假定 X 是一个随机变量并满足 $E(|X|) < \infty$, 假定 $h(t,x) = \mathrm{i}xe^{\mathrm{i}tx}$. (我们可以分别处理 h 的实部和虚部.) 注意: 如果 $[a,b]$ 是 $\mathbf{R}$ 的一个子区间, 则随机变量族 $\{h(t,X) : t \in [a,b]\}$ 受控于 $|X|$, 从而是一致可积的. 在定理中, 我们将有

$$EH(t,X) = \varphi_X(t) - \varphi_X(a), \quad t \in [a,b],$$

并可推出: $\varphi_X'(t)$ 存在且等于 $Eh(t,X)$.

定理

设 X 为 $(\Omega, \mathcal{F}, P)$ 上的一个随机变量.

假定 $a, b \in \mathbf{R}$, 满足 $a < b$, 且

$$h : [a,b] \times \mathbf{R} \to \mathbf{R}$$

具有性质:

(i) $t \mapsto h(t,x)$ 是关于 t 连续的 (对于每个 $x \in \mathbf{R}$).

(ii) $x \mapsto h(t,x)$ 是 $\mathcal{B}$-可测的 (对于每个 $t \in [a,b]$).

(iii) 随机变量族 $\{h(t,X) : t \in [a,b]\}$ 是一致可积的.

则有:

(a) $t \mapsto Eh(t,X)$ 在 $[a,b]$ 上是连续的.

(b) h 是 $\mathcal{B}[a,b] \times \mathcal{B}$-可测的.

(c) 如果 $H(t,x) := \int_a^t h(s,x)\mathrm{d}s$ $(a \leqslant t \leqslant b)$, 则对于 $t \in (a,b)$,

$$\frac{\mathrm{d}}{\mathrm{d}t} EH(t,X) 存在且等于 Eh(t,X).$$

(a) 的证明　因为我们仅需考虑"序列情形: $t_n \to t$", 故由定理 13.7 立即得到结果 (a).　　　　　　　　　　　　　　　　　　　　　　　　　　　□

(b) 的证明　定义

$$\delta_n := 2^{-n}(b-a), \quad D_n := (a + \delta\mathbf{Z}^+) \cap [a,b],$$

$$\tau_n(t) := \inf\{\tau \in D_n : \tau \geqslant t\}, \quad t \in [a,b],$$

$$h_n(t,x) := h(\tau_n(t), x), \quad t \in [a,b], x \in \mathbf{R},$$

则对于 $B \in \mathcal{B}$, 有

$$h_n^{-1}(B) = \bigcup_{r \in D_n} (([\tau, \tau+\delta) \cap [a,b]) \times \{x : h(\tau,x) \in B\}).$$

所以, h_n 是 $\mathcal{B}[a,b] \times \mathcal{B}$-可测的. 由于在 $[a,b] \times \mathbf{R}$ 上有 $h_n \to h$, 故结果 (b) 得证.

　　　　　　　　　　　　　　　　　　　　　　　　　　　　　　　　□

(c) 的证明　对于 $\Gamma \subseteq [a,b] \times \mathbf{R}$, 定义

$$\alpha(\Gamma) := \{(t,\omega) \in [a,b] \times \Omega : (t, X(\omega)) \in \Gamma\}.$$

如果 $\Gamma = A \times C$, 其中 $A \in \mathcal{B}[a,b]$ 且 $C \in \mathcal{B}$, 则

$$\alpha(\Gamma) = A \times (X^{-1}C) \in \mathcal{B}[a,b] \times \mathcal{F}.$$

现在清楚了: 由这样的 Γ (即满足 $\alpha(\Gamma)$ 为 $\mathcal{B}[a,b] \times \mathcal{F}$ 的元素) 所构成的类是一个包含 $\mathcal{B}[a,b] \times \mathcal{B}$ 的 σ-代数. 而所有这些都说明:

(*) 　　　　　　　$(t,\omega) \mapsto h(t, X(\omega))$ 是 $\mathcal{B} \times \mathcal{F}$-可测的.

因为对于 $B \in \mathcal{B}, \{(t,\omega) : h(t, X(\omega)) \in B\}$ 是 $\alpha(h^{-1}B)$. (当然, 我们可以更直接地利用序列 h_n 来得到 (*) 式, 但是用其他方法也不错.) 因为族 $\{h(t,X) : t \geqslant 0\}$ 是一致可积的, 故它在 $\mathcal{L}^1$ 中有界, 从而

$$\int_a^b E|h(t,X)|\mathrm{d}t < \infty.$$

则由富比尼定理可知, 对于 $a \leqslant t \leqslant b$ 有

$$\int_a^t Eh(s,X)\mathrm{d}s = E \int_a^t h(s,X)\mathrm{d}s = EH(t,X).$$

从而结果 (c) 得证.　　　　　　　　　　　　　　　　　　　　　　　□

E 章 练 习 题

带星号的习题更难一些. 一道题中的第一个数字大致指出它依赖于哪一章. 字母 "G" 则表示 "一点进取心 (gumption) 是必需的". 在本书的正文中也能发现不少习题, 其中有些会在此重述. 让我们始于一剂针对测度论内容的解药——只是开个玩笑, 事实上有一种观点认为, 是概率论而不是单纯的测度论更需要反复、硬性的灌输.

EG1 在直线段 AB 上随机地选取两点, 其中每一点的选取都服从 AB 上的均匀分布, 且两点的选取是相互独立的. 现在线段 AB 被划分为三部分. 问它们能够构成一个三角形的概率是多少?

EG2 行星 X 是一个中心在 O 的球体. 三艘宇宙飞船 A、B 和 C 随机地降落在它的表面, 它们的降落位置是相互独立的且每个都在表面上均匀地分布. 飞船 A 与 B 可以直接利用无线电进行通信, 如果 $\angle AOB < 90°$. 证明它们能够保持联系 (例如, 若有必要, A 还可以通过 C 与 B 联系) 的概率是 $(\pi+2)/(4\pi)$.

EG3 设 G 为具有两个生成元 a 与 b 的自由群. 于时刻 0 从单位元 1(空词) 开始. 在每一时刻用四个元素 a、a^{-1}、b、b^{-1} 中的一个去右乘现有的词, 其中选取每个元素的概率都是 1/4(且与前面的选取独立). 从时刻 1 到 9 的选取:

$$a, a, b, a^{-1}, a, b^{-1}, a^{-1}, a, b.$$

在时刻 9 产生一个长度为 3 的约化词 aab. 证明: 约化词 1 产生于一个正的时刻的概率为 1/3, 并解释为什么从直观看显然有:

$$(\text{在时刻 } n \text{ 约化词的长度})/n \to \frac{1}{2} \quad (\text{a.s.}).$$

EG4* (续) 假定现在改为: 元素 a、a^{-1}、b、b^{-1} 分别以概率 α、α、β、β 被选取, 其中 $\alpha > 0, \beta > 0, \alpha + \beta = \frac{1}{2}$. 证明在给定元素 a 在时刻 1 被选取的条

件下, 约化词 1 产生于一个正的时刻的条件概率是方程

$$3x^3 + (3 - 4\alpha^{-1})x^2 + x + 1 = 0$$

在 $(0,1)$ 内的唯一的根 $x = r(\alpha)$(比方说).

随着时间的推移, (几乎必然有) 越来越多的约化词会成为固定的, 从而形成最终词. 如果在最终词内, 将符号 a 与 a^{-1} 都换成 A 且将符号 b 与 b^{-1} 都换成 B, 证明如此得到的由诸 A 与 B 构成的序列是一个 $\{A,B\}$ 上的马氏链, 且具有转移概率 (例如)

$$p_{AA} = \frac{\alpha(1-x)}{\alpha(1-x) + 2\beta(1-y)},$$

其中 $y = r(\beta)$. 问符号 a 在最终词中出现的 (几乎必然的) 极限比例是什么? (注: 这一结果曾被爱丁堡的莱昂斯 (Lyons) 教授用来解决位势论中有关黎曼流形的一个长期悬而未决的问题.)

代数及其他

E1.1 关于 **N** 的子集的 "概率".

设 $V \subseteq \mathbf{N}$, 称 V 具有 (蔡查罗) 密度 $\gamma(V)$(并记为 $V \in CES$), 如果

$$\gamma(V) := \lim \frac{\#(V \cap \{1,2,3,\cdots,n\})}{n}$$

存在. 试举出一例: 其中集合 V_1 与 V_2 均属于 CES, 但 $V_1 \cap V_2 \neq CES$. 因此, CES 不是一个代数.

独立性

E4.1 设 $(\Omega, \mathcal{F}, P)$ 为一概率空间, $\mathcal{I}_1$、$\mathcal{I}_2$ 和 $\mathcal{I}_3$ 为 Ω 上的三个 π- 系并满足: 对于 $k = 1,2,3$, 有

$$\mathcal{I}_k \subseteq \mathcal{F} \quad \text{且} \quad \Omega \in \mathcal{I}_k.$$

证明: 如果对于任何 $I_k \in \mathcal{I}_k (k = 1,2,3)$, 都有

$$P(I_1 \cap I_2 \cap I_3) = P(I_1)P(I_2)P(I_3),$$

则 $\sigma(\mathcal{I}_1)$、$\sigma(\mathcal{I}_2)$、$\sigma(\mathcal{I}_3)$ 独立. 我们为什么需要条件 $\Omega \in \mathcal{I}_k$?

E4.2 设 $s > 1$, 如常定义 $\zeta(s) := \sum_{n \in \mathbf{N}} n^{-s}$. 设 X 与 Y 为独立的取值于 $\mathbf{N}$ 的随机变量, 且有

$$P(X = n) = P(Y = n) = n^{-s}/\zeta(s).$$

试证明: 事件族 $(E_p : p$ 为素数$)$(其中 $E_p = \{X$ 可被 p 整除 $\}$) 为独立的. 试从概率论的角度解释欧拉公式:

$$1/\zeta(s) = \prod_p (1 - 1/p^s).$$

证明:

$$P(X\text{不能被 } 1 \text{ 以外的平方数整除}) = 1/\zeta(2s).$$

设 H 为 X 与 Y 的最大公因数, 证明:

$$P(H = n) = n^{-2s}/\zeta(2s).$$

E4.3 设 $X_1, X_2, \cdots$ 为独立的随机变量并具有相同的连续分布函数. 设 $E_1 := \Omega$, 且对于 $n \geqslant 2$, 设

$$E_n := \{X_n > X_m, \forall m < n\} = \{\text{在时刻 } n \text{ 创了一个 "记录" }\}.$$

向你自己与你的指导老师证明: 事件 $E_1, E_2, \cdots$ 是独立的, 且有 $P(E_n) = 1/n$.

博雷尔 – 肯泰利引理

E4.4 假定一个硬币 (其掷出正面的概率为 p) 被重复抛掷. 设事件 A_k 表示: 在次数为 $2^k, 2^k+1, 2^k+2, \cdots, 2^{k+1}-1$ 的抛掷中, 有一列 k 个 (或更多个) 连续的正面出现, 证明:

$$P(A_k, \text{i.o.}) = \begin{cases} 1, & \text{若 } p \geqslant \dfrac{1}{2}, \\ 0, & \text{若 } p < \dfrac{1}{2}. \end{cases}$$

提示 设 E_i 表示事件: k 个连续的正面始于次数为 $2^k + (i-1)k$ 的抛掷中. 然后简单利用一下容斥公式 (引理 1.9).

E4.5 证明: 如果 G 是一个服从正态分布 $N(0,1)$ 的随机变量, 则对于 $x > 0$, 有

$$P(G > x) = \frac{1}{\sqrt{2\pi}} \int_x^\infty e^{-\frac{1}{2}y^2} \, dy \leqslant \frac{1}{x\sqrt{2\pi}} e^{-\frac{1}{2}x^2}.$$

设 $X_1, X_2, \cdots$ 为一列独立的 $N(0,1)$ 随机变量. 证明: 以概率 1 有 $L \leqslant 1$, 其中

$$L := \limsup(X_n/\sqrt{2\log n}).$$

(更难一点: 证明 $P(L = 1) = 1$.) (提示: 参见 14.8 节.)

设 $S_n := X_1 + X_2 + \cdots + X_n$, 回顾事实: $S_n/\sqrt{n}$ 具有 $N(0,1)$ 分布. 证明:

$$P(|S_n| < 2\sqrt{n\log n}, \text{ev}) = 1.$$

注意 这蕴涵着强大数定律: $P(S_n/n \to 0) = 1$.

附注 重对数律表明

$$P\left(\limsup \frac{S_n}{\sqrt{2n\log\log n}} = 1\right) = 1.$$

但现在别试图去证明它! 参见 14.7 节.

E4.6 强大数定律 (SLLN) 之逆.

设 Z 为一个非负的随机变量. 设 Y 为 Z 的整数部分. 证明:

$$Y = \sum_{n \in \mathbf{N}} I_{\{Z \geqslant n\}}.$$

并推出

$$(*) \qquad\qquad \sum_{n \in \mathbf{N}} P[Z \leqslant n] \leqslant E(Z) \leqslant 1 + \sum_{n \in \mathbf{N}} P[Z \geqslant n].$$

设 (X_n) 为一列 IID(独立同分布) 的随机变量, 满足 $E(|X_n|) = \infty, \forall n$. 证明:

$$\sum_n P[|X_n| > kn] = \infty \ (k \in \mathbf{N}) \quad \text{且} \quad \limsup \frac{|X_n|}{n} = \infty \ (\text{a.s.}).$$

并推出: 如果 $S_n = X_1 + X_2 + \cdots + X_n$, 则有

$$\limsup \frac{|S_n|}{n} = \infty \quad (\text{a.s.}).$$

E4.7 公平竞赛的公平何在?

设 $X_1, X_2, \cdots$ 为独立的随机变量, 且

$$X_n = \begin{cases} n^2 - 1, & \text{以概率 } n^{-2}, \\ -1, & \text{以概率 } 1 - n^{-2}. \end{cases}$$

证明: $E(X_n) = 0, \forall n$, 但如果令 $S_n = X_1 + X_2 + \cdots + X_n$, 则有

$$S_n/n \to -1 \quad (\text{a.s.}).$$

E4.8* 布莱克威尔 (Blackwell) 有关想象力的测试.

这道习题要求你们熟悉两状态的连续参数马氏链.

对于每个 $n \in \mathbf{N}$, 设 $X^{(n)} = \{X^{(n)}(t) : t \geqslant 0\}$ 是一个状态空间为两点集 $\{0,1\}$ 的马氏链, 其 $\boldsymbol{Q}$ 矩阵是

$$\boldsymbol{Q}^{(n)} = \begin{pmatrix} -a_n & a_n \\ b_n & -b_n \end{pmatrix}, \quad a_n, b_n > 0.$$

而转移函数为 $P^{(n)}(t) = \exp(t\boldsymbol{Q}^{(n)})$. 证明: 对于每个 t, 有

$$p_{00}^{(n)}(t) \geqslant b_n/(a_n + b_n), \quad p_{01}^{(n)}(t) \leqslant a_n/(a_n + b_n).$$

诸过程 $(X^{(n)} : n \in \mathbf{N})$ 是独立的, 且对于每一个 n 有 $X^{(n)}(0) = 0$. 每个 $X^{(n)}$ 具有右连续的轨道.

假定 $\sum a_n = \infty$ 且 $\sum a_n/b_n < \infty$, 证明: 如果 t 是一个固定的时间, 则

$$(*) \qquad\qquad P\{X^{(n)}(t) = 1 \text{ 对无穷多个 } n \text{ 成立}\} = 0.$$

利用魏尔斯特拉斯 M-判别法 (即优级数判别法) 证明: $\sum\limits_n \log p_{00}^{(n)}(t)$ 在 $[0,1]$ 上是一致收敛的. 并推出

$$P\{X^{(n)}(t) = 0, \text{对所有} n \text{成立}\} \to 1 \quad (\text{当} t \downarrow 0 \text{ 时}).$$

证明:

$$P\{X^{(n)}(s) = 0, \forall s \leqslant t, \forall n\} = 0, \quad \text{对于每一个 } t > 0.$$

并与你的指导老师讨论为什么下面的结论几乎必然成立:

$(**)$ 在每一个非空的时间区间内, 有无穷多个链 $X^{(n)}$ 会产生跳跃.

现在试想象一下整个的情形.

注记 几乎必然地, 过程 $X = (X^{(n)})$ 耗费了其几乎全部时间于 $\{0,1\}^{\mathbf{N}}$ 的可数子集上, 该子集系由仅包含有限个 1 的序列所构成. 这一点由 $(*)$ 式及富比尼定理 8.2 可得出. 然而, 几乎必然有: 在任何非空的时间区间内, X 访问 $\{0,1\}^{\mathbf{N}}$ 的不可数多个点. 这一点从 $(**)$ 及贝尔范畴定理 A1.12 可推出. 通过使用高深得多的技巧, 我们可以证明: 对于某种特定的 (a_n) 和 (b_n), 在一段有限的时间内 X 几乎肯定要访问 $\{0,1\}^{\mathbf{N}}$ 的每个点不可数多次.

尾 σ-代数

E4.9 设 $Y_0, Y_1, Y_2, \cdots$ 为独立随机变量, 满足

$$P(Y_n = +1) = P(Y_n = -1) = 1/2, \quad \forall n.$$

对于 $n \in \mathbf{N}$, 定义

$$X_n := Y_0 Y_1 \cdots Y_n.$$

证明: 随机变量 $X_1, X_2, \cdots$ 为独立的. 又定义

$$\mathcal{Y} := \sigma(Y_1, Y_2, \cdots), \quad \mathcal{T}_n := \sigma(X_r : r > n).$$

证明:

$$\mathcal{L} := \bigcap_n \sigma(\mathcal{Y}, \mathcal{T}_n) \neq \sigma\left(\mathcal{Y}, \bigcap_n \mathcal{T}_n\right) =: \mathcal{R}.$$

提示 证明 $Y_0 \in m\mathcal{L}$ 且 Y_0 与 $\mathcal{R}$ 独立.

E4.10 星际迷航 2(美国系列科幻影片——译者).

见 E10.11, 你们现在就可以做了.

控制收敛定理

E5.1 设 $S := [0,1], \Sigma := \mathcal{B}(S), \mu := $ Leb. 定义 $f_n := nI_{(0,1/n)}$. 证明: 对于每个 $s \in S$ 有 $f_n(s) \to 0$, 但是对于每个 n 有 $\mu(f_n) = 1$. 画出 $g := \sup_n |f_n|$ 的一个图示, 并证明 $g \notin \mathcal{L}^1(S, \Sigma, \mu)$.

容斥公式

E5.2 通过考虑示性函数的积分的方法来证明容斥公式及 1.9 节中的不等式.

强大数定律

E7.1 逆拉普拉斯变换.

设 f 是 $[0, \infty)$ 上的一个有界连续函数. f 的拉普拉斯变换是 $(0, \infty)$ 上的函数 L, 其定义为

$$L(\lambda) := \int_0^\infty \mathrm{e}^{-\lambda x} f(x) \mathrm{d}x.$$

设 $X_1, X_2, \cdots$ 为独立的随机变量, 每个都服从速率为 λ 的指数分布, 所以有 $P[X > x] = \mathrm{e}^{-\lambda x}, E(X) = \frac{1}{\lambda}, \mathrm{Var}(X) = \frac{1}{\lambda^2}$. 证明:

$$(-1)^{n-1} \frac{\lambda^n L^{(n-1)}(\lambda)}{(n-1)!} = Ef(S_n),$$

其中 $S_n = X_1 + X_2 + \cdots + X_n$, 而 $L^{(n-1)}$ 表示 L 的 $n-1$ 阶导数. 证明 f 可由 L 按照下面的方法重新构造出来: 对于 $y > 0$,

$$f(y) = \lim_{n \uparrow \infty} (-1)^{n-1} \frac{(n/y)^n L^{(n-1)}(n/y)}{(n-1)!}.$$

E7.2 球面 $S^{n-1} (\subseteq \mathbf{R}^n)$ 上的一致分布.

如常, 我们记 $S^{n-1} = \{x \in \mathbf{R}^n : |x| = 1\}$. 你可以假定: 存在 $(S^{n-1}, \mathcal{B}(S^{n-1}))$ 上的唯一的概率测度 ν^{n-1}, 使得 $\nu^{n-1}(A) = \nu^{n-1}(\boldsymbol{H}A)$ 对于每一个正交的 $n \times n$ 矩阵 $\boldsymbol{H}$ 及每一个 $A \in \mathcal{B}(S^{n-1})$ 成立.

试证明: 如果 $\boldsymbol{X}$ 是 $\mathbf{R}^n$ 中的一个向量, 其诸分量为独立的 $N(0,1)$ 变量, 则对于每一个正交 $n \times n$ 矩阵 $\boldsymbol{H}$, 向量 $\boldsymbol{HX}$ 具有相同的性质. 并推出 $\boldsymbol{X}/|\boldsymbol{X}|$ 具有分布 ν^{n-1}.

设 $Z_1, Z_2, \cdots$ 为独立的 $N(0,1)$ 变量, 定义

$$R_n = (Z_1^2 + Z_2^2 + \cdots + Z_n^2)^{\frac{1}{2}}.$$

证明: $R_n/\sqrt{n} \to 1, \mathrm{a.s.}$.

综合上述结论证明一个相当惊人的事实, 它将正态分布与"无限维"球面联系起来, 并且对于布朗运动和量子力学中的福克 (Fock) 空间的构造也都是重要的:

如果对于每一个 $n, (Y_1^{(n)}, Y_2^{(n)}, \cdots, Y_n^{(n)})$ 是按照分布 ν^{n-1} 从球面 S^{n-1} 上选取的一点, 则有

$$\lim_{n \to \infty} P(\sqrt{n} Y_1^{(n)} \leqslant x) = \Phi(x) = \frac{1}{\sqrt{2\pi}} \int_{-\infty}^{x} \mathrm{e}^{-y^2/2} \mathrm{d}y,$$

$$\lim_{n \to \infty} P(\sqrt{n} Y_1^{(n)} \leqslant x_1; \sqrt{n} Y_2^{(n)} \leqslant x_2) = \Phi(x_1)\Phi(x_2).$$

提示 $P(Y_1^{(n)} \leqslant u) = P(X_1/R_n \leqslant u)$.

条件期望

E9.1 证明: 设 $\mathcal{G}$ 是 $\mathcal{F}$ 的一个子 σ-代数, 而 $X \in \mathcal{L}^1(\Omega, \mathcal{F}, P), Y \in \mathcal{L}^1(\Omega, \mathcal{G}, P)$. 如果

(∗) $$E(X; G) = E(Y; G)$$

对一个包含 Ω 且生成 $\mathcal{G}$ 的 π-系中的每个 G 成立, 则 (*) 对 $\mathcal{G}$ 中的每一个 G 也都成立.

E9.2 假定 $X, Y \in \mathcal{L}^1(\Omega, \mathcal{F}, P)$ 且

$$E(X|Y) = Y, \text{a.s.}, \quad E(Y|X) = X, \text{a.s..}$$

证明: $P(X = Y) = 1$.

提示 考虑 $E(X - Y; X > c, Y \leqslant c) + E(X - Y; X \leqslant c, Y \leqslant c)$.

鞅

E10.1 波利亚 (Pólya) 的罐子.

在时刻 0, 一个罐子里有一个黑球和一个白球. 在每一时刻 $1, 2, 3, \cdots$ 从罐中随机地选取一球并换入两个颜色相同的新球. 从而在时刻 n 刚过时罐中有 $n+2$ 个球, 其中 $B_n + 1$ 个是黑色的. 这里 B_n 是到时刻 n 为止所选取的黑球的个数.

设 $M_n = (B_n + 1)/(n+2)$, 即在时刻 n 刚过时罐中黑球所占的比例. 证明: 关于一个自然的过滤 (你必须具体给出), M 是一个鞅.

证明: $P(B_n = k) = (n+1)^{-1}, 0 \leqslant k \leqslant n$. 又: Θ 的分布是什么 (其中 $\Theta := \lim M_n$)?

证明: 对于 $0 < \theta < 1$,

$$N_n^\theta := \frac{(n+1)!}{B_n!(n - B_n)!} \theta^{B_n}(1-\theta)^{n - B_n}$$

定义了一个鞅 N^θ. (E10.8 待续.)

E10.2 贝尔曼 (Bellman) 最优化原理的鞅表述.

假设你在第 n 局赌博中每单位赌注的赢利为 ε_n, 其中 ε_n 为 IID 的随机变量且满足:

$$P(\varepsilon_n = +1) = p, \quad P(\varepsilon_n = -1) = q, \quad \text{其中 } \frac{1}{2} < p = 1 - q < 1.$$

你在第 n 局所下的赌注 C_n 必须介于 0 与 Z_{n-1} 之间, 其中 Z_{n-1} 为你在时刻 $n-1$ 的财富. 你的目的是要使期望 "利率" $E \log(Z_N / Z_0)$ 最大化, 其中 N 为一给定的整数, 表示赌博的局数, 而 Z_0, 你在时刻 0 的财富, 为一给定的常数. 设 $\mathcal{F}_n = \sigma(\varepsilon_1, \cdots, \varepsilon_n)$ 为你直到时刻 n 的 "历史". 证明: 如果 C 为任一 (可料的) 策略, 则 $\log Z_n - n\alpha$ 是一个上鞅, 其中 α 表示 "熵":

$$\alpha = p \log p + q \log q + \log 2.$$

所以有 $E\log(Z_N/Z_0)\leqslant N\alpha$. 但是对于某一种策略, $\log Z_n - n\alpha$ 是一个鞅, 这个最优的策略是什么?

E10.3 停时.

假定 S 与 T 为 (关于 $(\Omega, \mathcal{F}, \{\mathcal{F}_n\})$ 的) 停时. 证明: $S\wedge T(:=\min(S,T))$, $S\vee T(:=\max(S,T)), S+T$ 都是停时.

E10.4 设 S 与 T 为停时且满足 $S\leqslant T$. 定义过程 $1_{(S,T]}$ (具有参数集合 $\mathbf{N}$) 如下:

$$1_{(S,T]}(n,\omega) := \begin{cases} 1, & \text{如果 } S(\omega) < n\leqslant T(\omega), \\ 0, & \text{否则}. \end{cases}$$

证明 $1_{(S,T]}$ 是可料的, 并推出: 如果 X 是一个上鞅, 则有

$$E(X_{T\wedge n})\leqslant E(X_{S\wedge n}), \quad \forall n.$$

E10.5 "无论何时总有: 有可能发生的事几乎必然会发生, 且往往比预想的来得更快."

假定 T 是一个停时并使得: 对于某 $N\in\mathbf{N}$, 某 $\varepsilon>0$ 以及每一个 n, 我们有

$$P(T\leqslant n+N|\mathcal{F}_n) > \varepsilon, \quad \text{a.s.}.$$

用归纳法并利用 $P(T>kN) = P(T>kN; T>(k-1)N)$ 证明: 对于 $k=1,2,3,\cdots$, 有

$$P(T>kN)\leqslant(1-\varepsilon)^k.$$

并证明 $E(T)<\infty$.

E10.6 ABRACADABRA.

在每个时刻 $1,2,3,\cdots$, 一个猴子随机敲出一个大写字母, 敲出的字母的序列形成一列 IID 的随机变量, 其中每个均匀地 (等概率地) 选自 26 个可能的大写字母.

刚好在每个时刻 $n=1,2,\cdots$ 之前, 一个新的赌徒到达现场. 他押 1 美元赌:

第 n 个字母将是 A.

如果他输了, 立刻走人. 如果他赢了, 他获得 26 美元并将它们悉数押上赌下面事件发生:

第 $(n+1)$ 个字母将是 B.

如果输了, 他立马走人. 如果赢了, 他将其现有的全部 26^2 美元财富押注, 赌:

第 $(n+2)$ 个字母将是 R.

等等. 类此办理, 直至通过 ABRACADABRA 序列. 设 T 为猴子首次敲出连贯的序列 ABRACADABRA 的时刻. 解释为什么由鞅的理论, 下式从直观上看是显然的:

$$E(T) = 26^{11} + 26^4 + 26.$$

并利用结果 10.10(c) 证明此式. (参见 Ross(1983) 的书中其他有关此类的应用.)

E10.7 赌徒的破产.

假定 $X_1, X_2, \cdots$ 为 IID 的随机变量, 满足:

$$P[X = +1] = p, \quad P[X = -1] = q, \quad \text{其中 } 0 < p = 1 - q < 1,$$

且 $p \neq q$. 设 a 与 b 为整数且 $0 < a < b$. 定义

$$S_n := a + X_1 + \cdots + X_n, \quad T := \inf\{n : S_n = 0 \text{ 或 } S_n = b\}.$$

设 $\mathcal{F} = \sigma(X_1, \cdots, X_n)(\mathcal{F}_0 = \{\emptyset, \Omega\})$. 解释为什么 T 满足问题 E10.5 中的条件. 证明:

$$M_n := \left(\frac{q}{p}\right)^{S_n} \quad \text{与} \quad N_n := S_n - n(p - q)$$

定义了鞅 M 与 N. 求出 $P(S_T = 0)$ 与 $E(S_T)$ 的值.

E10.8 贝叶斯的罐子.

一个随机数 Θ 从 $(0,1)$ 内被均匀地选取, 且铸造了一枚掷出正面的概率为 Θ 的硬币. 该硬币被重复地投掷. 设 B_n 为 n 次投掷中正面出现的次数, 证明 (B_n) 具有与 E10.1(即 "波利亚的罐子") 中的 (B_n) 序列完全相同的概率结构. 证明 N_n^θ 是给定 $B_1, B_2, \cdots, B_n$ 的条件下 Θ 的一个正则条件 pdf. (E18.5 待续.)

E10.9 证明: 如果 X 是一个非负上鞅而 T 是一个停时, 则有

$$E(X_T; T < \infty) \leqslant E(X_0).$$

(**提示** 回顾法都引理.) 并推出: $cP(\sup_n X_n \geqslant c) \leqslant E(X_0)$.

E10.10[*] 星际飞船 "企业号" 问题.

星际飞船的控制系统发生了故障. 所能做的就是 (每次) 设置一段航行的距离, 飞船将沿着一个随机选定的方向通过该段距离, 然后停下来. 目标是进入太阳系, 一个半径为 r 的球形区域. 最初, "企业号" 与太阳之间的距离为 $R_0(> r)$.

设 R_n 为 "企业号" 在 n 次 "太空跳跃" 之后相对于太阳的距离. 利用有关服从球面对称载荷分布的位势的高斯定理证明: 无论采取什么策略, $1/R_n$ 是一个上鞅; 而且, 对于任何一个总是设置一段不超过太阳与 "企业号" 之间距离的前进长度的策略, $1/R_n$ 是一个鞅. 利用 (E10.9) 证明:

$$P[\text{"企业号" 进入太阳系}] \leqslant r/R_0.$$

对于每个 $\varepsilon > 0$, 你可以选择一个策略, 它使上述概率大于 $(r/R_0) - \varepsilon$. 这是一种什么策略?

E10.11[*] 星际迷航 2. "船长日志: …… 史波克先生和轮机长史考特对控制系统进行了调整, 使 '企业号' 局限于总在一个固定的、穿过太阳的平面上移动. 然而, 下一个 '跳跃的长度' 现在已自动设置为目前我们与太阳之间的距离 ('下一个' 与 '目前' 的含义依明显的方式被更新). 史波克正咕咕哝哝地抱怨着对数和随机游动之类的事情, 但是我不知道是否能 (差不多) 肯定有朝一日我们能进入太阳系 ……"

提示　设 $X_n := \log R_n - \log R_{n-1}$, 证明: $X_1, X_2, \cdots$ 是一列 IID 的随机变量, 且每个具有均值 0 与有限的方差 σ^2(比如说), 其中 $\sigma > 0$. 设

$$S_n := X_1 + X_2 + \cdots + X_n.$$

证明: 如果 α 是一个固定的正数, 则有

$$P[\inf_n S_n = -\infty] \geqslant P[S_n \leqslant -\alpha\sigma\sqrt{n}, \text{i.o.}]$$
$$\geqslant \limsup P[S_n \leqslant -\alpha\sigma\sqrt{n}] = \Phi(-\alpha) > 0.$$

(利用中心极限定理.) 证明: 事件 $\{\inf_n S_n = -\infty\}$ 属于 (X_n) 序列的尾 σ-代数.

E12.1　分支过程.

一个分支过程 $Z = \{Z_n : n \geqslant 0\}$ 被按照常规方式构造出来, 即, 假设给定了一族 IID 的且取值于 $\mathbf{Z}^+$ 的随机变量 $\{X_k^{(n)} : n, k \geqslant 1\}$. 我们定义 $Z_0 := 1$, 然后递归地定义

$$Z_{n+1} := X_1^{(n+1)} + \cdots + X_{Z_n}^{(n+1)} \quad (n \geqslant 0).$$

假设以 X 代表任何一个 $X_k^{(n)}$, 且有

$$\mu := E(X) < \infty \quad \text{及} \quad 0 < \sigma^2 := \text{Var}(X) < \infty.$$

证明: $M_n := Z_n/\mu^n$ 定义了一个关于过滤 $\mathcal{F}_n = \sigma(Z_0, Z_1, \cdots, Z_n)$ 的鞅. 证明:

$$E(Z_{n+1}^2 | \mathcal{F}_n) = \mu^2 Z_n^2 + \sigma^2 Z_n.$$

并推出: M 在 $\mathcal{L}^2$ 中有界当且仅当 $\mu > 1$. 证明: 当 $\mu > 1$ 时, 有

$$\text{Var}(M_\infty) = \sigma^2 \{\mu(\mu-1)\}^{-1}.$$

E12.2　克罗内克引理的应用.

设 $E_1, E_2, \cdots$ 为一列独立的事件且 $P(E_n) = \dfrac{1}{n}$. 设 $Y_i = I_{E_i}$. 证明: $\sum \left(Y_k - \dfrac{1}{k}\right)/\log k$ 几乎必然收敛. 并利用克罗内克引理推出

$$\frac{N_n}{\log n} \to 1 \quad \text{(a.s.)},$$

其中 $N_n := Y_1 + \cdots + Y_n$. 本题对于 E4.3 有一个有趣的应用, 其中 N_n 表示到时刻 n 所产生的记录的个数.

E12.3 星际迷航 3.

证明: 如果采取并一直使用 E10.11 中的策略 (依其明显的意义) 于 $\mathbf{R}^3$ 而不是 $\mathbf{R}^2$ 中, 则有

$$\sum R_n^{-2} < \infty, \quad \text{a.s.},$$

其中 R_n 为时刻 n 从 "企业号" 到太阳的距离.

注 哪个结果在此起到了关键作用这一点应该是很明显的, 但是你们必须尝试使自己的论述充分严密.

一致可积性

E13.1 证明: 一个随机变量类 $\mathcal{C}$ 是一致可积 (UI) 的, 当且仅当下面的条件 (i) 和 (ii) 都成立:

(i) $\mathcal{C}$ 在 $\mathcal{L}^1$ 中是有界的, 所以 $A := \sup\{E(|X|) : X \in \mathcal{C}\} < \infty$;

(ii) 对于每一个 $\varepsilon > 0, \exists \delta > 0$ 使得: 如果 $F \in \mathcal{F}, P(F) < \delta$ 且 $X \in \mathcal{C}$, 则有 $E(|X|; F) < \varepsilon$.

"充分性" 提示 对于 $X \in \mathcal{C}, P(|X| > K) \leqslant K^{-1}A$.

"必要性" 提示 $E(|X|; F) \leqslant E(|X|; |X| > K) + KP(F)$.

E13.2 证明: 如果 $\mathcal{C}$ 和 $\mathcal{D}$ 均为 UI 的随机变量类, 而我们定义

$$\mathcal{C} + \mathcal{D} := \{X + Y : X \in \mathcal{C}, Y \in \mathcal{D}\}.$$

则 $\mathcal{C} + \mathcal{D}$ 也是 UI 的.

提示 证明此结论的途径之一是使用 E13.1.

E13.3 设 $\mathcal{C}$ 为一个 UI 的随机变量族. 我们称 $Y \in \mathcal{D}$, 如果对于某 $X \in \mathcal{C}$ 与 $\mathcal{F}$ 的某子 σ-代数 $\mathcal{G}$, 我们有 $Y = E(X|\mathcal{G})$ (a.s.). 证明: $\mathcal{D}$ 是 UI 的.

E14.1 亨特 (Hunt) 引理.

假定 (X_n) 为一随机变量序列, 满足: $X := \lim X_n$ 几乎必然存在且 (X_n) 受控于 $Y \in (\mathcal{L}^1)^+$:

$$|X_n(\omega)| \leqslant Y(\omega), \quad \forall(n, \omega), \quad \text{且 } E(Y) < \infty.$$

设 $\{\mathcal{F}_n\}$ 为任一过滤, 证明:

$$E(X_n|\mathcal{F}_n) \to E(X|\mathcal{F}_\infty), \quad \text{a.s..}$$

提示 设 $Z_m := \sup_{r \geqslant m} |X_r - X|$, 证明: $Z_m \to 0$ (a.s. 且在 $\mathcal{L}^1$ 中). 证明: 对于 $n \geqslant m$, 我们有 (a.s.)

$$|E(X_n|\mathcal{F}_n) - E(X|\mathcal{F}_\infty)| \leqslant |E(X|\mathcal{F}_n) - E(X|\mathcal{F}_\infty)| + E(Z_m|\mathcal{F}_n).$$

E14.2 Azuma-Hoeffding 不等式.

(a) 证明: 如果 Y 是一个取值于 $[-c, c]$ 的随机变量且 $E(Y) = 0$, 则对于 $\theta \in \mathbf{R}$, 有

$$E\mathrm{e}^{\theta Y} \leqslant \cosh \theta c \leqslant \exp\left(\frac{1}{2}\theta^2 c^2\right)$$

(b) 证明: 如果 M 是一个在时刻 0 的值为零的鞅, 并满足: 对某个正数的序列 $(c_n : n \in \mathbf{N})$, 有

$$|M_n - M_{n-1}| \leqslant c_n, \quad \forall n.$$

则对于 $x > 0$, 有

$$P\left(\sup_{k \leqslant n} M_k \geqslant x\right) \leqslant \exp\left(\frac{1}{2}x^2 \Big/ \sum_{k=1}^n c_k^2\right).$$

对 (a) 的提示 设 $f(z) := \exp(\theta z), z \in [-c, c]$, 则因为 f 是凸的, 故

$$f(y) \leqslant \frac{c-y}{2c}f(-c) + \frac{c+y}{2c}f(c).$$

对 (b) 的提示 参见 (14.7, a) 的证明.

特征函数

E16.1 证明:

$$\lim_{T \uparrow \infty} \int_0^T x^{-1} \sin x \, \mathrm{d}x = \pi/2.$$

(利用沿着由半径为 ε 和 T 的上半圆周及区间 $[-T, -\varepsilon]$ 与 $[\varepsilon, T]$ 形成的围道求积分 $\int z^{-1}\mathrm{e}^{\mathrm{i}z}\mathrm{d}z$ 的方法.)

E16.2 证明: 如果 Z 具有 $U[-1, 1]$ 分布, 则

$$\varphi_Z(\theta) = (\sin \theta)/\theta.$$

并证明: 不存在 IID 的随机变量 X 与 Y, 使得

$$X - Y \sim U[-1, 1].$$

E16.3 假定 X 具有柯西分布, 并设 $\theta > 0$. 通过沿着半圆周 (由 $[-R, R]$ 与圆心在 O、半径为 R 的上半圆周围成) 求 $e^{i\theta z}/(1 + z^2)$ 的积分的办法. 证明: $\varphi_X(\theta) = e^{-\theta}$. 证明: 对所有的 θ, 有 $\varphi_X(\theta) = e^{-|\theta|}$. 证明: 如果 $X_1, X_2, \cdots, X_n$ 为 IID 的随机变量, 且每个具有标准的柯西分布, 则 $(X_1 + \cdots + X_n)/n$ 也具有标准的柯西分布.

E16.4 假定 X 具有标准正态分布 $N(0, 1)$. 设 $\theta > 0$. 考虑沿着矩形围道

$$(-R - i\theta) \to (R - i\theta) \to R \to (-R) \to (-R - i\theta)$$

的积分 $\int (2\pi)^{-\frac{1}{2}} \exp\left(-\frac{1}{2} z^2\right) dz$, 证明: $\varphi_X(\theta) = \exp\left(-\frac{1}{2}\theta^2\right)$.

E16.5 证明: 如果 φ 是一个随机变量 X 的特征函数, 则 φ 是非负定的, 即对于复数 $c_1, c_2, \cdots, c_n$ 及实数 $\theta_1, \theta_2, \cdots, \theta_n$, 有

$$\sum_j \sum_k c_j \bar{c}_k \varphi(\theta_j - \theta_k) \geqslant 0.$$

(**提示** 将上式左边表示为 ⋯⋯ 的期望.) 博克纳 (Bochner) 定理指出: φ 是一个特征函数当且仅当 $\varphi(0) = 1, \varphi$ 是连续的, 且 φ 是非负定的! (当然, 这儿应理解为 $\varphi: \mathbf{R} \to \mathbf{C}$.)

E18.6 将给出一个体现相同精神的更简单的结果.

E16.6 (a) 设 $(\Omega, \mathcal{F}, P) = ([0, 1], \mathcal{B}[0, 1], \text{Leb})$. 问随机变量 Z 的分布是什么 (其中 $Z(\omega) := 2\omega - 1$)? 又设 $\omega = \sum 2^{-n} R_n(\omega)$ 为 ω 的二进制展开, 并设

$$U(\omega) = \sum_{\text{奇数} n} 2^{-n} Q_n(\omega), \quad \text{其中 } Q_n(\omega) = 2R_n(\omega) - 1,$$

试找一个随机变量 V, 它与 U 独立, 并满足: U 与 V 同分布, 且 $U + \frac{1}{2} V$ 在 $[-1, 1]$ 上均匀地分布.

(b) 现在假定 (在某个概率空间上)X 与 Y 为 IID 的随机变量并满足:

$$X + \frac{1}{2} Y \text{ 在 } [-1, 1] \text{ 上均匀地分布.}$$

设 φ 为 X 的特征函数. 试计算 $\varphi(\theta)/\varphi\left(\frac{1}{4}\theta\right)$. 证明: X 的分布必定与 (a) 中 U

的分布相同. 并推出: 存在一个集合 $F \in \mathcal{B}[-1,1]$, 使得

$$\text{Leb}(F) = 0, \quad 且 \ P(X \in F) = 1.$$

E18.1 (a) 假定 $\lambda > 0$ 且 (对于 $n > \lambda$)F_n 是相应于二项分布 $B(n,\lambda/n)$ 的分布函数. 证明 (利用特征函数): F_n 弱收敛于 F, 其中 F 是参数为 λ 的泊松分布的分布函数.

(b) 假定 $X_1, X_2, \cdots$ 为 IID 的随机变量, 每个具有定义于 $\mathbf{R}$ 上的密度函数 $(1 - \cos x)/(\pi x^2)$. 证明: 对于 $x \in \mathbf{R}$, 有

$$\lim_{n \to \infty} P\Big(\frac{X_1 + X_2 + \cdots + X_n}{n} \leqslant x\Big) = \frac{1}{2} + \pi^{-1} \arctan x,$$

其中 $\arctan x \in \Big(-\frac{\pi}{2}, \frac{\pi}{2}\Big)$.

E18.2 证明以下形式的弱大数定律. 假定 $X_1, X_2, \cdots$ 为 IID 的随机变量, 每个具有与 X 相同的分布. 假定 $X \in \mathcal{L}^1$ 且 $E(X) = \mu$. 利用特征函数证明: $A_n := n^{-1}(X_1 + \cdots + X_n)$ 的分布弱收敛于在 μ 点的单位质量. 推出:

$$A_n \to \mu \ 依概率.$$

当然, 强大数定律蕴含了这个弱定律.

Prob[0,1] 中的弱收敛

E18.3 设 X 与 Y 为取值于 $[0,1]$ 的随机变量. 假定

$$E(X^k) = E(Y^k), \quad k = 0, 1, 2, \cdots,$$

证明:

(i) $Ep(X) = Ep(Y)$ 对每个多项式 p 成立;

(ii) $Ef(X) = Ef(Y)$ 对每个 $[0,1]$ 上的连续函数 f 成立;

(iii) $P(X \leqslant x) = P(Y \leqslant x)$ 对每个 $x \in [0,1]$ 成立.

(ii) 的提示 利用魏尔斯特拉斯定理 7.4.

E18.4 假定 (F_n) 是一列分布函数, 满足 (对每个 n):

$$F_n(x) = 0, \quad x < 0, \quad F_n(1) = 1.$$

假定

$$(*) \qquad m_k := \lim_n \int_{[0,1]} x^k \mathrm{d}F_n \ 存在 \quad (k = 0, 1, 2, \cdots).$$

利用赫利 − 布雷引理和 E18.3 证明:

$$F_n \xrightarrow{w} F,$$

其中 F 具有特征:

$$\int_{[0,1]} x^k \mathrm{d}F = m_k, \quad \forall k.$$

E18.5 E18.3 的改进: 一个矩反演公式.

设 F 为一个分布函数, 满足 $F(0-) = 0$ 且 $F(1) = 1$.

设 μ 为相关的分布, 并定义

$$m_k := \int_{[0,1]} x^k \mathrm{d}F(x).$$

定义

$$\Omega = [0,1] \times [0,1]^{\mathbf{N}}, \quad \mathcal{F} = \mathcal{B} \times \mathcal{B}^{\mathbf{N}}, \quad P = \mu \times \mathrm{Leb}^{\mathbf{N}},$$
$$\Theta(\omega) = \omega_0, \quad H_k(\omega) = I_{[0,\omega_0]}(\omega_k).$$

这模拟了下述情形: 其中 Θ 依分布 μ 被选取, 然后一枚掷出正面的概率为 Θ 的硬币被铸造出来并在时刻 $1, 2, \cdots$ 被投掷, 参见 E10.8. 随机变量 H_k 等于 1, 如果第 k 次投掷出现正面, 否则等于 0. 定义

$$S_n := H_1 + H_2 + \cdots + H_n.$$

由强大数定律和富比尼定理, 有

$$S_n/n \to \Theta, \quad \text{a.s.}.$$

定义实数列 $(a_n : n \in \mathbf{Z}^+)$ 空间上的映射 D 如下:

$$Da = (a_n - a_{n+1} : n \in \mathbf{Z}^+).$$

证明在 $F(x)$ 的每个连续点 x 上, 有

$$(*) \qquad F_n(x) := \sum_{i \leqslant nx} \binom{n}{i} (D^{n-i}m)_i \to F(x).$$

E18.6* 矩问题.

证明: 如果 $(m_k : k \in \mathbf{Z}^+)$ 是一个由 $[0,1]$ 中之数构成的数列, 则存在一个取值于 $[0,1]$ 的随机变量 X 且满足 $E(X^k) = m_k$ 的充分与必要条件是

$$m_0 = 1, \quad \text{且} \quad (D^r m)_s \geqslant 0 \quad (r, s \in \mathbf{Z}^+).$$

提示 用 E18.5(*) 式定义 F_n, 然后验证 E18.4(*) 式成立. 你可以证明 F_n 的矩 $m_{k,n}$ 满足:

$$m_{n,0} = 1, \quad m_{n,1} = m_1, \quad m_{n,2} = m_2 + n^{-1}(m_1 - m_2), \quad \text{等等}.$$

(去找出一般的代数式!)

Prob $[0, \infty)$ 中的弱收敛

E18.7 用拉普拉斯变换取代特征函数.

假定 F 与 G 为 **R** 上的分布函数, 满足 $F(0-) = G(0-)$ 且有

$$\int_{[0,\infty)} e^{-\lambda x} dF(x) = \int_{[0,\infty)} e^{-\lambda x} dG(x), \quad \forall \lambda \geqslant 0.$$

(注意左边的积分含有一份来自 $\{0\}$ 的贡献 $F(0)$.)

证明: $F = G$.

(**提示** 你可以由 E7.1 中的方法导出此式. 然而, 更容易的是利用 E18.3, 因为我们知道: 如果 X 有分布函数 F 而 Y 有分布函数 G, 则有

$$E[(e^{-X})^n] = E[(e^{-Y})^n], \quad n = 0, 1, 2, \cdots.)$$

假定 (F_n) 为一列 **R** 上的分布函数, 每个满足 $F_n(0-) = 0$, 并使得 (对于 $\lambda \geqslant 0$)

$$L(\lambda) := \lim_n \int e^{-\lambda x} dF_n(x)$$

存在, 且 L 在 0 点连续. 证明: (F_n) 是紧的, 且

$$F_n \xrightarrow{w} F, \quad \text{其中} \int e^{-\lambda x} dF(x) = L(\lambda), \quad \forall \lambda \geqslant 0.$$

收敛的方式

EA13.1 (a) 证明: $(X_n \to X, \text{a.s.}) \Rightarrow (X_n \to X \text{依概率})$.

提示 见 13.5 节.

(b) 证明: $(X_n \to X \text{ 依概率}) \nRightarrow (X_n \to X, \text{a.s.})$.

提示 设 $X_n = I_{E_n}$, 其中 $E_1, E_2, \cdots$ 为独立的事件.

(c) 证明: 如果对 $\forall \varepsilon > 0$, 有 $\sum P(|X_n - X| > \varepsilon) < \infty$, 则有 $X_n \to X, \text{a.s.}$.

提示　证明集合 $\{\omega : X_n(\omega) \not\to X(\omega)\}$ 可表示为

$$\bigcup_{k \in \mathbf{N}} \{\omega : |X_n(\omega) - X(\omega)| > k^{-1} \text{ 对无穷多个 } n \text{ 成立}\}.$$

(d) 假定 $X_n \to X$ 依概率, 证明: 存在 (X_n) 的一个子列 (X_{n_k}), 使得 $X_{n_k} \to X, \text{a.s.}$.

提示　结合 (c) 与 "对角线原理".

(e) 由 (a) 与 (d) 推出: $X_n \to X$ 依概率当且仅当 (X_n) 的每个子列包含一个进一步的子列, 它 a.s. 收敛到 X.

EA13.2　回顾: 如果 ξ 是一个服从标准正态分布 $N(0,1)$ 的随机变量, 则

$$E\mathrm{e}^{\lambda \xi} = \exp\left(\frac{1}{2}\lambda^2\right).$$

假定 $\xi_1, \xi_2, \cdots$ 为 IID 的随机变量, 每个都服从 $N(0,1)$ 分布. 设 $S_n = \sum\limits_{k=1}^{n} \xi_k, a, b \in \mathbf{R}$, 并定义

$$X_n = \exp(aS_n - bn).$$

证明:

$$(X_n \to 0, \text{a.s.}) \Leftrightarrow (b > 0),$$

但对于 $r \geqslant 1$,

$$(X_n \to 0 \text{ 在 } \mathcal{L}^r \text{ 中}) \Leftrightarrow (r < 2b/a^2).$$

参 考 文 献

[1] Aldous D. 1989. Probability Approximations via the Poisson Clumping Heuristic. New York: Springer.

[2] Athreya K B, Ney P. 1972. Branching Processes. New York, Berlin: Springer.

[3] Billingsley P. 1968. Convergence of Probability Measures. New York: Wiley.

[4] Billingsley P. 1979. Probability and Measure. Chichester: Wiley. New York(2nd edn. 1987.)

[5] Bollobás B. 1987. Martingales, isoperimetric inequalities, and random graphs. Coll. Math. Soc. J. Bolyai, 52: 113-39.

[6] Breiman L. 1968. Probability. Reading, Mass.: Addison-Wesley.

[7] Chow Y-S, Teicher H. 1978. Probability Theory: Independence, Interchangeability, Martingales. New York, Berlin: Springer.

[8] Chung K L 1968. A Course in Probability. New York: Harcourt, Brace and Wold.

[9] Davis M H A, Norman A R. 1990. Portfolio selection with transaction costs, Maths. of Operation Research. Catonsville: INFORMS.

[10] Davis M H A, Vintner R B. 1985. Stochastic Modelling and Control. London: Chapman and Hall.

[11] Dellacherie C, Meyer P-A. 1980. Probabilités et Potentiel, Chaps. V-VIII. Paris: Hermann.

[12] Deuschel J-D, Stroock D W. 1989. Large Deviations. Boston: Academic Press.

[13] Doob J L. 1953. Stochastic Processes. New York: Wiley.

[14] Doob J L. 1981. Classical Potential Theory and its Probabilistic Counterpart. New York: Springer.

[15] Dunford N, Schwartz J T. 1958. Linear Operators; Part I, General Theory. New York: Interscience.

[16] Durrett R. 1984. Brownian Motion and Martingales in Analysis. Belmont, CA: Wadsworth.

[17] Dym H, McKean H P. 1972, Fourier Series and Integrals. New York: Academic Press.

[18] Ellis R S. 1985. Entropy, Large Deviations, and Statistical Mechanics. New York, Berlin: Springer.

[19] Ethier S N, Kurtz T G. 1986. Markov Processes: Characterization and Convergence. New York: Wiley.

[20] Feller W. 1957. Introduction to Probability Theory and its Applications, Vol.1, 2nd edn. New York: Wiley.

[21] Freedman D. 1971. Brownian Motion and Diffusion. San Francisco: Holden-Day.

[22] Garsia A. 1973. Martingale Inequalities: Seminar Notes on Recent Progress. Reading, Mass.: Benjamin.

[23] Grimmett G R. 1989. Percolation Theory. New York, Berlin: Springer.

[24] Grimmett G R, Stirzaker D R. 1982. Probability and Random Processes. Oxford: Oxford University Press.

[25] Hall P. 1988. Introduction to the Theory of Coverage Processes, New York: Wiley.

[26] Hall P, Heyde C C. 1980. Martingale Limit Theory and its Application. New York: Academic Press.

[27] Halmos P J. 1959. Measure Theory. Princeton, NJ: Van Nostrand.

[28] Hammersley J M. 1966. Harnesses. Proc. Fifth Berkeley Symp. Math. Statist. and Prob: Vol III, 89-117. University of California Press.

[29] Harris T E. 1963. The Theory of Branching Processes. New York, Berlin: Springer.

[30] Jones G, Jones T. 1949. (Translation of) The Mabinogion, London: Dent.

[31] Karatzas I, Schreve. S E. 1988. Brownian Motion and Stochastic Calculus. New York: Springer.

[32] Karlin S, Taylor H M. 1981. A Second Course in Stochastic Processes. New York: Academic Press.

[33] Kendall D G. 1966. Branching processes since 1873. J. London Math. Soc., 41: 385-406.

[34] Kendall D G. 1975. The genealogy of genealogy: Branching processes before (and after) 1873. Bull. London Math. Soc., 7: 225-53.

[35] Kingman J F C, Taylor S J. 1966. Introduction to Measure and Probability. Cambridge: Cambridge University Press.

[36] Körner T W. 1988. Fourier Analysis. Cambridge: Cambridge University Press.

[37] Laha R, Rohatgi V. 1979. Probability Theory. New York: Wiley.

[38] Lukacs E. 1970. Characteristic Functions, 2nd edn. London: Griffin.

[39] Meyer P-A. 1966. Probability and Potential (English translation). Waltham, Mass.: Blaisdell.

[40] Neveu J. 1965. Mathematical Foundation of the Calculus of Probability (translated from the French), San Francisco: Holden-Day.

[41] Neven J. 1975. Discrete-parameter Martingales. Amsterdam: North-Holland.

[42] Parthasarathy K R. 1967. Probability Measures on Metric Spaces. New York: Academic Press.

[43] Rogers L C G, Williams D. 1987. Diffusions, Markov Processes, and Martingales, 2: Itôcalculus. Chichester, New York: Wiley.

[44] Ross S. 1976. A First Course in Probability. New York: Macmillan.

[45] Ross S. 1983. Stochastic Processes. New York: Wiley.

[46] Stroock D.W. 1984. An Introduction to the Theory of Large Deviations. New York, Berlin: Springer.

[47] Varadhan S R S. 1984. Large Deviations and Applications. Philadelphia: SIAM.

[48] Wagon S. 1985. The Banach-Tarski Paradox, Encyclopaedia of Mathematics, Vol.24. Cambridge: Cambridge University Press.

[49] Whittle P. 1990. Risk-sensitive Optimal Control. Chichester, New York: Wiley.

[50] Williams D. 1973. Some basic theorems on harnesses, in Kendall D G, Harding E F. Stochastic Analysis, New York: Wiley: pp. 349-66.

索　引①

(记住：v～vi 页有一个"符号说明".)

---

① （索引中的数字与字母表示章节或习题号.——译者）

后　　记

　　2013 年年底我在中国科学技术大学出版社的读者服务部第一次见到 David Williams 先生所著的 *Probability with Martingales* 一书，立刻就被它新颖的内容和生动、精练的叙述方式所吸引，没想到时隔四年我能将它全文翻译出来，成为今天呈现于读者面前的《概率和鞅》这本书，这真令我感到一种意外的欣喜，同时也有几分忐忑与不安.

　　诚如作者所言，本书是在为剑桥大学三年级大学生所开设课程的讲义的基础上写成的，是一本基于测度论的方法来介绍概率论的严格理论的入门书. 该书的最大特点与新颖之处是用了近三分之一的篇幅来介绍先进的鞅的理论与方法（这一点连作者本人也颇为自许），此外还有如从第 4 章“独立性”开始便引入 σ- 代数化的表达方式，将 σ-代数视为总结、综述信息的一种自然的工具，这对于后面条件期望概念的一般化与鞅的理论的叙述都是至关重要的. 再如将某些定理的叙述、阐释与定理的证明分开进行（将定理的证明放在附录中），这样更便于读者的自学……作者学养深厚、涉猎广博、文笔生动，书中内容涉及概率论的众多分支领域，信息量巨大，且不乏一些有趣并富于启发性的例子，相信读者阅后定能获益良多. 只是译者才疏学浅，译文中难免存在不妥乃至谬误之处，还望日后读者能不吝赐教，当感激不已.

　　本书可以作为大学本科概率统计及其他有关专业概率论课程的教材或参考教材，也可以作为教师的教学参考书.

　　本书的翻译得到了中国科学技术大学统计与金融系胡太忠教授的鼓励，中国科学技术大学出版社的编辑老师为本书的编辑、排版花费了大量心血，叶鹰女士的优美打字为本书增色不少，此外，书中一些英语习语的翻译还曾得到一些年轻的大学生、研究生朋友姜怡如、郑亦然、郑可然等的帮助，在此一并表示衷心的感谢！

译　　者

2018 年 1 月 18 日